U0168654

智能优化排样技术及其应用

饶运清　著

科学出版社
北京

内 容 简 介

本书详细介绍了二维排样问题的多种智能求解算法及其软件系统的开发与应用。全书共 8 章：第 1 章为绪论，介绍有关优化排样问题的基本概念与分类，重点介绍二维排样问题的国内外研究概况及其发展趋势；第 2~7 章为本书主体，分别介绍五种矩形排样算法(即混合遗传算法、和声搜索算法、灰狼优化算法、布谷鸟搜索算法及布谷鸟迁移学习算法)和三种异形件智能排样算法(即遗传算法与禁忌搜索混合算法、集束搜索与禁忌搜索混合算法以及粒子群优化算法)；第 8 章介绍基于智能排样算法开发的三个软件系统及其在工业生产中的应用实例。

本书可供工业工程、机械制造、企业管理、智能优化等领域的研究人员和工程技术人员阅读，也可作为工业工程、机械工程等专业研究生的选修课教材。

图书在版编目（CIP）数据

智能优化排样技术及其应用/饶运清著. —北京：科学出版社，2021.9
ISBN 978-7-03-069311-2

Ⅰ. ①智⋯ Ⅱ. ①饶⋯ Ⅲ. ①计算机算法-最优化算法-研究
Ⅳ. ①TP301.6

中国版本图书馆 CIP 数据核字（2021）第 132637 号

责任编辑：裴 育 朱英彪 纪四稳 / 责任校对：任苗苗
责任印制：吴兆东 / 封面设计：蓝正设计

科学出版社 出版
北京东黄城根北街 16 号
邮政编码：100717
http://www.sciencep.com

北京中石油彩色印刷有限责任公司 印刷
科学出版社发行 各地新华书店经销

＊

2021 年 9 月第 一 版 开本：720×1000 B5
2021 年 9 月第一次印刷 印张：17 1/2
字数：352 000

定价：128.00 元
（如有印装质量问题，我社负责调换）

前　言

二维排样问题广泛存在于机械、电子、船舶、桥梁、家具、服装、皮革、纸制品、玻璃等行业的生产加工领域，通过排样优化可以提高材料利用率，减少材料浪费，从而带来巨大的社会效益和经济效益。因此，对优化排样技术的研究和应用开发一直是学术界和工业界关注的热点问题之一。应用优化排样技术一方面可以降低员工劳动强度，大大提高排样效率和材料利用率，帮助企业缩减成本，从而带来可观的经济效益，另一方面也支持了绿色制造理念，并助力智能制造技术的发展。通过智能优化排样，材料利用率即使有 1% 的提高，也会为企业节约大量成本，为全社会带来巨大的社会效益和经济效益。以机械制造业为例，我国是机械制造大国，也是各类钢材的消耗大国，尤其在工程机械、机车、船舶、桥梁等以钢结构件制造为主的重工行业，钢板消耗量巨大。通过智能优化排样技术来提高钢材利用率以减少其消耗，不仅对降低这些行业的制造成本、提高经济效益具有重要价值，对于全社会的节材降耗和节能减排也具有十分重要的意义。

作者所在团队从20世纪90年代初开始进行优化排样问题的研究及应用开发，是国内较早开展该领域研究的团队之一，其许多研发成果在实际生产中得到了成功应用。近年来，在工业和信息化部智能制造综合标准化与新模式应用项目、国家自然科学基金项目等支持下，作者及团队结合不断发展的智能优化技术，对优化排样问题进行了更为系统深入的研究，同时与相关企业紧密合作，在工程机械、船舶、桥梁、钢结构以及压力容器、机电设备、军工装备等制造行业开展应用研究。本书是作者所在团队近十年来在相关领域算法研究、软件开发与应用成果的总结，主要包括针对矩形排样和异形排样问题所开发的多种智能求解算法，以及基于这些算法研究所开发的相关软件系统及其应用情况。

全书共分三大部分，详细介绍二维排样问题的多种智能求解算法及其软件系统开发与应用案例。第 1 章为绪论，介绍有关优化排样问题的基本概念与分类，重点介绍二维排样问题的国内外研究概况与发展趋势。第 2～7 章为本书主体，分别介绍五种矩形排样算法(用于一般矩形排样和"一刀切"矩形排样问题的混合遗传算法及和声搜索算法，用于矩形和矩形带排样问题的灰狼优化算法、布谷鸟搜索算法及布谷鸟迁移学习算法)，以及三种异形件智能排样算法(遗传算法与禁忌搜索混合算法、集束搜索与禁忌搜索混合算法以及粒子群优化算法)。第 8 章介绍基于本书算法开发的分别用于钢板切割下料、板式家具开料和激光切割套料的三款软件系统，以及它们在工业生产中的应用实例。

本书内容相关的研究工作得到了工业和信息化部智能制造综合标准化与新模式应用项目"轨道交通盾构机智能制造新模式"子课题"基于三维研发平台的自动套料系统"、国家自然科学基金项目"基于迁移学习与知识复用的智能套料理论与方法研究"(51975231)、中央高校基本科研业务费专项资金资助项目"基于迁移学习的典型重工行业智能套料理论与方法研究"(2019kfyXKJC043)、国防预研基金项目"基于约束的优化排样算法研究"、江苏省科技支撑计划项目"板材下料优化及生产管控软件系统研发"等的支持。此外，在研究成果的应用验证及实际应用方面也得到了诸多实施企业的大力支持，感谢他们为本书的相关研究特别是在排样软件的实用化方面提供了很多有益的启发和宝贵的建议。

特别感谢我的研究生的全力支持以及他们极富价值的创新研究工作，他们是博士研究生周玉宇、戚得众、孟荣华、王朋等，以及硕士研究生邓应波、饶付伟、李文学、郑云、罗强、徐小斐等。同时，感谢彭灯、丁为、杜冰等硕士研究生为本书的校订工作所付出的努力。

作为探索性研究成果，本书难免存在不完善之处，敬请各位行业内专家和广大读者不吝批评指正。

作　者

目　　录

第1章 绪　　论

1.1 引　　言

　　排样问题也称为排料问题、套料问题，或二维装箱问题，国外也将其称为下料问题(cutting stock problem)，是指在给定的板材区域内找出待排零件的非重叠最优排布方案，使得材料利用率最高，或者浪费的材料最少。排样与切割问题广泛存在于机械、船舶、电气、轻工等行业中需要使用板材类原材料的生产加工领域，表1.1列出了排样问题的一些主要应用领域。通过排样优化可以提高材料利用率，减少材料浪费，从而带来巨大的社会效益和经济效益。因此，对优化排样技术的研究和应用开发一直是学术界和工业界关注的重点问题之一。

表 1.1　排样问题的主要应用领域

行业	应用领域
机械制造业	型材、管材、中厚钢板、金属薄板的加工
皮革制品业	大张皮革分成各种形状的毛坯
家具制造业	圆木、方木、胶合板的锯裁
纸制品业	纸张裁剪、版面布局、包装
服装制造业	布匹、绒线、装饰材料的分割
交通运输设备制造业	铁路运输设备、汽车、船舶等行业的金属材料切割
电子信息产业	集成电路板的设计
航空航天制造业	航天器舱室的布局
电气机械制造业	电机硅钢片下料、金属材料裁分

　　我国提出的"中国制造2025"战略中，以提高产业自动化程度、减少资源消耗为目标，并将单位国内生产总值能耗下降3.1%作为当年经济社会发展的主要目标任务之一。应用优化排样技术一方面可以降低员工劳动强度，大大提高排样效率和材料利用率，帮助企业缩减成本，从而带来可观的经济效益，另一方面也支持了绿色制造理念。通过智能优化排样，材料利用率即使有 1%的提高，也会为企业节约大量成本，为全社会带来巨大的社会效益和经济效益。以机械制造业为

例，我国是制造大国，也是各类钢材的消耗大国。据产业信息网提供的统计信息①，我国钢材消耗量每年增长接近 10%，2017 年钢材消耗量达 7 亿 t，2018 年前三季度钢材产量为 8.2 亿 t，其中钢板占了大部分比重。尤其在工程机械、机车、船舶、桥梁等以钢结构件制造为主的重工业，钢板消耗量巨大。如何通过智能优化排样来提高钢板利用率以减少钢板消耗，不仅对降低这些行业的制造成本、提高经济效益具有重要意义，而且对于全社会的节材降耗和节能减排都具有十分重要的意义。

1.2 排样问题分类

Wäscher 等[1]从排样维度、零件种类、原材料种类、零件形状、工艺约束等角度对排样问题进行了总结与归纳，如图 1.1 所示。根据该分类法则，纵向上将排样问题按排样维度划分为一维排样问题、二维排样问题、三维排样问题和多维排样问题，横向上将排样问题按其在实际工程应用中的特点又分别按排样零件种类、原材料种类、零件形状、工艺约束等多种维度划分成多个变种问题。在排样问题的研究中，将其按排样维度、零件形状、工艺约束来分类得到比较广泛的认可。

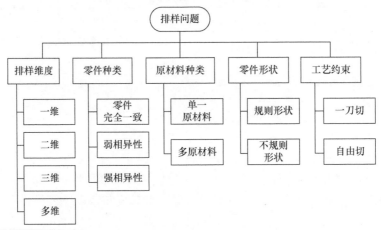

图 1.1 排样问题分类

1.2.1 按排样维度分类

按排样维度，可将排样问题分为一维排样问题、二维排样问题、三维排样问题及多维排样问题。

---

① http://www.chyxx.com。

1. 一维排样问题

一维排样也称为线材排样，是指给定一定数量和长度规格的线材(如管材或型材)，要求从线材长度方向切割出一定数量和种类的毛坯(各类毛坯的长度不一，数量要求也不同)，如何进行优化排样，即确定各个毛坯在各根线材上的切割顺序，使消耗的线材总长度最少。

例如，给定根数不限的一批管材，其长度均为 10m，现需要从上述管材中切割出一批长度分别为 4m、3m 和 2m 的三种毛坯，各种毛坯的数量分别为 10 件、20 件、30 件，通过优化排样确定这 60 件毛坯在每根用到的管材上的切割顺序，使消耗的管材总长度(或数量)最少。上述线材排样问题示意图如图 1.2 所示。

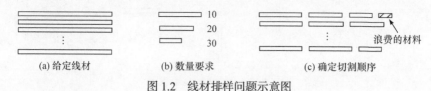

(a) 给定线材　　　　　　　(b) 数量要求　　　　　　　(c) 确定切割顺序

图 1.2　线材排样问题示意图

2. 二维排样问题

二维排样也称为板材排样，是指将若干二维平面形状的零件以一定的顺序并在合适的位置及角度方向依次排布于板材内部，排布的每个零件之间互不重叠且完全包含于板材区域之内，使得排样后的所有零件占用的板材总面积最小，即板材利用率最大。图 1.3 是一批二维异形零件在一张矩形板材内的二维排样示意图。

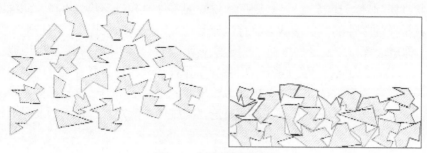

图 1.3　板材排样示意图

二维排样是在生产实践中最广泛存在的一类排样问题，例如，生产制造中常见的金属板材切割下料、服装布料裁剪、皮革裁剪、板式家具开料等裁切加工都属于二维排样问题。显然，由于零件几何形状上的复杂性，二维排样问题比一维排样问题的求解难度更大，特别是对复杂不规则图形的二维排样一直以来都是学术界研究的热点问题之一。本书讨论二维排样问题。

3. 三维排样问题

三维排样也称为装箱排样，近年来越来越受到学术界和工业界的重视。三维排样问题是指在一个给定的有限三维空间内，对于给定的若干三维形状的零件，确定每个零件的放置顺序、放置位置及方位，使得这些零件所占用的总空间最少。三维排样问题的典型应用场景是物流行业中的集装箱最大化装填问题。图 1.4 是装箱排样过程示意图。

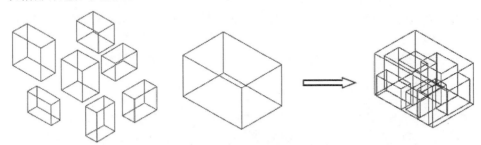

图 1.4　装箱排样过程示意图

除此之外，还有考虑除长宽高三维尺寸之外更多维度的排样问题，一般统称为多维排样问题。例如，航天飞机驾驶舱的仪器仪表布局问题，不仅需要考虑空间布局的紧凑性，还要考虑载重量、重心、稳定性、可拆卸等其他多个维度的问题，是一类典型的多维排样问题。

1.2.2　按零件形状分类

排样问题按排样零件的形状特点，可以分成两类：规则形状排样问题与不规则形状排样问题。其中，一维规则形状排样的零件的截口形状为直口，一维不规则形状排样的零件的截口形状为非直口异形；二维规则形状排样的零件形状为矩形，又称矩形排样或矩形件排样，二维不规则形状排样的零件形状为异形(或任意多边形)，且板材形状也可为异形，又称异形排样或异形件排样；三维规则形状排样的零件形状为直方体，三维不规则形状排样的零件形状为三维异形体，且三维装填空间也可为异形非直方体。本书讨论二维排样中的矩形排样问题及异形排样问题。

1. 矩形排样问题

矩形排样问题可以描述为：设一组数量为 n 的待排样矩形零件为 $R_1, R_2, \cdots, R_n$，零件编号遵循有序自然序列，且零件之间有强互异性。每个矩形零件的宽高尺寸都确定，设第 i ($i=1, 2, \cdots, n$) 个零件的宽为 w_i，高为 h_i，则第 i 个零件 R_i 可以表示为 (w_i, h_i)。将 $R_1, R_2, \cdots, R_n$ 按照某一序列排放到一定规格的矩形板材上，目标是使矩形板材的利用率最大，且在排样过程中需要满足以下约束条件：

(1) 矩形零件需完全放入板材边界内;

(2) 排放入板材边界内的矩形零件不相互重叠;

(3) 矩形零件可以翻转 90° 或者不能翻转 90°;

(4) 板材内部矩形零件的边与板材边界平行。

矩形排样根据板材规格情况又可分为定长定宽的二维矩形装箱排样问题,以及定宽不定长的二维矩形带排样问题。在矩形不能排满板材的情况下,这两类排样问题是等效的。图 1.5 为一组 20 个矩形件的矩形排样示例,图中的每个矩形大小都不相同,且每个矩形在排样过程中不能翻转 90°。

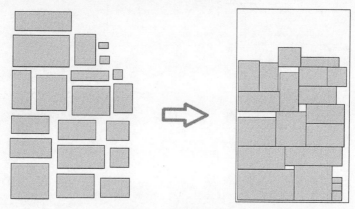

图 1.5 矩形排样示例

矩形排样问题按工艺约束可进一步划分为一刀切(guillotine cutting)矩形排样问题和自由切(free cutting)矩形排样问题。一刀切也称为通裁通切或通裁通剪,是指由板材的一端沿直线方向(通常是沿水平或垂直方向)贯通切割或裁剪至另一端。自由切则无此限制,刀具可以沿着矩形边界自由切割。一刀切是板材切割中的一种常见工艺,广泛存在于板式家具开料、玻璃切割、金属薄板裁剪等加工中。图 1.6 是一刀切和自由切两种矩形排样情况的对比示例。

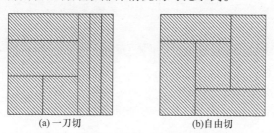

(a)一刀切　　　　　　　(b)自由切

图 1.6 一刀切和自由切两种矩形排样对比示例

2. 异形排样问题

异形排样问题可以描述成将一组任意二维平面图形(简称异形件或零件)

$P_1, P_2, \cdots, P_n$ 以合理的次序和方位角排放在矩形或异形板材 S 上的适当位置，使板材利用率最高，同时满足如下约束条件：

(1) 异形件 P_i、P_j 互不重叠 $(i \neq j)$；

(2) P_i 必须完全包含于板材 S 内；

(3) 异形件不能旋转或可在一定角度范围内旋转。

图 1.7 为一组 20 个异形件在矩形板材内的排样示例，其中每个异形件可以任意旋转。图 1.8 为板材为异形时的排样示例。

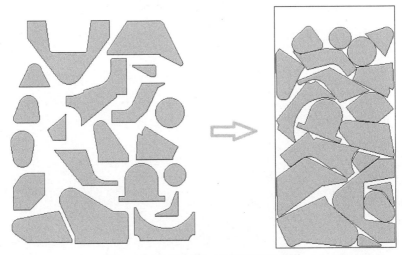

图 1.7　板材为矩形时的异形排样示例

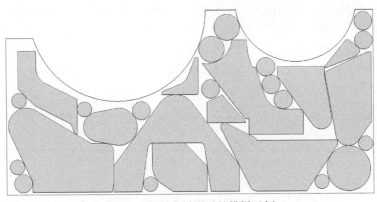

图 1.8　板材为异形时的排样示例

异形排样问题的计算复杂度与求解难度远远高于矩形排样问题。相比矩形排样，异形排样时每个零件的可选位置和方位角可在一定范围内连续变化，其搜索空间远大于矩形排样。

排样问题是一个典型的组合优化问题，广泛存在于生产实践中，因此排样下料问题在国外很早就得到了研究。早在 1960 年，Kantorovich[2]就开始讨论一维下料问题。20 世纪 60 年代，Gilmore 等[3-6]发表了四篇知名论文，提出了用线性规划方法来解决一维和二维排样问题，并对多维排样问题进行了阐述。随着排样问题的不断发展，1988 年在巴黎举行的 EURO IX/TIMS XXV III 国际会议上，专门成立了欧洲排样问题兴趣小组(EURO Special Interest Group on Cutting and Packing, ESICUP)，主要收集排样问题的测试数据和大量文献。时至今日，排样问题已涉及许多学科和领域，包括计算机科学、运筹学、管理学、工程学、数学等。数十年来，许多学者发表了大量关于排样问题方面的文章和著作，取得了一定的成果，但排样问题为 NP(非确定性多项式)完全问题，复杂难解，同时由于排样时存在各种约束条件，至今也没用通用的标准方法来进行求解。

1.3　矩形排样国内外研究概况

　　二维排样算法的研究经历了一个从矩形排样到异形排样的发展过程，前者研究最为深入和广泛，而后者则属于二维排样中难度最高的问题。但两者在算法方面也有相通之处，异形排样的很多算法都是借鉴矩形排样算法发展而来的。目前矩形排样的求解算法主要有精确算法、启发式算法和元启发式算法(或称智能算法)三种，其中元启发式算法是目前主流的发展方向。

1.3.1　精确算法

　　求解矩形排样的精确算法主要有线性规划算法、动态规划算法、整数规划算法和分支定界算法。1960 年，苏联数学家 Kantorovich[2]率先提出利用线性规划的思想对一维排样问题进行了初步探究，为未来二维排样问题的研究打下基础。到了 20 世纪六七十年代，数学规划法的研究突飞猛进，Gomory 作为先驱者，先用线性规划算法解决一维空间中的排样问题，后在此基础上进行了拓展并将其用于求解二维和三维排样问题[5]。曹炬等[7]将矩形排样问题转化为一维下料问题，并构造了一个利用背包问题解法(动态规划求解背包问题)的矩形排样的近似优化算法。1997 年，Hifi 等[8]基于动态规划方法提出了一种基于一维背包和二维背包问题的精确算法，并用来求解矩形排样问题。2004 年，Lesh 等[9]针对矩形排样模型进行研究，提出分支定界算法，标准算例测试证明该算法在求解规模小于 30 的矩形排样问题上有一定的速度和利用率优势。崔耀东等[10]提出一种连分数分支定界算法，该算法应用连分数法确定毛坯数最优值，采用贴切的上界估计方法，在搜索过程中只保留上界不小于最优值的分支，遇到下界等于最优值的分支时结束搜索。Cui 等[11]基于递归结构提出了一种分支定界算法，用于求解矩形带排样问题，实验表明该算法优于之前的一些确定性算法。Kenmochi 等[12]对零件不可旋转的矩形带排样问题进行研究，提出了基于新的分支规则和边界运算的分支界定算法，能够良好地求解中等规模排样问题，在求解速度上也优于其他一些确定性算法。Silva 等[13]提出了一种整数规划模型来解决二维矩形排样问题。

由此可见，早期的研究思路主要是借助数学规划算法求出排样问题的精确解，该算法拥有遍历整个解空间的机制，当零件数目较少时，可以在短时间内搜寻出最优解决方案。但随着社会生产力的进步，原有的小规模排样难以满足实际复杂生产的需要，迫切需要研究出更有效的求解算法。数学家 Hartmanis[14]已证明排样问题是具有最高计算难度的 NP 难问题，时间复杂度随任务规模的增大而呈指数式爆炸增长，因此学者的研究思路从寻找最优解转变为在可接受时间内寻找近似最优解，随后启发式算法应运而生，该算法用于突破大规模排样问题的速度限制，可以兼具排样质量与求解时间的优势。总体而言，在零件及板材数量比较少时，采用精确算法可以较快地得到令人满意的解，但随着零件数量的增多，精确算法所需的计算时间难以让人接受。

1.3.2 启发式算法

进入 20 世纪 80 年代，有些学者将研究方向转变为用启发式算法解决矩形排样问题。1980 年，Baker 等[15]首次提出了新的启发式算法——左下(bottom left, BL)算法，该算法结合以往人工排样的经验，零件从右上角进入板材后一直向下移动，直至触碰到板材底边或已排入零件，再向左直至无法移动。BL 算法较为简单，且在排样顺序优化后能取得良好的解，但容易产生零件堆积较高和大量空白区域无法利用的问题。针对上述缺陷，Chazelle[16]在 1983 年对 BL 算法进行了改进，提出左下填充(bottom left fill, BLF)算法，该算法可以记录当前所有水平线，并将零件排放在最左最下的可用水平线中，有效提高了空白区域的利用率。1998 年，刘德全等[17]受 BL 算法启发，提出下台阶算法，该算法中零件移动时向下的优先级大于向左的优先级，零件向下向左移动直至接触边界或已排入零件。BL、BLF和下台阶等启发式算法为学者研究排样算法提供了新思路，板材利用率和求解速度相对于精确算法已有大幅度提高，但求解效率仍存在提升的空间。Hopper 等[18]研究发现，零件按照不一样的规则排序后，使用 BL 和 BLF 算法会有不同的结果，按照零件的高度或者宽度排序，其结果比随机产生的序列材料利用率提高了 5%～10%。虽然 BL、BLF 和下台阶算法简单高效，但是材料的利用率还存在提升的空间。在研究 BL 和 BLF 算法后，不同于为新排入零件寻找合适的水平线，Burke等[19]研究出一种新型定位算法——最低水平线定位算法(常称为 BF 算法)，该算法会自动存储已排图形顶层的水平轮廓线，取最低轮廓线作为当前待排水平线，最后从按照面积大小排序的零件序列中选择契合的零件排入水平线。2009 年，Asik等[20]在 BF 算法研究的基础上，针对自由切约束的矩形带排样问题，提出双向最佳拟合启发式(bidirectional best-fit heuristic，BBF)算法，实验结果也证明了该算法的优越性。2011 年，Leung 等[21]从建筑施工的砌墙工作中受到启发，提出一种基于分层策略的快速启发式(fast layer-based heuristic，FH)算法，该算法与 BF 算法类似，都是基于排样图顶部轮廓的水平线进行算法设计，不同之处在于该算法将最高位置的水平视为最大高度，其以下的轮廓视为一层，然后从最低的水平线到最高位置，从左至右将剩余的零件排入这些位置，直到没有零件可以放入，该层所有零件的高度不能超过允许的最大高度。Wei 等[22]提出求解矩形带排样问题的最低水平线定位算法。2012 年，何琨等[23]从不同的角度对排样布局算法进行研究，提出了一种基于动作空间求解二维矩形排样问题的拟人型"穴度"算法，该算法将板材的空余角区定义为"占角"动作，提出"穴度"等概念，通过"穴度"的数值评价各个"占角"动作的合适程度以选择最优的位置。2013 年，Verstichel 等[24]对简单且高效的 BF 算法进行研究，通过增加零件排序方法和零件布局策略改进原始的 BF 算法，应用一些数据结构使得改进的启发式算法的时间复杂度能达到 $O(n\log n)$，提高了算法求解大规模排样问题的能力。2015 年，Wang 等[25]提出一种基于板材剩余空间最大化的算法，该算法综合考虑多种排样方式，每排入一个新零件，都会计算排入后剩余空间的大小，并选取使剩余空间最大化的排样方式，以达到空间利用最大化的目的。

表 1.2 列出了比较知名的几种矩形排样启发式算法。

表 1.2 国际上经典的矩形排样启发式算法

作者	年份	算法名称	算法内容或过程
Baker 等[15]	1980	BL 算法	零件从顶部放入，尽量往下和往左放置
Chazelle[16]	1983	BLF 算法	每一个零件尽量放置在最下最左的位置
Hopper 等[18]	2001	BLD 算法	根据左下各个条件量(高度、宽度、周长和面积)的减少选择最佳结果
Lesh 等[26]	2005	BLD*算法	根据气泡搜索策略，从最小宽度到最大宽度排序
Lesh 等[27]	2006		
Burke 等[19]	2004	BF 算法	从最左下位置开始遍历，选择最合适的位置放置零件
Coffman 等[28]	1980	FFDH 算法 NFDH 算法	所有零件可以旋转；寻找到一个空洞之后，选择未排的最大零件来排放
Mumford-Valenzuela 等[29]	2003	BFDH 算法	
Bortfeldt 等[30]	2006	BFDH*算法	

启发式算法虽然能在材料利用率与求解时间上取得某种平衡，但是与确定性算法相比，它是牺牲利用率来提高求解速度的，因此需要继续探索和研究新的求解算法，进一步提高原材料的利用率，从而使得自动化排样技术更加实用。应用范围不断扩展的元启发式算法是研究学者求解排样问题的新途径和新方法。研究人员发现，如果元启发式算法对矩形件的排入顺序进行优化，那么解的质量比启发式算法要好。

1.3.3　元启发式算法

20 世纪 90 年代后，随着智能算法的崛起，元启发式算法也逐渐被应用于二维矩形排样问题的求解中，并取得了很好的优化效果。元启发式算法与启发式算法的结合，成为当下解决矩形排样问题的主流方式，即在将启发式算法作为矩形零件定位策略的基础上，借助元启发式算法对矩形零件的排入顺序进行优化，从而进一步提高矩形排样的效率和优化质量。

1. 遗传算法

遗传算法(genetic algorithm，GA)[31]作为一种用于求解复杂优化问题的随机自适应搜索算法，具有较强的鲁棒性、普适性以及潜在的并行性，有良好的全局搜索能力，因此在排样问题中得到广泛的研究与应用。1999 年，Hopper 等[32]将 GA 分别与 BL 和 BLF 两种定位算法结合，用于求解矩形排样问题，两种算法求解结果均优于单独的启发式布局优化算法。此后，他们又针对新提出的一组测试算例用 GA、模拟退火(simulated annealing，SA)算法、自然进化(natural evolution，NE)算法、爬山(hill climbing，HC)算法分别与 BL、BLF 算法结合进行求解，结果表明混合算法在求解质量和计算时间上均有优势[18]。针对不同规模的矩形排样问题，他们对这几种混合式算法进行了排样效果和时间复杂度上的比较，并且为了显示混合算法的优越性，还比较了随机搜索的排样效果。结果显示，在搭配相同的元启发式算法的条件下，BLF 算法在套料效果上要优于 BL 算法，特别是当排样规模较大时，但其时间复杂度要高于 BL 算法。BLF 算法的时间复杂度为 $O(N^3)$，而 BL 算法的时间复杂度为 $O(N^2)$。在同样的排样规则和算法条件下，SA 算法和 GA 的排样效果要优于 NE 算法，并且 GA 的收敛速度要好于 SA 算法，总能在迭代次数不多的时候找到接近最终结果的解，虽然 SA 算法收敛速度慢，但得到的最终解大部分情况下要优于 GA 的解。龚志辉[33]应用 GA 结合基于最低水平线的 BF 算法求解二维矩形排样问题，在 BF 算法中增加向后搜索合适零件的机制。Burke 等[34]在 2006 年提出了一种新的求解矩形排样问题的方法，该方法将 BF 算法、BLF 算法和 GA 三者相结合，第一步用 BF 启发式算法将一定数量的零件排好，第二步在此基础上应用元启发式算法和

BLF 算法相结合的混合算法排放剩余的零件。Bortfeldt[35]对二维矩形带排样问题进行研究，在 BF 算法的基础上提出了 BFDH 算法，结合 GA 进行求解。Soke 等[36]将 GA 和 SA 算法分别与改进的 BL 算法结合用于解决自由切矩形排样问题，算例表明在解决该问题上 GA 要优于 SA 算法。Gonçalves[37]采用 GA 优化零件的排入顺序，在矩形的定位策略上研究了剩余矩形算法，将两者结合求解二维矩形排样问题。赵晓东等[38]应用 GA 求解矩形排样问题，详细论述了遗传算子的具体实现过程，将该 GA 模型和基于最低水平线的搜索 BF 算法相结合。赵新芳等[39]提出基于最低水平线择优插入定位算法，并优化 GA 的初始化规则，20 多道基准算例表明所提算法的材料利用率和求解速度均有优势。刘海明等[40]在应用 GA 求解矩形排样问题时，采用分阶段设置遗传算子的方法，极大地提高了算法的寻优性能。孙佳正等[41]在初始化 GA 种群时，将一部分个体设置成按照零件面积大小排序的形式，另一部分种群设置成随机排序的形式，以实现算法加速收敛且避免过度早熟。

2. 其他智能算法

除了 GA，SA 算法、蚁群优化(ant colony optimization，ACO)算法、粒子群优化(particle swarm optimization，PSO)算法等智能优化算法也被广泛应用于矩形排样问题的求解。贾志欣等[42]论述了应用 SA 算法求解矩形排样问题的关键步骤和方法，讨论了 SA 算法中三个主要参数对排样结果的影响。Leung 等[43]将 GA 和 SA 算法相结合提出混合算法 MSAGA，该算法整体以 GA 为主，在产生子代染色体后应用 SA 算法中的算子进行选择，采用基于剩余矩形的定位算法形成排样图。陈学松等[44]研究了一种 GA 和 SA 算法相结合的算法，并且把它应用到实际生产的矩形排样系统中。Dereli 等[45]提出了一种递归的图形放置过程，并将其嵌入到模拟退火算法中。应用模拟退火算法对图形序列进行寻优后，调用图形放置过程，每一次图形放置都会对板材进行分割形成子空间，下一个图形就放置在分割后的子空间内，最终形成图形排样布局。Leung 等[21]提出一种两阶段智能搜索算法求解矩形带排样问题，第一阶段在最低水平线定位算法中引入评分机制以选择合适的零件排入最低水平线，第二阶段用局部搜索算法和 SA 算法来提高解的质量。紧接着，Leung 等[46]继续改进算法，221 个算例测试表明改进后的算法要优于之前的算法。

Thiruvady 等[47]将蚁群优化算法结合 BLF 算法求解矩形带排样问题，算例测试表明该算法求得的结果要优于单一的启发式算法。Yuan 等[48]使用最大最小蚁群系统的蚁群优化算法求解矩形带排样问题，基于 BL 和 BLF 算法，提出一种改进的定位算法——底部下降(bottom decreasing)算法。由于蚁群优化算法的正反馈、并行性以及较强的鲁棒性等优点，Lin 等[49]使用蚁群优化算法来解决矩形带排样问题，标准算例表明与 GA、SA 算法和背包算法相比，蚁群优化算法性能最好。陈钊[50]提出一种求解矩形排样问题的离散粒子群优化算法，并用剩余矩形的定位算法进行编码和解码。Ge 等[51]针对矩形排样问题，提出了一种具有变异算子的双种群粒子群优化算法，该算法在全局和局部条件下都能有较好的搜索能力，算例也验证了该算法解决矩形排样问题的有效性。黄岚等[52]针对制造领域的矩形排样问题，将 GA 的交叉与变异思想融入 PSO 算法，增强算法的多样性与稳定性。Omar 等[53]在 PSO 算法的基础上提出了一种进化粒子群优化算法，并结合触边定位算法求解矩形装箱排样问题。黄胜[54]创新性地在 PSO 算法中加入了小生境思想，帮助抑制其过早收敛的特性。Babaoğlu[55]探索用果蝇优化算法(fruit fly optimization algorithm, FOA)结合 BLF 定位算法来求解矩形带排样问题。

表 1.3 列出了元启发式算法应用于矩形排样问题的一些情况。

表 1.3　国际上经典的矩形排样元启发式算法

作者	年份	算法名称	算法内容或过程
Soke 等	2006	GA+BLF 算法 SA+BLF 算法	GA 与 BLF 算法混合，以及 SA 算法与 BLF 算法混合，两种算法都能在 BLF 策略基础上找到零件的最佳排置次序，零件不允许旋转
Bortfeldt	2006	SPGAL 算法	首先运用 BFDH*算法产生初始解，根据层结构考虑零件排放顺序，然后运用 GA 直接在这个层上进行搜索
Neveu 等	2007	增量移动法	允许零件增加或移走，利用通用的元启发式算法就可以取得有效结果
Burke 等	2006	BF+TS 算法 BF+SA 算法 BF+GA	将启发式算法与元启发式算法结合，形成 BF+TS、BF+SA、BF+GA 等新算法
Alvarez-Valdes 等	2008	GRASP 算法	提出一种基于贪婪随机自适应搜索过程的两级算法：首先随机采用一种类似 BL 的构造方式放置零件，然后运用可变邻域搜索方式遍历这种解，优于前一个解的保留，以此类推

3. 一刀切排样算法

对于一刀切矩形排样问题，Coffman 等[28]于 1980 年提出了降序高度首层适应(first-fit decreasing-height，FFDH)算法和降序高度次层适应(next-fit dereasing-height，NFDH)算法，所有零件按高度从大到小排序，当寻找到一个未排样区域之后，选择合适的最大零件来排放。1985 年，Beasley[56]运用基于拉格朗日松弛的整数规划算法求解一刀切工艺约束的二维矩形排样问题，并取得较好的结果。1994 年，Tarnowski 等[57]提出了一种多项式时间算法来解决一刀切相同尺寸的二维托盘装载问题。他们将此问题分解成三个子问题：其中两个子问题可以在多项式时间内用动态规划法迭代求解，第三个子问题可以在定长时间内解决。1995 年，Christofides 等[58]针对多种类、多数量的二维矩形的通裁通剪问题(其中每种矩形零件的数量有限制)提出了一种树查找法，树的大小被问题状态空间的动态规划方程所限制，根据随机生成的问题得出该算法在解决中等规模问题时有着不错的性能。Kröger[59]提出了一种顺序化的并行 GA，用于解决一刀切式的二维装箱问题。一刀切的限制条件反映在编码机制中，并且贯穿整个算法。Kröger 提出了元矩形的概念，每个元矩形都在当前解中临时占据一个位置。这种分层次的一刀切排样方法可以减少问题的复杂度而不影响解的质量，这种方式要优于随机搜索以及 SA 算法。Alvarez-Valdés 等[60,61]针对大规模一刀切矩形排样问题和自由切矩形排样问题都采用了禁忌搜索算法作为优化算法和启发式算法结合使用。

1.4　异形排样国内外研究概况

异形排样问题的复杂度远高于矩形排样，其研究经历了一个从规则形状包络法(主要是矩形包络法)到真实形状法的发展过程。早期研究者的基本思想是把异形排样问题转化为相对简单的矩形排样问题，后来发现包络法对解决异形排样问题存在很大的局限性，主要是材料利用率无法得到有效提升。直到 20 世纪 70 年代出现的临界多边形算法，为异形件的几何计算提供了有效工具，推动真实形状法排样技术的发展与应用，使得异形件的排样技术真正朝着实用化方向发展[35,62,63]。

1.4.1　规则形状包络法

异形排样首要解决的是不规则图形的表示问题。为了降低不规则形状表达的复杂性，最为典型的一种策略就是将该类问题转化为相对简单的规则多边形排样问题进行求解。早期的研究一般用不规则图形的最小包络矩形来表达异形件进行排样。例如，Freeman 等[64]较早采用最小包络矩形法，首先将以任意曲线表示的零件拟合成简单多边形，然后遍历多边形的每条边来得到面积最小的包络矩形，并且证明了包络该凸多边形的最小矩形也是包络给定图形的最小矩形。若零件本身与矩形形状相差比较大，则将两个零件的组合拟合为一个矩形，最后对得到的多个包络矩形进行矩形排样。Agrawal[65]也通过获得不规则图形的最小包络矩形将问题转化为矩形排样问题，虽然简化了求解过程，但对于高度不规则的图形，往往会产生较多的浪费。饶运清等[66]将两个或多个多边形进行组合，用组合件的最小包络矩形进行排样，并开发出了一套异形件自动排样系统。Jakobs[67]同样采用了矩形拟合的方法，用另一种方法寻找图形的最小包络矩形：首先将每个图形每次围绕其重心旋转一定的角度增量，用长和宽分别与 x、y 轴平行的矩形进行包络，找到这些包络矩形中最小的那个作为该图形的最小包络矩形；然后使用基于序号的遗传算法进行矩形排样得到一个较优的结果；最后基于左下角启发式思想进行"挤压"运算，试图减小图形之间的间隙以期改善排样结果，使排样图形之间更为紧凑。但是该"挤压"算法缺乏严格的数学依据，Hopper 等[18]就指出该方法无法保证算法的鲁棒性。

为了改善排样效果，也有研究者用其他规则形状对不规则图形进行拟合和表达。例如，Dori 等[68]首先将不规则图形拟合为凸多边形，然后组合到正六边形中，对正六边形进行排样。Grinde 等[69]提出了一种求解两个多边形之间最小面积凸包多边形的算法并提供了严格证明，该算法对将多个小零件组合成一个较为紧密的凸多边形提供了很好的支持。在组合的过程中，如果对零件的旋转角度不做限制，则可通过产生最小面积包络矩形来组合成矩形。Zheng 等[70]先将不规则图形用三角形来拟合，然后将其转化成矩形排样问题。Elkeran[71]采用不规则零件两两组合的方式，并结合矩形包络算法进行异形排样。该方法有效减少了空白区域，但计算复杂度大大增加。还有人根据零件特点先将异形件拟合成梯形[72]，然后针对梯形进行排样。

规则形状包络法的优点是可以简化异形件的几何表达，将异形排样问题转化为矩形或规则形状排样问题，从而大大减少排样计算量，缩短排样时间。但这种方法的缺点也非常明显，就是将不规则图形用规则图形表达时会产生较大的空白区域，因此排样效果不太理想。例如，矩形包络法只有在零件形状比较接近矩形时排样效果较好，因此矩形包络法求解异形排样问题具有较大的局限性。

1.4.2　真实形状法

如前所述，异形排样首要解决的是不规则图形的表示问题。真实形状法的基本原理是用其真实形状来表达零件外形，并在此基础上进行图形的几何计算与排样优化。

1. 几何计算方法

为了提高排样效果，真实形状法逐渐成为解决异形排样问题的主流方法。真实形状法面临的第一个困难就是几何计算问题，其关键在于判定不同异形件之间的几何位置关系。异形排样中的几何处理方法主要有栅格法(pixel/raster method)[73]、直接三角(direct trigonometry)法[74]和 D 函数(D function)法[75]、临界多边形(no-fit polygon, NFP)法[76]和 Φ 函数(phi function)法[77,78]，其中临界多边形法最为常用。临界多边形由 Art[76]于 1966 年首次提出，经过发展已经成为一种处理异形排样中几何问题的主流策略。Adamowicz 等[79]较早提出基于多边形表示法的临界多边形算法，通过获得不规则多边形的临界多边形可快速判断两个多边形之间的干涉情况，由此确定图形的排样位置是否合理。

临界多边形法是一种检测零件之间相对位置的有效工具，但是计算临界多边形非常复杂。国内外学者一直都在致力于高效及具有鲁棒性的临界多边形求解方法。例如，Mahadevan[77]的计算方法不能识别一个多连通临界多边形的排放位置；Ghosh[78]的方法解决了 Mahadevan 的方法的问题，但是计算过程变得很复杂并可能导致内循环；Bennell 等[80]探究了识别循环类型方向的机制，提出了一种采用闵可夫斯基和(Minkowski sum)获得临界多边形且鲁棒性较强的方法；Bennell 等[81]针对临界多边形的生成方法及其位置状态评估进行了探讨；Burke 等[82]则采用了直线和圆弧组成的临界多边形来提高临界多边形法的求解效率；刘嘉敏等[83]首次提到利用临界多边形来计算靠接位置，并利用胡华等[84]提出的基于"递增/递减线段族"的思想进行优化的移动碰撞算法来求解临界多边形，但是基于碰撞方法的临界多边形算法具有无法求解边界空腔临界多边形的缺陷；徐健华[85]研究了二维排样中的临界多边形算法和碰撞算法，并与蚁群优化算法相结合优化排样结果；张德富等[86]引入离散临界多边形的概念并结合爬山算法和遗传算法对不规则排样问题进行了优化，得到了较好的结果。

在解决有关异形排样的几何计算问题的基础之上，国内外对异形排样问题的求解方法大致可以归纳为两类[87]：第一类是将多个零件进行顺次排样的方法。与矩形排样类似，这类方法的关键是单个零件在剩余板材上的定位规则问题(定位问题)和排样次序如何确定的问题(定序问题)。第二类为"改进"方法。该类方法首先通过一些简单方法得到一个可行的解(如矩形包络排样)，然后基于该排样方案不断地加以调整，最终得到一个效率较高的解。"改进"方法的两个重点是如何处理零件的重叠和如何通过搜索来改善解的质量。Lutfiyya 等[88]在固定旋转角的排样问题中采用了此方法，他用零件的坐标和旋转角度序列来表示排样解(排样方案)，排样后零件发生重叠的解也包含在搜索范围中，并通过罚函数来限制不可行解的搜索，其值函数(cost function)采用零件边界的靠接紧密程度以及整体排样方案的材料利用率来计算。Oliveira 等[89]采用了一种更切合实际情况的方法，用固定板材宽度情况下的排样长度作为值函数，同样用罚函数来处理零件的重叠，移动单个零件到新的位置来获得新的排样方式。另有研究人员采用模拟退火算法或禁忌搜索算法来提高初始解的排样质量，例如，Gomes 等[90]将模拟退火算法用于引导搜索基于线性规划压缩模型的邻域结构中的解空间，此方法在基准测试问题(Benchmark 问题)的测试中获得了较多的最优结果。总体来说，第一类方法在实际使用中似乎更多一些，第二类方法近年来则具有较明显的发展趋势。

2. 零件定位算法

在第一类方法中，以异形件几何计算为基础，一般采用启发式算法进行零件定位或放置。Art[76]就采用了一种"左侧靠接"的放置原则,同时也建议采用多种因素加权的综合性放置策略。Albano 等[91]研究了更为复杂的旋转角度不限定的排样问题,他们同样采用了"左侧靠接"的原则,但是采用了一种回溯算法来搜索较优排样方案,将不规则放置问题转化为通过从初始状态到目标状态的问题状态空间中寻找最佳路径的问题。Amaral 等[92]采用了一种更为复杂的方法,该方法不允许零件嵌套到空洞当中,而是通过动态选择下一个排样零件来使得尽量不产生空洞。Amaral 等的算法主要基于一种"滑动"过程来得到一个合理的靠接点,并通过矩形拟合来选择大概的排样位置。Dowsland 等[93]也采用了一种最左定位原则,但与其他研究者不同的是,他们允许后排样的零件嵌套到空洞当中,然后采用一种压缩算法得到一个更紧密的排样结果。2000 年,Oliveira 等[94]提出了著名的 TOPOS 算法,该算法允许图形 180°旋转,利用临界多边形并且通过动态选择待排图形的方式来获取排样结果,其关键在于对下一个待排图形的动态选择。在每一次放置新图形时,会将剩余所有图形分别单独放置在其最佳位置上,针对图形最佳位置的判断,他们提出三种启发式策略:最小化两个图形靠接后的包络矩形的面积、最小化两个图形靠接后的包络矩形的长度、最大化两个图形包络矩形的重叠面积。在实际的排样中可以选择其中的一种策略进行图形最佳位置的判断。在得到所有待排图形与已排部分靠接的最佳位置后,利用多参数的评价模型对这些图形放置位置进行评价,最终找出评价值最高的图形及其位置进行放置,并以此类推到其他剩余的图形。评价函数主要考虑材料的浪费程度、图形的包络矩形和所有已排图形的包络矩形重叠面积、图形包络矩形中心与所有已排图形包络矩形中心的欧氏距离等。国内,刘胡瑶[95]提出了一种基于轨迹线计算的临界多边形快速求解算法,并且提出了基于重心临界多边形的不规则图形定位算法和启发式排样算法,通过选择多角度重心临界多边形中的最低重心位置来确定图形的放置位置。李科林[96]提出了基于临界多边形的混合定位策略,主要思想就是坚持重心最低原则,同时兼顾图形之间的契合度(将两个图形的矩形包络之间的重叠面积作为契合度),主要考虑以下标准:待排图形放到板材中的位置越低越好、契合度越高越好、内部空闲区域面积越小越好。

3. 排样定序算法

在排样零件的放置顺序优化(定序优化)方面,一种是用启发式方法,如 TOPOS 算法[94]就是以一定的排样规则选取下一个待排零件并决定放置位置。López-Camacho 等[97]借助一维排料中的 DJD 启发式算法,根据面积大小和形状依次选择零件,结合启发式定位算法,取得了较好的结果。启发式算法的优点是简单方便、求解速度快,但优化效果一般,而且易于陷入局部最优,难以找到较好的全局优化解。另一种是用元启发式算法。20 世纪 90 年代后,各种元启发式算法开始在不规则排样中得到应用，并发展成主流的研究方向。例如，Ismail 等[98]采用遗传算法进行二维不规则图形排样求解。Blażewicz 等[99]将禁忌搜索算法用于排样问题中的顺序优化，并且限制一次变化一个零件的顺序，取得了一定的效果。Heckmann 等[100]使用模拟退火算法进行排样，避免了使用启发式算法陷入局部最优。Bennell 等[101]使用爬山法和局部禁忌搜索算法结合启发式定位规则进行了二维不规则排样问题的研究。Babu 等[73]将遗传算法应用于排样次序解空间的搜索，并结合启发式算法放置策略，取得了较好的结果。Gomes 等[102]研究了爬山法在不规则排样中的应用，主要研究了初始排样顺序、邻域选择方法以及排样次序中发生位置交换的距离对优化排样的影响。Burke 等[103]提出了自己的一套构造算法，并将其与爬山法和禁忌搜索组合形成新的混合算法。Bennell 等[87]将集束搜索(beam search, BS)算法运用于解空间的搜索,搜索时间和结果在 Benchmark 问题中取得了良好的效果。Elkeran[71]采用新型布谷鸟搜索算法搜索解空间。Sato 等[104]在采用启发式成对排放算法的同时，也使用模拟退火算法指导排料序列的搜索过程。Pinheiro 等[105]使用基于随机密钥的遗传算法对排样的顺序及角度进行搜索，同时设置一组基因表示放置的策略，他们在一组嵌套问题的基准实例上进行了计算实验，结果显示基于随机密钥的遗传算法可以与以前在某些特定问题实例上的成功研究相媲美。国内也有较多这方面的研究，例如，贾志欣等[106]提出了一种基于遗传算法求解二维不规则零件排样问题的方法，首先通过提取零件的最小包络矩形，将其转变为矩形件的正交排样问题，然后通过遗传算法求解较优编码并应用"最低水平线法"将编码转变为排样图。李明等[107]将模拟退火算法和粒子群优化算法相结合，提出了一种基于模拟退火的粒子群优化算法，采用交叉和柯西变异运算，提高了算法的收敛速度和精度。史俊友等[108]利用遗传模拟退火算法及小生境技术寻找零件的最优排样次序。综合来看，较为成功的异形排样还是采用混合算法[109,110]：套料时使用部件互换的邻域结构；线性规划模型的分解如压缩算法和分离算法，与模拟退火算法一起使用时是有效的；模拟退火算法虽然解的质量不是很高，但能引导搜索解空间。

迄今为止，对异形排样问题的研究主要还是从算法角度进行，一个优秀的排样算法往往是多种方法的综合。国际上的主流算法是采用基于智能计算的定序算法和基于临界多边形几何运算的启发式定位算法相结合的混合算法。目前智能排样技术已取得了很好的研究成果，国际上也出现一些较为成熟与广泛应用的商业排样软件，但在排样效率和材料利用率方面与实际需求还是存在一定差距，特别是当问题规模较大、零件图形复杂或较为特殊，或者存在一定的工艺约束时，全自动排样的结果往往不能达到预期效果。近期有些排样软件公司推出"超排算法"，其核心是采用并行算法提高计算效率、扩大搜索空间，虽然优化效果有所提升，但并没有本质上的改变。随着人工智能技术的发展，机器学习已经在包括三维装箱在内的组合优化问题研究中有所应用。例如，文献[111]应用深度强化学习(deep reinforcement learning, DRL)方法解决一类三维装箱问题。该三维装箱问题以装箱表面积最小为优化目标，以装箱物品的装箱顺序这一关键因素为决策变量，采用深度强化学习与指针网技术进行装箱顺序的优化。实验表明，上述优化方法的优化效果均优于启发式算法，三维装箱利用率提高了 5%。作者团队目前也在开展基于迁移学习的智能排样技术研究[112]，这可能是一个值得关注的研究方向。

1.5　本书主要内容

本书主要针对矩形排样问题和异形排样问题，详细论述了作者及所在科研团队近年来所开发的多种智能求解算法，并简要介绍了基于这些算法开发的智能排样软件系统及其应用。

全书共 8 章，其中第 1 章为绪论，第 2~6 章分别介绍五种矩形排样算法，第 7 章介绍三种异形排样算法，第 8 章介绍排样软件开发及应用。本章主要介绍有关优化排样问题的基本概念，重点介绍二维排样问题的国内外研究概况与发展趋势。其余章内容安排如下：

第 2 章为矩形排样问题的混合遗传算法。建立矩形排样问题的数学模型及其求解框架，分别针对一般矩形排样和带工艺约束的矩形装箱排样问题，提出求解上述问题的混合遗传算法，并通过算例测试验证算法的有效性。

第 3 章为矩形排样问题的和声搜索算法。分别针对一般矩形排样和带工艺约束的批量矩形排样问题，提出基于和声搜索的相应求解算法，并通过实例验证上述算法的实用性和有效性。

第 4 章为矩形排样问题的灰狼优化算法。针对矩形排样问题的特点，分别提出求解矩形带排样问题的十进制灰狼定序算法和求解矩形装箱排样问题的改进十进制灰狼定序算法，并通过算例测试验证上述算法的适应性与有效性。

第 5 章为矩形排样问题的布谷鸟搜索算法。给出应用布谷鸟搜索算法求解矩形排样问题的基本思路，提出为求解矩形排样问题的离散布谷鸟搜索算法，并采用国际标准测试集对该算法进行测试，验证算法的有效性与实用性。

第 6 章为矩形排样问题的布谷鸟迁移学习算法。应用强化学习和迁移学习技术提出求解矩形带排样问题的布谷鸟迁移学习算法，并通过实验验证该算法不仅能使矩形排样问题解的质量得以改善，求解速度也有明显提高。

第 7 章为异形件智能排样算法，介绍作者团队提出的几种异形件智能排样求解算法，包括遗传算法与禁忌搜索混合的求解算法、集束搜索与禁忌搜索混合的求解算法，以及超边界约束排样问题的求解方法等，并通过基准算例或实际算例测试验证上述算法的有效性。

第 8 章为智能排样软件开发与应用。介绍基于本书研究的智能排样算法开发的三个软件系统及其应用实例。

参 考 文 献

[1] Wäscher G, Haußner H, Schumann H. An improved typology of cutting and packing problems[J]. European Journal of Operational Research, 2007, 183(3): 1109-1130.

[2] Kantorovich L V. Mathematical methods of organizing and planning production[J]. Management Science, 1960, 6(4): 363-422.

[3] Gilmore P C, Gomory R E. A linear programming approach to the cutting stock problem—Part Ⅰ [J]. Operations Research, 1961, 9(6): 849-859.

[4] Gilmore P C, Gomory R E. A linear programming approach to the cutting stock problem—Part Ⅱ [J]. Operations Research, 1963, 11(6): 863-888.

[5] Gilmore P C, Gomory R E. Multistage cutting stock problems of two and more dimensions[J]. Operations Research, 1965, 13(1): 94-120.

[6] Gilmore P C, Gomory R E. The theory and computation of knapsack functions[J]. Operations Research, 1966, 14(6): 1045-1074.

[7] 曹炬, 周济, 余俊. 矩形件排样优化的背包算法[J]. 中国机械工程, 1994, 5(2): 11-12, 79.

[8] Hifi M, Ouafi R. Best-first search and dynamic programming methods for cutting problems: The cases of one or more stock plates[J]. Computers & industrial engineering, 1997, 32(1): 187-205.

[9] Lesh N, Marks J, McMahon A, et al. Exhaustive approaches to 2D rectangular perfect packings[J]. Information Processing Letters, 2004, 90(1): 7-14.

[10] 崔耀东, 张春玲, 赵谊. 同尺寸矩形毛坯排样的连分数分支定界算法[J]. 计算机辅助设计与图形学学报, 2004, 16(2): 252-256.

[11] Cui Y D, Yang Y L, Cheng X, et al. A recursive branch-and-bound algorithm for the rectangular guillotine strip packing problem[J]. Computers & Operations Research, 2008, 35(4): 1281-1291.

[12] Kenmochi M, Imamichi T, Nonobe K, et al. Exact algorithms for the two-dimensional strip packing problem with and without rotations[J]. European Journal of Operational Research, 2009, 198(1): 73-83.

[13] Silva E, Alvelos F, Valério de Carvalho J M. An integer programming model for two- and three-stage two-dimensional cutting stock problems[J]. European Journal of Operational Research, 2010, 205(3): 699-708.

[14] Hartmanis J. Computers and intractability: A guide to the theory of NP-completeness (Michael R. garey and David S. Johnson)[J]. SIAM Review, 1982, 24(1): 90-91.

[15] Baker B S, Coffman E G Jr, Rivest R L. Orthogonal packings in two dimensions[J]. SIAM Journal on Computing, 1980, 9(4): 846-855.

[16] Chazelle B. The bottomn-left bin-packing heuristic: An efficient implementation[J]. IEEE Transactions on Computers, 1983, C-32(8): 697-707.

[17] 刘德全, 滕弘飞. 矩形件排样问题的遗传算法求解[J]. 小型微型计算机系统, 1998, 19(12): 20-25.

[18] Hopper E, Turton B C H. An empirical investigation of meta-heuristic and heuristic algorithms for a 2D packing problem[J]. European Journal of Operational Research, 2001, 128(1): 34-57.

[19] Burke E K, Kendall G, Whitwell G. A new placement heuristic for the orthogonal stock-cutting problem[J]. Operations Research, 2004, 52(4): 655-671.

[20] Aşik Ö B, Özcan E. Bidirectional best-fit heuristic for orthogonal rectangular strip packing[J]. Annals of Operations Research, 2009, 172(1): 405-427.

[21] Leung S C H, Zhang D F, Sim K M. A two-stage intelligent search algorithm for the two-dimensional strip packing problem[J]. European Journal of Operational Research, 2011, 215(1): 57-69.

[22] Wei L J, Hu Q, Leung S C H, et al. An improved skyline based heuristic for the 2D strip packing problem and its efficient implementation[J]. Computers & Operations Research, 2017, 80: 113-127.

[23] 何琨, 黄文奇, 金燕. 基于动作空间求解二维矩形 Packing 问题的高效算法[J]. 软件学报, 2012, 23(5): 1037-1044.

[24] Verstichel J, de Causmaecker P, Berghe G V. An improved best-fit heuristic for the orthogonal strip packing problem[J]. International Transactions in Operational Research, 2013, 20(5): 711-730.

[25] Wang Y C, Chen L J. Two-dimensional residual-space-maximized packing[J]. Expert Systems with Applications, 2015, 42(7): 3297-3305.

[26] Lesh N, Marks J, McMahon A, et al. New heuristic and interactive approaches to 2D rectangular strip packing[J]. ACM Journal of Experimental Algorithmics, 2005, 10: 1-18.

[27] Lesh N, Mitzenmacher M. BubbleSearch: A simple heuristic for improving priority-based greedy algorithms[J]. Information Processing Letters, 2006, 97(4): 161-169.

[28] Coffman E G Jr, Garey M R, Johnson D S, et al. Performance bounds for level-oriented two-dimensional packing algorithms[J]. SIAM Journal on Computing, 1980, 9(4): 808-826.

[29] Mumford-Valenzuela C L, Vick J, Wang P Y. Heuristics for Large Strip Packing Problems with Guillotine Patterns: An Empirical Study[M]//Resende M, Sousa J P D. Metaheuristics: Computer Decision-Making. Boston: Springer, 2003.

[30] Bortfeldt A, Gehring H. New large benchmark instances for the two-dimensional strip-packing problem with rectangular pieces[C]. Proceedings of the 39th International Conference on Systems Sciences, Hawaii, 2006: 30-35.

[31] Holland J H. Adaptation in Natural and Artificial Systems[M]. Cambridge: MIT Press, 1975.

[32] Hopper E, Turton B. A genetic algorithm for a 2D industrial packing problem[J]. Computers & Industrial Engineering, 1999, 37(1-2): 375-378.

[33] 龚志辉. 基于遗传算法的矩形件优化排样系统研究[D]. 长沙: 湖南大学, 2003.

[34] Burke E K, Kendall G, Whitwell G. A simulated annealing enhancement of the best-fit heuristic for the orthogonal stock-cutting problem[J]. INFORMS Journal on Computing, 2006, 21(3): 505-516.

[35] Bortfeldt A. A genetic algorithm for the two-dimensional strip packing problem with rectangular pieces[J]. European Journal of Operational Research, 2006, 172(3): 814-837.

[36] Soke A, Bingul Z. Hybrid genetic algorithm and simulated annealing for two-dimensional non-guillotine rectangular packing problems[J]. Engineering Applications of Artificial Intelligence, 2006, 19(5): 557-567.

[37] Gonçalves J F. A hybrid genetic algorithm-heuristic for a two-dimensional orthogonal packing problem[J]. European Journal of Operational Research, 2007, 183(3): 1212-1229.

[38] 赵晓东, 米小珍. 遗传算法模型在矩形件排样优化中的应用[J]. 锻压技术, 2007, 32(6): 153-156.

[39] 赵新芳, 崔耀东, 杨莹, 等. 矩形件带排样的一种遗传算法[J]. 计算机辅助设计与图形学报, 2008, 20: 540-544.

[40] 刘海明, 周炯, 吴忻生, 等. 基于改进最低水平线方法与遗传算法的矩形件排样优化算法[J]. 图学学报, 2015, 36(4): 526-531.

[41] 孙佳正, 郭骏. 改进的双种群遗传算法在矩形件排样中的应用[J]. 计算机工程与应用, 2018, 54(15): 139-146.

[42] 贾志欣, 殷国富, 罗阳, 等. 矩形件排样的模拟退火算法求解[J]. 四川大学学报(工程科学版), 2001, 33(5): 35-38.

[43] Leung T W, Chan C K, Troutt M D. Application of a mixed simulated annealing-genetic algorithm heuristic for the two-dimensional orthogonal packing problem[J]. European Journal of Operational Research, 2003, 145(3): 530-542.

[44] 陈学松, 曹炬, 方仍存. 遗传模拟退火算法在矩形优化排样系统中的应用[J]. 锻压技术, 2004, 29(1): 27-29.

[45] Dereli T, Sena D G, et al. A hybrid simulated-annealing algorithm for two-dimensional strip packing problem[C]. International Conference on Adaptive and Natural Computing Algorithms, Warsaw, 2007: 508-516.

[46] Leung S C H, Zhang D F, Zhou C L, et al. A hybrid simulated annealing metaheuristic algorithm for the two-dimensional knapsack packing problem[J]. Computers & Operations Research, 2012, 39(1): 64-73.

[47] Thiruvady D R, Meyer B, Ernst A T. Strip packing with hybrid ACO: Placement order is learnable[C]. IEEE Congress on Evolutionary Computation, Hong Kong, 2008: 1207-1213.

[48] Yuan C Y, Liu X B. Solution to 2D rectangular strip packing problems based on ACOs[C]. International Workshop on Intelligent Systems and Applications, Wuhan, 2009: 1-4.

[49] Lin F, Shi J Y. Optimization of rectangle packing problems based on ant colony algorithm[J]. Journal of Qingdao University of Science & Technology, 2011, 32(1): 90-94.

[50] 陈钊. 求解矩形排样问题的离散粒子群算法[D]. 合肥: 合肥工业大学, 2009.

[51] Ge H W, Liu L J. Rectangle-packing problem based on modified particle swarm optimization algorithm[J]. Computer Engineering, 2009, 35(7): 186-188.

[52] 黄岚, 齐季, 谭颖, 等. 一种求解矩形排样问题的遗传-离散粒子群优化算法[J]. 电子学报, 2012, 40(6): 1103-1107.

[53] Omar M K, Ramakrishnan K. Solving non-oriented two-dimensional bin packing problem using evolutionary particle swarm optimisation[J]. International Journal of Production Research, 2013, 51(20): 6002-6016.

[54] 黄胜. 裁割机样片采集与排版优化问题的研究与应用[D]. 杭州: 浙江工业大学, 2014.

[55] Babaoğlu İ. Solving 2D strip packing problem using fruit fly optimization algorithm[J]. Procedia Computer Science, 2017, 111: 52-57.

[56] Beasley J E. Algorithms for unconstrained two-dimensional guillotine cutting[J]. Journal of the Operational Research Society, 1985, 36(4): 297-306.

[57] Tarnowski A G, Terno J, Scheithauer G. A polynomial time algorithm for the guillotine pallet loading problem[J]. INFOR: Information Systems and Operational Research, 1994, 32(4): 275-287.

[58] Christofides N, Hadjiconstantinou E. An exact algorithm for orthogonal 2-D cutting problems using guillotine cuts[J]. European Journal of Operational Research, 1995, 83(1): 21-38.

[59] Kröger B. Guillotineable bin packing: A genetic approach[J]. European Journal of Operational Research, 1995, 84(3): 645-661.

[60] Alvarez-Valdés R, Parajón A, Tamarit J M. A tabu search algorithm for large-scale guillotine (un) constrained two-dimensional cutting problems[J]. Computers & Operations Research, 2002, 29(7): 925-947.

[61] Alvarez-Valdés R, Parreño F, Tamarit J M. A tabu search algorithm for a two-dimensional non-guillotine cutting problem[J]. European Journal of Operational Research, 2007, 183(3): 1167-1182.

[62] Neveu B, Trombettoni G, Araya I. Incremental move for 2D strip-packing[C]. The 19th IEEE International Conference on Tools with Artificial Intelligence, Patras, 2007: 489-496.

[63] Alvarez-Valdes R, Parreño F, Tamarit J M. Reactive GRASP for the strip-packing problem[J]. Computers & Operations Research, 2008, 35(4): 1065-1083.

[64] Freeman H, Shapira R. Determining the minimum-area encasing rectangle for an arbitrary closed curve[J]. Communications of the ACM, 1975, 18(7): 409-413.

[65] Agrawal P K. Minimising trim loss in cutting rectangular blanks of a single size from a rectangular sheet using orthogonal guillotine cuts[J]. European Journal of Operational Research, 1993, 64(3): 410-422.

[66] 饶运清, 刘延林, 段正澄. 计算机辅助排样系统的研制[J]. 计算机辅助设计与图形学学报, 1994, 6(1): 72-74.

[67] Jakobs S. On genetic algorithms for the packing of polygons[J]. European Journal of Operational Research, 1996, 88(1): 165-181.

[68] Dori D, Ben-Bassat M. Efficient nesting of congruent convex figures[J]. Communications of the ACM, 1984, 27(3): 228-235.

[69] Grinde R B, Cavalier T M. A new algorithm for the minimal-area convex enclosure problem[J]. European Journal of Operational Research, 1995, 84(3): 522-538.

[70] Zheng W, Li B, Yang K R, et al. Triangle rectangle method for 2D irregular cutting-stock problems[J]. Applied Mechanics and Materials, 2011, 130-134: 2090-2093.

[71] Elkeran A. A new approach for sheet nesting problem using guided cuckoo search and pairwise clustering[J]. European Journal of Operational Research, 2013, 231(3): 757-769.

[72] 方满. 改进包络算法及冲压件毛坯排样系统研究[D]. 武汉: 华中科技大学, 2016.

[73] Babu A R, Babu N R. A generic approach for nesting of 2-D parts in 2-D sheets using genetic and heuristic algorithms[J]. Computer-Aided Design, 2001, 33(12): 879-891.

[74] Ferreira J P C, Alves J C, Albuquerque C, et al. A flexible custom computing machine for nesting problems[C]. Proceedings of XIII DCIS, Madrid, 1998: 348-354.

[75] Konopasek M. Mathematical treatments of some apparel marking and cutting problems[R]. Washington: Department of Commerce Report, 1981.

[76] Art J R C. An approach to the two-dimensional irregular cutting stock problem[D]. Cambridge: Massachusetts Institute of Technology, 1966.

[77] Mahadevan A. Optimization in computer aided pattern packing[D]. Raleigh: North Carolina State University, 1984.

[78] Ghosh P K. An algebra of polygons through the notion of negative shapes[J]. CVGIP: Image Understanding, 1991, 54(1): 119-144.

[79] Adamowicz M, Albano A. Nesting two-dimensional shapes in rectangular modules[J]. Computer-Aided Design, 1976, 8(1): 27-33.

[80] Bennell J A, Song X. A comprehensive and robust procedure for obtaining the no fit polygon using Minkowski sums[J]. Computers & Operations Research, 2008, 35(1): 267-281.

[81] Bennell J A, Dowsland K A, Dowsland W B. The irregular cutting-stock problem—A new procedure for deriving the no-fit polygon[J]. Computers & Operations Research, 2001, 28(3): 271-287.

[82] Burke E K, Hellier R S R, Kendall G, et al. Irregular packing using the line and arc no-fit polygon[J]. Operations Research, 2010, 58(4-part-1): 948-970.

[83] 刘嘉敏, 张胜男, 黄有群. 二维不规则形状自动排料算法的研究与实现[J]. 计算机辅助设计与图形学学报, 2000, 12(7): 488-491.

[84] 胡华, 蔡昕, 姚骏. 任意连通多边形的靠接算法[J]. 计算机学报, 1995, 8(11): 867-874.

[85] 徐健华. 多边形零件排样技术研究及软件开发[D]. 南京: 南京航空航天大学, 2008.

[86] 张德富, 陈竞驰, 刘永凯, 等. 用于二维不规则排样的离散临界多边形模型[J]. 软件学报, 2009, 20(6): 1511-1520.

[87] Bennell J A, Song X. A beam search implementation for the irregular shape packing problem[J]. Journal of Heuristics, 2010, 16(2): 167-188.

[88] Lutfiyya H, McMillin B, Poshyanonda P, et al. Composite stock cutting through simulated annealing[J]. Mathematical and Computer Modelling, 1992, 16(1): 57-74.

[89] Oliveira J F C, Ferreira J A S. Algorithm for Nesting Problems[M]. Berlin: Springer, 1993.

[90] Gomes A M, Oliveira J F. Solving irregular strip packing problems by hybridising simulated annealing and linear programming[J]. European Journal of Operational Research, 2006, 171(3): 811-829.

[91] Albano A, Sapuppo G. Optimal allocation of two-dimensional irregular shapes using heuristic search methods[J]. IEEE Transactions on Systems, Man, and Cybernetics, 1980, 10(5): 242-248.

[92] Amaral C, Bernardo J, Jorge J. Marker-making using automatic placement of irregular shapes for the garment industry[J]. Computers & Graphics, 1990, 14(1): 41-46.

[93] Dowsland K A, Dowsland W B. Heuristic approaches to irregular cutting problems[R]. Swansea: European Business Management School, 1993.

[94] Oliveira J F, Gomes A M, Ferreira J S. TOPOS—A new constructive algorithm for nesting problems[J]. OR-Spektrum, 2000, 22(2): 263-284.

[95] 刘胡瑶. 基于临界多边形的二维排样算法研究[D]. 上海: 上海交通大学, 2007.

[96] 李科林. 基于临界多边形的二维不规则排样问题的研究[D]. 武汉: 华中师范大学, 2019.

[97] López-Camacho E, Ochoa G, Terashima-Marín H, et al. An effective heuristic for the two-dimensional irregular bin packing problem[J]. Annals of Operations Research, 2013, 206(1): 241-264.

[98] Ismail H S, Hon K K B. New approaches for the nesting of two-dimensional shapes for press tool design[J]. International Journal of Production Research, 1992, 30(4): 825-837.

[99] Błażewicz J, Hawryluk P, Walkowiak R. Using a tabu search approach for solving the two-dimensional irregular cutting problem[J]. Annals of Operations Research, 1993, 41(4): 313-325.

[100] Heckmann R, Lengauer T. Computing closely matching upper and lower bounds on textile nesting problems[J]. European Journal of Operational Research, 1998, 108(3): 473-489.

[101] Bennell J A, Dowsland K A. A tabu thresholding implementation for the irregular stock cutting problem[J]. International Journal of Production Research, 1999, 37(18): 4259-4275.

[102] Gomes A M, Oliveira J F. A 2-exchange heuristic for nesting problems[J]. European Journal of Operational Research, 2002, 141(2): 359-370.

[103] Burke E, Hellier R, Kendall G, et al. A new bottom-left-fill heuristic algorithm for the two-dimensional irregular packing problem[J]. Operations Research, 2006, 54(3): 587-601.

[104] Sato A K, Martins T D C, Tsuzuki M D S G. A pairwise exact placement algorithm for the irregular nesting problem[J]. International Journal of Computer Integrated Manufacturing, 2016, 29(11): 1177-1189.

[105] Pinheiro P R, Amaro Júnior B, Saraiva R D. A random-key genetic algorithm for solving the nesting problem[J]. International Journal of Computer Integrated Manufacturing, 2016, 29(11): 1159-1165.

[106] 贾志欣, 殷国富, 罗阳. 二维不规则零件排样问题的遗传算法求解[J]. 计算机辅助设计与图形学学报, 2002, 14(5): 467-470.

[107] 李明, 宋成芳, 周泽魁, 等. 一种二维不规则零件优化排样算法[J]. 四川大学学报(工程科学版), 2005, 37(4): 134-138.

[108] 史俊友, 冯美贵, 苏传生, 等. 不规则件优化排样的小生境遗传模拟退火算法[J]. 机械科学与技术, 2007, 26(7): 940-944, 949.

[109] 周玉宇. 基于 Memetic 算法的套料与切割优化方法研究[D]. 武汉: 华中科技大学, 2012.

[110] Zhou Y, Rao Y, Zhang G, et al. Hybrid optimization method based on memetic algorithm for two-dimensional bin packing problem[J]. International Journal of Advancements in Computing Technology, 2012, 4(23): 344-354.

[111] Hu H Y, Zhang X D, Yan X W, et al. Solving a new 3D bin packing problem with deep reinforcement learning method[J]. arXiv: 1708.05930, 2017.

[112] 徐小斐, 陈婧, 饶运清, 等. 迁移蚁群强化学习算法及其在矩形排样中的应用[J]. 计算机集成制造系统, 2020, 26(12): 3236-3247.

第 2 章　矩形排样问题的混合遗传算法

矩形排样问题是生产实践中广泛存在的一类典型的切割下料问题。根据 Wäscher 等[1]的分类法，还可以将矩形排样问题进一步细分，例如，根据板材长度或高度是否固定，可将矩形排样问题分为矩形带排样问题与矩形装箱排样问题；根据是否带工艺约束，又可以将矩形排样问题分为一般矩形排样问题和带工艺约束(如一刀切)矩形排样问题等。

2.1　矩形排样问题的数学模型与求解框架

2.1.1　问题描述与数学模型

矩形排样问题可描述为：有一组数量为 n 且长宽已知的矩形$(p_1, p_2, \cdots, p_n)$，第 i 个矩形 p_i 的宽度、高度分别为 w_i、h_i $(i=1, 2, \cdots, n)$，将上述矩形排放到一定规格的矩形板材上，使得板材的利用率最高。整个排放过程满足以下三个基本约束：

(1) 矩形零件不得超出板材的边界；

(2) 矩形零件之间不重叠；

(3) 矩形零件的底边与板材底边平行[2]。

为了确定每个矩形在板材中的具体位置，在矩形板材上建立一个如图 2.1 所示的坐标系，坐标系的原点(0,0)是矩形板材的最左下角顶点，宽度为 W 的底边作为横坐标 x 轴，高度为 H 的左边是纵坐标 y 轴。在此坐标系下，一个矩形的位置可以用以下四个变量来确定，即 x_i、y_i 和 w_i、h_i，依次分别为矩形 p_i 排放后左下角的横坐标、纵坐标和矩形 p_i 的宽度、高度。

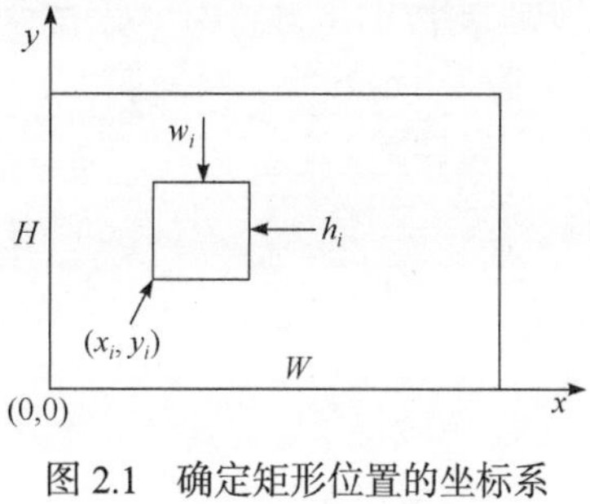

图 2.1　确定矩形位置的坐标系

1. 矩形带排样问题数学模型

矩形带排样问题是矩形排样问题中的一类基本问题，且广泛存在于实际生产中，其主要特点在于矩形板材的宽度 W 是固定的，但是高度 H 不限，即单一原材料中的可变维度排样问题，具体描述如下。

将一组数量为 n 且长宽已知的矩形 $(p_1, p_2, \cdots, p_n)$ 排放到宽度为 W、高度不限的矩形板材上，使得板材的利用率最高，则材料利用率 U 定义为

$$U = \frac{\sum_{i=1}^{n}(w_i \times h_i)}{W \times H} \tag{2.1}$$

式中，H 是 n 个矩形件排放完后排样图的最大高度[3]。

所用板材高度示意图如图 2.2 所示。

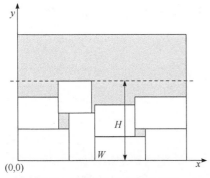

图 2.2　所用板材高度示意图

1) 约束条件 1

在排样的过程中，对于任意一个矩形 p_i，必须满足以下约束，否则矩形零件将会超出板材边界：

(1) $x_i \geqslant 0$；

(2) $y_i \geqslant 0$；

(3) $x_i + w_i \leqslant W$。

2) 约束条件 2

p_i 与 p_j 是任意两个矩形，以下几种情况中至少满足一种时，它们不会重叠：

(1) $x_i + w_i \leqslant x_j$，矩形 p_j 在 p_i 的右边；

(2) $y_i + h_i \leqslant y_j$，矩形 p_j 在 p_i 的上方；

(3) $x_j + w_j \leqslant x_i$，矩形 p_j 在 p_i 的左边；

(4) $y_j + h_j \leqslant y_i$，矩形 p_j 在 p_i 的下方。

显然，矩形 p_j 不可能既在 p_i 的右边又在 p_i 的左边，矩形 p_j 不可能既在 p_i 的上方又在 p_i 的下方，所以(1)与(2)是一组并集或(3)与(4)是一组并集，因此可得矩形带排样问题的数学模型如下。

目标函数：

$$f = \max \left(\frac{\sum_{i=1}^{n}(w_i \times h_i)}{W \times H} \right) \tag{2.2}$$

约束条件：

$$\text{s.t.} \begin{cases} x_i \geqslant 0, \quad y_i \geqslant 0 \\ x_i + w_i \leqslant W \\ x_i + w_i \leqslant x_j \bigcup y_i + h_i \leqslant y_j \\ x_j + w_j \leqslant x_i \bigcup y_j + h_j \leqslant y_i \\ i = 1, 2, \cdots, n \\ j = 1, 2, \cdots, n \end{cases} \tag{2.3}$$

2. 矩形装箱排样问题数学模型

矩形装箱排样问题也是矩形排样问题中的一类基本问题，与矩形带排样相比其不同之处在于矩形板材的宽度和高度都是一定的，具体描述为：将一组数量为 n 且长宽已知的矩形(p_1, p_2, $\cdots$, p_n)排放到一组宽度和高度一定的矩形板材(P_1, P_2, $\cdots$, P_m)上，使得板材的利用率最高，材料利用率 U 定义如下：

$$U = \frac{\sum\limits_{i=1}^{n}(w_i \times h_i)}{\sum\limits_{k=1}^{m-1}(W_k \times H_k) + W_m \times H} \tag{2.4}$$

式中，H 是最后一块矩形板材的排样图最大高度，且 $H \leqslant H_m$，$k = 1, 2, \cdots, m$。

1) 约束条件 1

假设在排样的过程中，对于任意一个矩形 $p_{i,k}$ 排放于板材 P_k，必须满足以下约束，否则矩形零件将会超出板材边界：

(1) $x_{i,k} \geqslant 0$；

(2) $y_{i,k} \geqslant 0$；

(3) $y_{i,k} + h_i \leqslant H_k$；

(4) $0 \leqslant x_{i,k} + w_i \leqslant W_k$。

2) 约束条件 2

假设矩形 $p_{i,k}$ 与 $p_{j,k}$ 是任意两个排放于板材 P_k 的矩形零件，以下几种情况中至少满足一种时，它们不会重叠：

(1) $x_{i,k} + w_i \leqslant x_{j,k}$，矩形 $p_{j,k}$ 在 $p_{i,k}$ 的右边；

(2) $y_{i,k} + h_i \leqslant y_{j,k}$，矩形 $p_{j,k}$ 在 $p_{i,k}$ 的上方；

(3) $x_{j,k} + w_j \leqslant x_{i,k}$，矩形 $p_{j,k}$ 在 $p_{i,k}$ 的左边；

(4) $y_{j,k} + h_j \leqslant y_{i,k}$，矩形 $p_{j,k}$ 在 $p_{i,k}$ 的下方。

同样，矩形 $p_{j,k}$ 不可能既在 $p_{i,k}$ 的右边又在 $p_{i,k}$ 的左边，矩形 $p_{j,k}$ 不可能既在 $p_{i,k}$ 的上方又在 $p_{i,k}$ 的下方，则(1)与(2)是一组并集或(3)与(4)是一组并集，因此可得矩形装箱排样问题的数学模型如下。

目标函数：

$$f = \max \left(\frac{\sum_{i=1}^{n}(w_i \times h_i)}{\sum_{k=1}^{m-1}(W_k \times H_k) + W_m \times H} \right) \tag{2.5}$$

约束条件：

$$\text{s.t.} \begin{cases} x_{i,k} \geqslant 0, \quad y_{i,k} \geqslant 0 \\ x_{i,k} + w_i \leqslant W_k, y_{i,k} + h_i \leqslant H_k \\ x_{i,k} + w_i \leqslant x_{j,k} \bigcup y_{i,k} + h_i \leqslant y_{j,k} \\ x_{j,k} + w_j \leqslant x_{i,k} \bigcup y_{j,k} + h_j \leqslant y_{i,k} \\ i, j = 1, 2, \cdots, n \\ k = 1, 2, \cdots, m \end{cases} \tag{2.6}$$

3. 带工艺约束的矩形装箱排样问题数学模型

上述两类矩形排样问题都没有考虑实际的工艺约束。在实际的切割加工中，应用于不同切割设备的矩形排样方案受制于不同的工艺约束，如玻璃切割机中的一刀切工艺，它既是设备本身的工艺要求，也是尽可能提高加工效率的需要。

带工艺约束的矩形装箱排样问题描述如下：设有 n 种类型待排矩形件 $P_1, P_2, \cdots, P_n$，其尺寸为 $w_i \times h_i$，$i \in \{1, 2, \cdots, n\}$，数量分别为 $n_{P_1}, n_{P_2}, \cdots, n_{P_n}$，并按照某一个随机序列 I'_n 排放在规格 $W_k \times H_k (k = 1, 2, \cdots, m)$ 确定且数量分别为 $n_{R_1}, n_{R_2}, \cdots, n_{R_n}$ 的板材 $R_1, R_2, \cdots, R_m$ 上，使得最终板材使用数目最少或者板材的利用率最高，并满足下列约束条件。

(1) 几何约束：

① P_i 与 P_j 互不重叠交叉 $(i \neq j$ 且 $i, j \in I_n)$，其中 I_n 为有序序列；

② P_i 必须排放在某块板材 R_k 内$(P_i \subset R_j, \ i \in I_n$ 且 $k \in I_m)$。

(2) 工艺约束：

① 矩形件具有纤维方向要求(矩形件可否旋转)；

② 一刀切要求；

③ 切割机最大剪切长度要求；

④ 矩形件成组。

取所有使用的板材规格一致为 $W \times H$，板材左下角为坐标系原点(0,0)，建立相应数学模型的过程如下。

1) 矩形件互相不重叠交叉

矩形件 i 的左下角坐标为 (x_i, y_i)，$i \in I_n$，矩形件 j 的左下角坐标为 (x_j, y_j)，$j \in I_n$，$i \neq j$。当满足下面表达式时，矩形件 i 和 j 即不会重叠交叉：

$$(x_i + w_i \leqslant x_j \| y_i + h_i \leqslant y_j \| x_j + w_j \leqslant x_i \| y_j + h_j \leqslant y_i) = 1 \tag{2.7}$$

2) 矩形件排放在板材内

当矩形件的左下角和右上角的坐标都在板材范围内时，就可以约束矩形件排放到板材内。矩形件 i 排放到板材内需要满足下面表达式：

$$\begin{cases} \min(x_i) \geqslant 0 \\ \min(y_i) \geqslant 0 \\ \max(x_i + w_i) \leqslant W \\ \max(y_i + h_i) \leqslant H \end{cases} \tag{2.8}$$

3) 矩形件具有纤维方向要求

矩形件 P_i 具有纤维方向要求表示该矩形件不能旋转，因此该工艺约束可以转化为对应的矩形件在排入板材内时是否能够对其进行 90°旋转。设矩形件 P_i 左下角顶点坐标为 (x_{i1}, y_{i1})，右上角顶点坐标为 (x_{i2}, y_{i2})，如图 2.3 所示。o_i 表示是否可以旋转的开关变量，即 $o_i = 0$ 表示不旋转，$o_i = 1$ 表示旋转 90°。那么，有矩形件 P_i 的上下角顶点坐标关系如下：

$$x_{i2} = x_{i1} + (1 - o_i) \times w_i + o_i \times h_i \tag{2.9}$$

$$y_{i2} = y_{i1} + (1 - o_i) \times h_i + o_i \times w_i \tag{2.10}$$

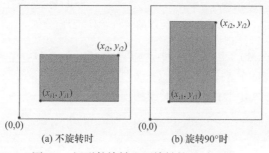

图 2.3　矩形件旋转和不旋转情况对比图

4) 板材一刀切工艺

板材一刀切工艺是指在切割下料时，切割机必须从板材的一端通裁至板材的另一端。通常情况下，在切割具有一刀切工艺要求的排样图时，每一次切割都会从板材上面分割出一块独立的子板材。一刀切和非一刀切工艺的排样图对比如图 2.4 所示。

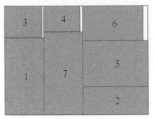

(a) 一刀切工艺的排样图　　　　　　　(b) 非一刀切工艺的排样图

图 2.4　一刀切和非一刀切对比图

剩余矩形的横向分割和竖向分割如图 2.5 所示。当采用一刀切分割剩余矩形时,会有横和竖两种分割方法,此时形成新的剩余矩形尺寸是不一样的,图 2.5(a)表示将剩余矩形进行横向分割,图 2.5(b)表示将剩余矩形进行竖向分割,图中虚线框表示被分割出来的新的剩余矩形 S_{r1} 和 S_{r2}。

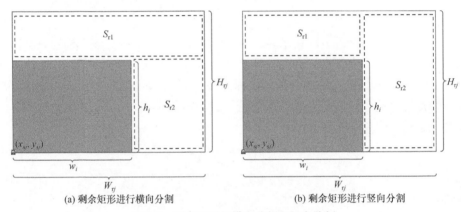

(a) 剩余矩形进行横向分割　　　　　　　(b) 剩余矩形进行竖向分割

图 2.5　剩余矩形的横向分割和竖向分割

设 rotation $\in \{0,1\}$ 表示横竖分割方式的开关变量,当 rotation=0 时,表示对当前剩余矩形进行横向分割;当 rotation=1 时,表示对当前剩余矩形进行竖向分割。当剩余矩形 j 内排入矩形件 i 后,形成的新的剩余矩形 S_{r1} 和 S_{r2} 分别为

$$S_{r1} = \{x_{sj}, y_{sj} + h_i, \text{rotation} \times w_i + (1 - \text{rotation}) \times W_{rj}, H_{rj} - h_i\} \tag{2.11}$$

$$S_{r2} = \{x_{sj} + w_i, y_{sj}, W_{rj} - w_i, \text{rotation} \times H_{rj} + (1 - \text{rotation}) \times h_i\} \tag{2.12}$$

5) 切割机最大剪切长度要求

板材在切割过程中主要由切割机进行切割下料,切割机的切割刃具有一定的宽度,因此在板材排样时需要约束最大的切割剪切长度,从而保证排样布局图具有可加工性。

由图 2.5 可知,矩形排样过程中剩余矩形的横竖分割方式与最大剪切长度工艺约束密切相关。当采用横向分割方式时,保证图 2.5(a) S_{r1} 的宽度小于切割机的最大剪切长度即可满足该工艺要求。类似地，当采用竖向分割方式对剩余矩形进行切割时，保证图 2.5(b)中 S_{r2} 的高度小于切割机的最大剪切长度就可以满足该工艺约束要求。另外，需要保证板材或当前剩余矩形最少有一个边的长度比最大剪切长度小，才能对板材和当前剩余矩形进行切割下料。综合以上关系，用数学表达式表示如下：

$$\begin{cases} ((1-\text{rotation}) \times \max(W_{S_{r1}}, W_{S_{r2}}) + \text{rotation} \times \max(H_{S_{r1}}, H_{S_{r2}})) \leqslant L_{\text{blade}} \\ \min(W_{rj}, H_{rj}) \leqslant L_{\text{blade}} \\ \min(W, H) \leqslant L_{\text{blade}} \end{cases} \tag{2.13}$$

式中，$W_{S_{r1}}$ 和 $W_{S_{r2}}$ 分别为分割出来的新的剩余矩形的宽度；$H_{S_{r1}}$ 和 $H_{S_{r2}}$ 分别为分割出来的新的剩余矩形的高度；L_{blade} 为板材切割机的最大切割长度；W_{rj} 和 H_{rj} 分别为当前剩余矩形的宽度和高度；W 和 H 分别为原始板材的宽度和高度。

6）矩形件成组排列

矩形件成组排列是为了方便下料切割或者针对同类型矩形件进行操作而设置的工艺约束条件，一般需要通过放置策略或者其他启发式方法进行约束。

综上，带工艺约束的矩形装箱排样问题的数学模型可表示如下。

目标函数：

$$f = \max(U) = \max \left(\frac{\sum\limits_{k=1}^{m} \sum\limits_{j=1}^{n_{R_k}^k} \sum\limits_{i=1}^{n} (S_{P_i} n_{P_i}^{ij} n_{R_k}^k)}{\sum\limits_{k=1}^{m} (S_{R_k} n_{R_k}^k)} \right) \tag{2.14}$$

$$\text{s.t.} \begin{cases} (x_i + w_i \leqslant x_j \parallel y_i + h_i \leqslant y_j \parallel x_j + w_j \leqslant x_i \parallel y_j + h_j \leqslant y_i) == 1 \\ \min(x_i) \geqslant 0 \\ \min(y_i) \geqslant 0 \\ \max(x_i + w_i) \leqslant W \\ \max(y_i + h_i) \leqslant H \\ x_{i2} = x_{i1} + (1-o_i) \times w_i + o_i \times h_i \\ y_{i2} = y_{i1} + (1-o_i) \times h_i + o_i \times w_i \\ S_{r1} = \{x_{sj}, y_{sj} + h_i, \text{rotation} \times w_i + (1-\text{rotation}) \times W_{rj}, H_{rj} - h_i\} \\ S_{r2} = \{x_{sj} + w_i, y_{sj}, W_{rj} - w_i, \text{rotation} \times H_{rj} + (1-\text{rotation}) \times h_i\} \\ ((1-\text{rotation}) \times \max(W_{S_{r1}}, W_{S_{r2}}) + \text{rotation} \times \max(H_{S_{r1}}, H_{S_{r2}})) \leqslant L_{\text{blade}} \\ \min(W_{rj}, H_{rj}) \leqslant L_{\text{blade}} \\ \min(W, H) \leqslant L_{\text{blade}} \end{cases} \tag{2.15}$$

式中，U 为利用率。

2.1.2　矩形排样问题的求解框架

　　矩形排样是一个 NP 难的离散组合优化问题，迄今并没有一种随着问题规模的增大而在多项式时间内能够求得最优解的有效算法。确定性算法在小规模的矩形排样问题中能够在可接受的计算时间内得到最优解；大中规模的问题可以在启发式算法的基础上应用元启发式算法进行优化，从而在可接受的时间内得到让人满意的解；而超大规模问题则可以通过设计良好、兼顾求解速度与材料利用率的启发式算法进行求解。

　　无论是启发式算法还是元启发式算法，矩形排样问题的求解框架可归纳总结为两大模块，算法的整体求解框架如图 2.6 所示。第一个核心模块是将一组矩形零件按照某种方法或规则依次排入矩形板材中，确定每个零件的位置从而形成排样图，计算利用率，该模块称为矩形件定位算法或矩形排样算法，如 BL 算法与 BLF 算法、最低水平线的 BF 算法和剩余矩形算法等。第二个模块是按照某种方法和规则确定该组矩形零件排入的先后顺序，该模块称为矩形排样定序算法，例如，首先将零件按照面积从大到小排序，然后按照排好的顺序依次根据定位算法排入板材。对于启发式算法，早期的研究是简单的定序算法结合简单的定位算法，随着研究的深入，在定位算法中增加了搜索机制选择合适的零件从而改变排入的顺序，同时定序算法中也定义了多种规则，如按照零件的宽度、高度和周长等排序。在元启发式算法中，进一步增强了搜索该组矩形零件排入顺序种类的能力，通过某种机制产生各种各样的零件序列，而不是按照单一的规则产生序列，同时与定位算法进行交互，指导定序算法向利用率高的方向产生序列。虽然矩形排样问题的求解算法分为定序算法和定位算法两大模块，但是在应用元启发式算法求解该问题时，整个算法的框架以元启发式算法为主，定位算法只是整个算法不可或缺的一部分。

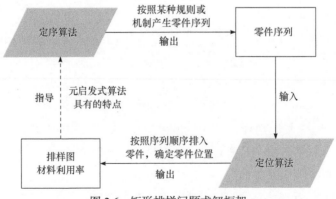

图 2.6　矩形排样问题求解框架

2.2　矩形排样问题的 HGASA 算法

根据矩形排样问题的求解框架，为了求解矩形排样问题，在矩形定位策略上，结合左下角策略和占角动作策略，提出一种最左下占角动作放置策略(BLCO)；在定序优化方面，利用 Memetic 算法框架中全局随机搜索和局部集中搜索混合的思想，提出一种基于遗传算法和模拟退火算法混合的求解算法，称为 HGASA 算法，该算法既适用于矩形装箱排样问题，也适用于矩形带排样问题。

2.2.1　矩形件定位策略

在矩形件排样过程中，矩形件的放置策略是非常重要的。假如有一些矩形件已经无重叠地放置到板材中，关键问题就是，剩余矩形件中哪一个是最佳候选，放置在哪个位置最好。所以，在研究矩形件定序算法之前，必须确定放置策略(定位策略)，本节提出一种最左下占角动作放置策略。

1. 左下角策略

Baker 等[4]在 1980 年提出了左下角(BL)算法，Jakobs[5]在此基础上提出了一种基于遗传算法的 BL 算法来放置矩形件。BL 算法的放置策略是：首先将选中的矩形件放在板材的右上角，然后尽量向下、向左做连续垂直或水平移动，直到不能移动。如果矩形件到达的位置是板材中靠左、靠下的，那么这个位置是该矩形件合适的位置，其放置策略如图 2.7 所示。图 2.7(a)中，矩形件 0、1、2、3、4、6 均已排好，并显示了矩形件 5 不断向下、向左、再向下的移动过程；图 2.7(b)显示了 7 块矩形件的最终排放位置；整个放置顺序是(2, 6, 4, 3, 0, 1, 5)。

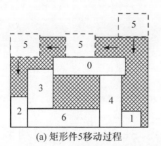 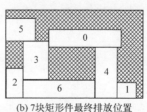

(a) 矩形件5移动过程　　　　　　　　　　(b) 7块矩形件最终排放位置

图 2.7　BL 放置策略[5]

2. 占角动作策略

黄文奇等[6]根据中国古代谚语"金角银边草肚皮",提出一种占角动作策略。该策略的主要思想是在某一格局之下,若放进去的矩形件 R 与板材中已有的某两块矩形件 R_i 和 R_j 的不同方向的边有靠接,但不重叠,则称这种放置矩形件的做法为一个占角动作。相应地,矩形件 R 占据了由矩形件 R_i 和 R_j 形成的一个角区,这个位置则为矩形件 R 的一个占角位置。占角动作过程如图 2.8 所示。

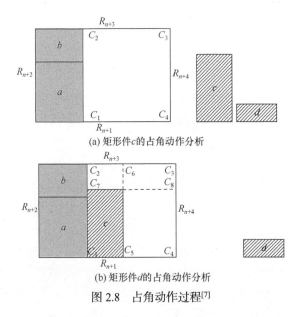

(a) 矩形件 c 的占角动作分析

(b) 矩形件 d 的占角动作分析

图 2.8 占角动作过程[7]

在图 2.8(a)中,矩形件 c 在角区 C_1、C_2、C_3 和 C_4 处可横放,也可竖放,因此对矩形件 c 而言,有 8 个占角动作;类似地,对矩形件 d 而言,也有 8 个占角动作。在图 2.8(b)中,矩形件 d 在角区 C_3、C_4、C_5 和 C_6 处可横放,也可竖放,共有 8 个占角动作。

3. 最左下占角动作策略

Jakobs 采用的基于遗传算法的 BL 启发式策略,是从右上角的位置开始,每个矩形件的移动尽可能往左边、底部方向。其主要缺点是:当较大的矩形件在连续移动时受阻,会在板材中产生许多空的区域。当然,n 个矩形件放置完成的时间复杂度是 $O(n^2)$,复杂性较低,可见 BL 启发式策略有利于与其他策略组合。

黄文奇等的占角动作策略主要突出矩形件在一个角落里的占领行动。但是,若矩形件排样时可以接触两个之前排好的矩形件，并且接触的长度大于零，则被排样的矩形件就可与之前排好的两个矩形件分别形成一个角区，这样的角区往往不止一个。

因此，为了克服 Jakobs 和黄文奇等策略中的问题，本节提出一个最左下占角动作(bottom left corner occupying，BLCO)策略，即充分利用两者优点的方法[8]。BLCO 策略的排放过程如图 2.9 所示。图 2.9(a)中，矩形件 A 受 BL 策略启发，放置在一个偏左向下的位置，但不是最佳位置，有些位置获取不到；图 2.9(b)中，启动占角策略，角区不止一个，有 A、B、C、D、E 众多位置；图 2.9(c)中，占领最右下角位置的角区，即 A 处，由此，矩形件 A 被放置到最佳位置。

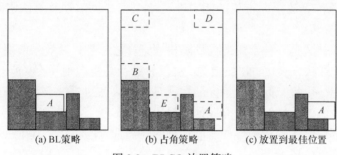

(a) BL策略　　　　　(b) 占角策略　　　　　(c) 放置到最佳位置

图 2.9　BLCO 放置策略

为了将矩形件放在板材中一个"好"的位置和方向上，必须制定一些好的规则，BLCO 策略的主要规则如下。

规则 1：选择最向下向左的动作。

规则 2：选择对应动作矩形件占领角区面积最大的占角动作。

规则 3：选择对应动作矩形件面积最大的占角动作。

规则 4：若对应动作矩形件既可横放，也可竖放，则选择横放的占角动作。

规则 5：选择对应动作矩形件序号最小的占角动作。

BLCO 策略的核心体现在规则 1 和规则 2 上，即选择最向下向左的动作和选择占领角区面积最大的占角动作，若规则 1 和规则 2 无法再起作用，则采用规则 3、4 和 5 打破僵局，从而选出唯一的占角动作。

2.2.2　矩形件排序的 HGASA 算法

作为一种全局搜索算法，遗传算法是一种基于自然法则和遗传机制的智能优化算法，并且基于群体进行搜索。遗传算法从随机产生的初始种群开始搜索，分别计算每个个体的适应度值，进而判断个体的优劣，选择算子选出较优秀的个体，通过交叉运算和变异运算产生后代，再重新计算每个新个体的适应度值，从而判断是否收敛到最优解。遗传算法是对种群、个体、初始解等参数的编码进行操作，有效防止搜索过程局限于局部最优解，并且通过目标函数来计算适应度值，能在解空间进行高效随机搜索，而非盲目地穷举或完全随机地搜索。遗传算法的不足之处就是在许多情况下求得的解并不十分理想，尽管有很强的鲁棒性，擅长全局搜索，但是由于其对每个解考虑不周到，局部搜索能力明显不足[9]。

为了搜索全局最优解，遗传算法必须采取合适的执行策略。遗传算法的执行策略一般分为微观和宏观两个方面。微观方面主要针对种群规模、算子形式和参数设计，如 Davis[10]通过自适应调整遗传算子参数完成预期的搜索任务。宏观方面则主要以遗传算法为基础，引入其他概率算法或近似算法构成混合遗传算法，以提高遗传算法全面求优的能力[11]。本书主要针对遗传算法宏观执行策略方面。

模拟退火算法是一种常用的局部随机搜索算法[12-14]，其效果取决于一组控制参数的选择，即状态表达、邻域结构、温度参数及终止准则等。模拟退火算法中，一个状态就是一个解，问题的目标函数就对应于状态的能量函数。模拟退火算法是基于邻域搜索的，邻域结构能保证解尽可能遍布整个解空间。因此，在矩形排样问题中，邻域结构是指矩形件所能达到的任意位置的组合，其中一种邻域结构是任意两个零件位置的交换。还有对温度参数的控制，温度下降理论要求温度下降到零，最后以概率 1 收敛至全局最优解。

总体来说，模拟退火算法具有如下优点：因其有不同的接受准则和停止准则，一般情况下能在较短的时间内求得较优近似解，求得的解的质量与初始解无关，求得的解的质量与执行时间呈反向变化，并通过适当调整冷却进度表的参数值，在解的质量和执行时间之间取得均衡[15]。模拟退火算法的不足之处有：要花费较长的时间才能求得一个高质量的近似最优解，特别是当问题规模很大时，执行时间相当漫长，要通过选取适当的冷却进度表，运用一定的变异方法，例如，将模拟退火算法与遗传算法混合，才可能提高算法的性能。

基于上述分析，本节提出的 HGASA 算法的主要思想是基于 Memetic 算法框架，将遗传算法和模拟退火算法相结合进行矩形件排序优化。该混合算法融合进化随机搜索和局部搜索策略，具有较强的全局搜索能力。它针对每次进化操作产生的种群，再次利用局部搜索策略对每个个体进行局部搜索。这样的混合搜索策略既继承了进化搜索的优点，又克服了其搜索速度慢、迭代次数多的不足。HGASA 算法采用改进的算子实现交叉和变异，用基于模拟退火的加权法进行局部搜索，通过扰动增强算法的搜索能力，以提高搜索效率并改善算法的鲁棒性。HGASA 算法的基本流程如图 2.10 所示。

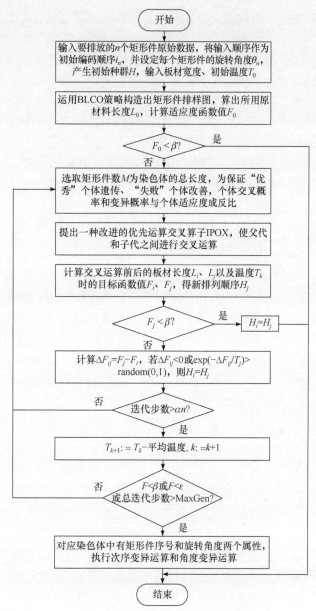

图 2.10　HGASA 算法基本流程图

2.2.3　HGASA 算法求解矩形件套料

矩形件套料中, 零件的套料次序和各自旋转的角度(0°或 90°)是影响套料效果的重要因素。首先采用 HGASA 算法, 通过全局优化概率产生最佳的套料次序和每个矩形件的旋转角度, 然后采用 BLCO 放置策略进行排放和定位, 再通过局部搜索过程，循环往复，最终实现自动套料。具体编码和套料过程如下所述。

1. 编码方法

染色体编码是设计 HGASA 算法必须解决的关键问题，也是运行 HGASA 算法的一个重要步骤。编码方法不仅决定个体的染色体排列形式，而且决定个体从搜索空间的基因型变换到解空间的表现型的解码方法[16]。矩形件套料中，解空间的表现型就是矩形件的套料次序和旋转角度。

设有 n 个带有整数编号 i 的待排矩形件，若只考虑 90°的旋转，那么遗传个体 Y 的染色体编码表示如下：

$$Y = [i_1, i_2, \cdots, i_n] \tag{2.16}$$

式中，i_j 是排列中第 j 个矩形件的编号，$1 \leqslant j \leqslant n$。

2. 初始解及温度确定

生成初始解的目的是改善染色体并计算相应的工作时间，能充分发挥全局搜索过程、局部搜索过程、整个过程的反馈以及相应全体染色体的作用。

同时，设置 N 作为算法迭代的步数，设置初始温度 T_0 和最终温度 T_f，且 $T_0 > T_f$。由于温度总是下降的，每一代都以一个比例(冷却速率)α 来降低温度 T，经过 N 代后，温度变为 $T_f = \alpha^N T_0$，其中 $0 < \alpha < 1$，α 越接近 1，温度下降得越慢，并且每一步均以相同的比例下降。

3. 适应度值计算

矩形件优化套料问题中，由于优化目标是提高板材利用率，将个体 Y 解码后所获得套料图的板材利用率作为目标函数，如下：

$$g(Y) = \frac{套料图的总面积}{板材总面积} \tag{2.17}$$

由于采用 BLCO 放置策略，每一个矩形件尽可能放置至最左边最下角的位置。一般而言，目标函数可以用矩形件在板材中排放的最高高度来表示。

定义 $h_{BLCO}(Y)$ 为个体 Y 在对应的矩形件套料图中的高度。在板材利用率相同的情况下，$h_{BLCO}(Y)$ 可以用来衡量套料优劣。$h_{BLCO}(Y)$ 越大，矩形件套料的板材利用率越低。定义 HGASA 算法的目标函数及个体适应度评价函数分别如下：

$$f(Y) = h_{BLCO}(Y) \tag{2.18}$$

$$F(Y) = \begin{cases} \dfrac{1}{f(Y)}, & f(Y) \neq 0 \\ 0, & f(Y) = 0 \end{cases} \tag{2.19}$$

若 $F(Y_i) > F(Y_j)$，则说明个体 Y_i 对应的套料结果比个体 Y_j 对应的套料结果更优。

4. 参数选择

HGASA 算法中，首要是选择好种群大小、交叉概率和变异概率等参数。种群大小 M 取决于待排矩形件数目，即取染色体的总长度作为 M[17]。设有 n 个待排矩形件，对于染色体(2.16)中的每一个基因位 i 的长度为 1，所以选择 $M = n$。

假设最好个体的适应度为 $F_{max}(Y)$，最差个体的适应度为 $F_{min}(Y)$，个体 Y_j 的适应度为 $F(Y_j)$。由于个体 Y_j 的交叉概率 P_c、变异概率 P_m 与个体适应度 $F(Y_j)$ 成反比，有

$$P_c = P_m = \begin{cases} \dfrac{F_{max}(Y) - F(Y_j)}{F_{max}(Y) - F_{min}(Y)}, & F_{max}(Y) \neq F_{min}(Y) \\ rand, & F_{max}(Y) = F_{min}(Y) \end{cases} \tag{2.20}$$

式中，rand 为[0, 1)内的随机数。

5. 交叉运算

交叉运算是 HGASA 算法的主要组成部分，遗传父母双方的信息，产生一个或多个后代的信息。交叉运算成功运用必须满足以下条件：完备性、可行性、非冗余和可保留优良后代[17]。在张超勇等[18]提出的 POX 算子的基础上，本节提出一种新的交叉算子，即改进的优先运算交叉 (improved priority operation crossover, IPOX) 算子，其能够满足父代和子代之间的特点保留、完整性以及可行性[19]。

本节提出的 IPOX 算子描述如下：若有染色体 parent1 和 parent2，则子代 child1 和 child2 按下列程序生成：

(1) 随机选择一个排列 $\{1, 2, \cdots, n\}$，产生一个非空的子集 H_1。

(2) 从 parent1 复制到 child1，从 parent2 复制到 child2，保留父代的关键信息。

(3) 将经过(2)的运算 H_1 中没有复制的数字，从 parent2 复制到 child1，从 parent1 复制到 child2，保留父代的次序。

图 2.11 显示了利用 IPOX 算子交叉运算的过程。H_1 中关键信息 {2} 被保留。交叉 parent1 和 parent2 生成两个子代染色体 child1{1 2 3 2 2 1 1 1 3} 和 child2{3 3 1 2

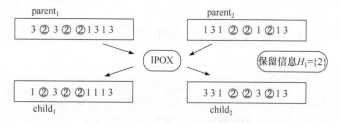

图 2.11　IPOX 算子交叉运算过程

· 40 ·　　　　　　　　　　智能优化排样技术及其应用
2 3 2 1 3}。可以看出，child$_1$ 保留了 parent$_1$ 中{2}的轨迹和秩序，以及 parent$_2$ 中{1,3}的秩序；同样，child$_2$ 保留了{2}在 parent$_2$ 的轨迹和秩序，以及{1,3}在 parent$_1$ 中的顺序。因此，IPOX 算子在染色体的特点保留方面表现突出。

6. SA 算子

SA 算子的应用过程如下。比较 parent$_1$ 和 child$_1$，若 child$_1$ 更好，则用 child$_1$ 替换 parent$_1$；若 parent$_1$ 比较好，则在一个选定的概率内，也可以用 child$_1$ 替换 parent$_1$。parent$_2$ 和 child$_2$ 用同样的方法操作。

假设子代的适应度值为 F_c，父代的适应度值为 F_p，$F_p > F_c$，此时的温度为 T，那么 $\exp\left(\dfrac{F_c - F_p}{T \times F_p} \times 100\%\right) > r,\ 0 < r < 1$。

因此，即使与父代相比逊色，在某些概率上仍然选择子代。显而易见，最初温度 T 很高时，还是有较高概率去接受稍逊的子代的。上述指数函数为玻尔兹曼(Boltzmann)函数，SA 算子也称为玻尔兹曼算子。当然，若产生的子代更好，则它肯定被接受。所以，应对 SA 算子提出进一步的限制：既然被抛弃的父代或子代可能永远失去，那么万一父代是群体中最好的个体，这样将无法开展运算，也就是说父代仍将被保留。

7. SA 算法的计算步骤

若矩形件套料优化问题为 $\min f(i)$，$i \in H$，其中，H 表示一个离散有限状态空间，i 代表状态，则 SA 算法的计算步骤描述如下。

(1) 初始化，选初始解 $i \in H$，给定初始问题 T_0 和终止温度 T_f，令迭代指标 $k = 0$，$T_k = T_0$。

(2) 采用交叉操作、插入操作和反转操作随机产生一个邻域解 $j \in N(i)$，$N(i)$ 为 i 的邻域。

(3) 若 $\Delta f < 0$，令 $i = j$，转步骤(4)；否则产生 $\xi = U(0,1)$，若 $\exp\left(-\dfrac{\Delta f}{T_k}\right) > \xi$，则令 $i = j$。

(4) 若 $n > n(T_k)$，则转步骤(5)；否则转步骤(2)。

(5) 降低 T_k，$k = k+1$，若 $T_k < T_f$，则算法停止，否则转步骤(2)。

8. 变异运算

矩形件套料中，染色体基因位含有矩形件次序和旋转角度两个属性，因此变异运算包括次序变异运算和角度变异运算[11]。

次序变异运算通过改变套料次序，产生一个
新个体。例如，以编码方式(2.16)的染色体为例，
设 $p = 3$，$q = 6$，则次序变异运算过程如图 2.12
所示。

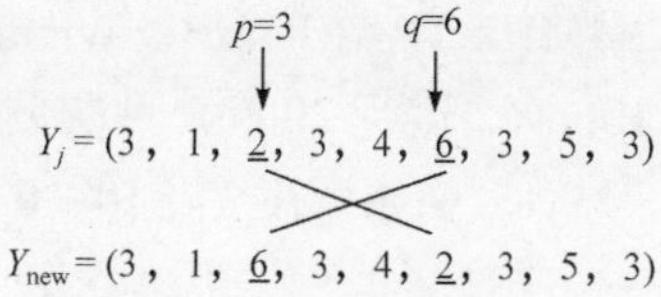

$$p=3 \qquad q=6$$
$$Y_j = (3，1，\underline{2}，3，4，\underline{6}，3，5，3)$$
$$Y_{new} = (3，1，\underline{6}，3，4，\underline{2}，3，5，3)$$

图 2.12　次序变异运算示意图

角度变异运算是对基因 i_j 中的旋转角度的运
算，可随机用 90° 或 0° 来交替。

9. 终止准则

在矩形件套料问题中，HGASA 算法的终止准则可以有多种不同方式，基本
可以概括为如下三个原则。

(1) 温度控制原则：终止温度 T_f 要足够小，以保证算法有足够的时间获得最
优解。T_f 的大小一般可以根据温度下降函数的形式来确定，若 $T_f = \alpha^N T_0$，则可以
将 T_f 设成一个很小的正数。

(2) 迭代步数终止原则：当遗传迭代步数大于一个设定的数值时，终止进化。

(3) 板材利用率终止原则：当有某个个体解码后获得的板材利用率达到设定
值时，停止搜索。

在进化过程中，一般是使用以上原则的两种或三种，这样才可以保证 HGASA
算法有效退出。

2.2.4　算例验证与分析

为了评价和比较 HGASA 算法在矩形件套料问题上的效果，本节从文献中选
取了几个著名的测试问题。Hopper 等[20]提出了最经典的 21 个矩形件套料问题集
C-P，共分成 7 个不同大小的类别，每个类别有三个问题(有类似的大小和对象)。
Burke 等[21]设计了著名的 N1～N13 基准问题，把从较小尺寸到较大尺寸的矩形件
划分成不同数量的矩形件问题集 N。

由于这两个经典问题被无数的算法测试过，本节基本上把它们分成两类，一
类是以 BL 算法、BLF 算法为主流的启发式算法，另一类是以 GA、SA 算法等智
能算法为主的元启发式算法。现将 HGASA 算法与它们分别比较如下。

1. 与启发式算法比较

首先，本节比较 HGASA 算法与左下角(BL)算法、左下角减少宽度(BL-DW)
算法、左下角减少高度(BL-DH)算法、最左下角适合(BLF)算法、最左下角适合减
少宽度(BLF-DW)算法，以及最左下角适合减少高度(BLF-DH)算法等在 Hopper
C-P 问题集上的表现,套料后的效果比较见表 2.1。测试运行环境:Pentium® D CPU,

3.4MHz，RAM 1GB；Windows XP 操作系统，Visual Studio C++；每个问题迭代 100 次，运行 20 次。种群数设为矩形件的件数，交叉概率 P_c 为 0.8，变异概率 P_m 为 0.1，初始温度 $T_0 \in [0.1,0.8]$，$T_f = 0.01$，邻域大小为 20，$\lambda = 2.6$。

表 2.1　HGASA 算法与 BL 算法等启发式算法的偏离率比较

Hopper 问题		件数 n	BL	BL-DW	BL-DH	BLF	BLF-DW	BLF-DH	HGASA
C1	P1	16	45	30	15	30	10	10	**0**
	P2	17	40	20	10	35	15	10	**5**
	P3	16	35	20	5	25	15	5	**0**
C2	P1	25	53	13	13	47	13	13	**6.7**
	P2	25	80	27	73	73	20	73	**0**
	P3	25	67	27	13	47	20	13	**0**
C3	P1	28	40	10	10	37	10	10	**3.3**
	P2	29	43	20	10	50	13	6.7	**3.3**
	P3	28	40	17	13	33	13	13	**3.3**
C4	P1	49	32	17	12	25	10	10	**3.3**
	P2	49	37	22	13	25	5	5	**3.3**
	P3	49	30	22	6.7	27	10	5	5
C5	P1	72	27	16	4.4	20	5.6	4.4	**2.2**
	P2	73	32	18	10	23	6.7	5.6	**2.2**
	P3	72	30	13	7.8	21	5.6	4.4	**1.1**
C6	P1	97	33	22	8.3	20	5	5	**4.2**
	P2	97	39	25	8.3	18	4.2	2.5	**1.7**
	P3	97	34	18	9.2	21	4.2	6.7	**3.3**
C7	P1	196	22	16	5	15	4.6	3.8	4.6
	P2	197	41	19	10	20	3.3	2.9	4.2
	P3	296	31	17	7.1	17	2.9	3.8	5

注：① 偏离率 $= \dfrac{\text{最好解} - \text{最优解}}{\text{最优解}} \times 100\%$，其中，最好解是指当前能够求得的最佳解，最优解则是绝对最佳解。

② 加粗的数字代表最优解或已知的最好解，本书余同。

从表 2.1 可以看出：总体而言，BLF 类的启发式算法基本优于 BL 类的启发式算法，而 HGASA 算法基本优于 BLF 类的启发式算法，在表中以粗体显示出偏离最优高度差距最小的值；HGASA 算法求解 C1P1、C1P3、C2P2、C2P3 问题时，得到 4 个最优解；HGASA 算法求解 C4P3 问题的结果与 BLF-DH 算法一样，偏离率都为 5%，而在求解 C7P1、C7P2、C7P3 问题时，HGASA 算法等于或稍逊于 BLF-DW 与 BLF-DH 这两种算法。

2. 与元启发式算法比较

本节用 HGASA 算法与 GA+BLF 算法、SA+BLF 算法和最佳配合(BF)算法等元启发式算法进行比较，GA+BLF 算法、SA+BLF 算法和 BF 算法的套料结果均来自 Burke 等[21]的文献，具体的套料效果比较见表 2.2，测试运行环境如前。每个问题迭代 400 次，运行 50 次。种群数设为矩形件的件数，交叉概率 P_c 为 0.8，变异概率 P_m 为 0.1，初始温度 $T_0 \in [0.1,0.8]$，$T_f = 0.01$，邻域大小为 20，$\lambda = 2.6$。

表 2.2　HGASA 算法与 GA+BLF、SA+BLF、BF 等元启发式方法的比较

	问题	最优解	GA+BLF 最好解	SA+BLF 最好解	BF 最好解	HGASA 最好解	GA_{best}-HGASA 差值	提高率/%	SA_{best}-HGASA 差值	提高率/%	BF_{best}-HGASA 差值	提高率/%
	C1P1	20	20	20	21	**20**	0	0	0	0	1	5
	C1P2	20	21	21	22	**21**	0	0	0	0	1	4.8
	C1P3	20	20	20	24	**20**	0	0	0	0	4	20
	C2P1	15	16	16	16	**16**	0	0	0	0	0	0
	C2P2	15	16	16	16	**15**	1	6.7	1	6.7	1	6.7
	C2P3	15	16	16	16	**15**	1	6.7	1	6.7	1	6.7
	C3P1	30	32	32	32	**31**	1	3.2	1	3.2	1	3.2
	C3P2	30	32	32	34	**31**	1	3.2	1	3.2	3	9.7
	C3P3	30	32	32	33	**31**	1	3.2	1	3.2	2	6.5
	C4P1	60	64	64	63	**62**	2	3.2	2	3.2	1	1.6
Hopper	C4P2	60	63	64	62	**62**	1	1.6	2	3.2	0	0
	C4P3	60	62	63	62	63	−1	−1.6	0	0	−1	−1.6
	C5P1	90	95	94	93	**92**	3	3.3	2	2.2	1	1.1
	C5P2	90	95	95	92	**92**	3	3.3	3	3.3	0	0
	C5P3	90	95	95	93	**91**	4	4.4	4	4.4	2	2.2
	C6P1	120	127	127	123	125	2	1.6	2	1.6	−2	−1.6
	C6P2	120	126	126	122	**122**	4	3.3	4	3.3	0	0
	C6P3	120	126	126	124	124	2	1.6	2	1.6	0	0
	C7P1	240	255	255	247	251	4	1.6	4	1.6	−4	−1.6
	C7P2	240	253	253	**244**	250	3	1.2	3	1.2	−6	−2.4
	C7P3	240	255	255	**245**	252	3	1.2	3	1.2	−7	−2.8
	N1	40	40	40	45	**40**	0	0	0	0	5	12.5
	N2	50	51	52	53	**50**	1	2	2	4	3	6
	N3	50	52	52	52	**52**	0	0	0	0	0	0
Burke	N4	80	83	83	83	**83**	0	0	0	0	0	0
	N5	100	106	106	105	**102**	4	3.9	4	3.9	3	2.9
	N6	100	103	103	103	**102**	1	1	1	1	1	1

续表

问题		最优解	GA+BLF 最好解	SA+BLF 最好解	BF 最好解	HGASA 最好解	GA_best-HGASA		SA_best-HGASA		BF_best-HGASA	
							差值	提高率/%	差值	提高率/%	差值	提高率/%
Burke	N7	100	106	106	107	**101**	5	5	5	5	6	5.9
	N8	80	85	85	84	**83**	2	2.4	2	2.4	1	1.2
	N9	150	155	155	**152**	155	0	0	0	0	−3	−1.9
	N10	150	154	154	152	**152**	2	1.3	2	1.3	0	0
	N11	150	155	155	**152**	155	0	0	0	0	−3	−1.9
	N12	300	313	312	**306**	311	2	0.6	1	0.3	−5	−1.6
	N13	960	—	—	**964**	969	—	—	—	—	−5	−0.5

由表 2.2 可知：①在 Hopper C-P 问题集上，HGASA 算法比 GA+BLF 算法、SA+BLF 算法和 BF 算法获得相同或更好的结果。同时，在 Burke N 问题集上，HGASA 算法的平均性能也大部分优于这些元启发式算法，在表中以粗体显示每种算法获得的最好解。②与 GA+BLF 算法、SA+BLF 算法、BF 算法相比，HGASA 算法在 C4P3、C6P1、C7P1、C7P2、C7P3 等 5 个问题上取得较次解，而在其余 16 个 C-P 问题上均取得较优解，其中还有 4 个最优解。③在 Burke N 的 13 个问题中，只有 N9、N11、N12、N13 这 4 个问题取得比 BF 算法稍差的较次解，其余 9 个问题均取得较优解。

图 2.13 和图 2.14 是分别利用本节 HGASA 算法对 C1P3 和 N4 两个测试问题得到的套料图示例。其中，图 2.13 的板材宽度为 20①，最优高度为 20，HGASA 算法得到的套料高度为 20，板材利用率达到 100%；图 2.14 的板材宽度为 80，最优高度为 80，HGASA 算法得到的套料高度为 83，板材利用率达到 96.2%。

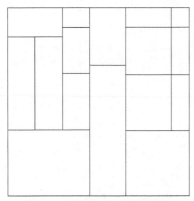

图 2.13　C1P3($n=16$)套料图

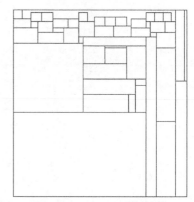

图 2.14　N4($n=40$)套料图

---

① Benchmark 测试集算例中的数据无具体单位，其单位表示一个抽象的长度单位。

2.3　带工艺约束的矩形排样问题的混合遗传算法

针对带工艺约束的矩形装箱排样问题，本节提出一种改进的剩余矩形填充算法与遗传算法相结合的混合算法。剩余矩形填充算法能够很好地解决矩形排样问题一刀切的约束条件，但排样效率低下，容易造成孔洞，针对这一缺陷，本节提出改进的剩余矩形填充算法，增加了零件数量判断、纤维方向旋转操作以及搜索操作来改进排样利用率，再将遗传算法与改进的剩余矩形填充算法相结合，利用生物优胜劣汰的进化思想，在种群中随机搜索优秀个体解，进一步提高排样利用率。

2.3.1　改进的剩余矩形填充算法

为解决一刀切矩形排样问题，采用剩余矩形填充算法为给定序列的矩形零件按各自的排样规则进行排放，同时能很好地满足 2.1 节数学模型中提到的各种约束条件，包括一刀切约束和纤维方向的约束，以及多零件多板材的组合排样条件等。

1. 剩余矩形填充算法

在介绍剩余矩形填充算法之前，先介绍一些关于剩余矩形填充算法的定义。

剩余矩形：可供排样的矩形板材，可以是完整的原始板材，也可是完整板材或剩余矩形排放零件后产生的新的余料区域。

剩余矩形链表：链表式的剩余矩形集合，链表最外层的剩余矩形为当前剩余矩形，当新的剩余矩形进入剩余矩形链表时，会被放置在链表最外层。

零件序列：一组 1 到 m 的随机全排列，即零件的排样顺序，其中 m 为零件的种类数，而不是零件总数。

板材序列：一组 1 到 n 的随机全排列，即板材被选择排样的顺序，其中 n 为板材的总张数，而不是板材种类数。

剩余矩形填充算法是将待排样区域看成一个个大大小小的矩形块，即剩余矩形，每当零件在某个剩余矩形上排放之后，会生成 0 个、1 个、2 个或者 3 个新的剩余矩形，如图 2.15 所示(新生成的剩余矩形会逆序放入剩余矩形链表，使得编号为 1 的新剩余矩形在链表最外层)。这样新旧剩余矩形一起构成一个剩余矩形链表，若当前零件不能在当前剩余矩形上排放，则该剩余矩形从剩余矩形链表中删除。将所有零件按给定顺序依上述步骤不断排放、不断生成新的剩余矩形，直至所有零件排放完成。

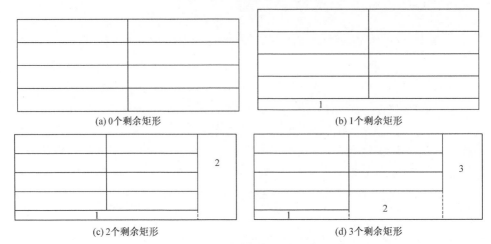

(a) 0个剩余矩形　　　　　　　　　　　　　(b) 1个剩余矩形

(c) 2个剩余矩形　　　　　　　　　　　　　(d) 3个剩余矩形

图 2.15　剩余矩形生成方式

　　在采用剩余矩形填充算法前,需先将待排样的矩形零件及矩形板材进行编号,此处考虑批量问题,故将零件按不同尺寸规格进行分类及编号,而不是将单独一个零件进行编号,编号示例如表 2.3 所示,则{5,9,12,4,8,1,3,6,2,7,11,10}可以看成一个零件序列;在任何排样问题中,板材的种类及数量相对于零件来说,规模较小,并且绝缘纸板排样是一个多零件多板材的组合优化问题,故将板材按张数进行编号(即不同编号的板材尺寸可相同),编号示例如表 2.4 所示,则{3,5,1,4,2}可以看作一个板材序列。假设有待排样信息如表 2.3 和表 2.4 所示。

表 2.3　示例零件编号及信息

编号	长/mm	宽/mm	数量	纤维方向
1	400	170	8	有
2	400	270	20	无
3	2250	450	5	无
4	2500	430	16	无
5	300	270	32	有
6	1500	340	31	无
7	270	110	9	有
8	1800	200	30	无
9	800	270	26	无
10	360	140	37	无
11	460	170	37	无
12	1200	270	30	无

表 2.4　示例板材编号及信息

编号	纤维方向长/mm	非纤维方向宽/mm
1	12000	2200
2	12000	2200
3	8600	3200
4	8600	3200
5	7600	3250

假设零件种类数为 m，可供排样板材张数为 n，l_i 和 w_i 分别为零件 i 的长和宽，L_j 和 W_j 分别为板材 j 的长和宽，剩余矩形填充算法的排样步骤如图 2.16 所示。

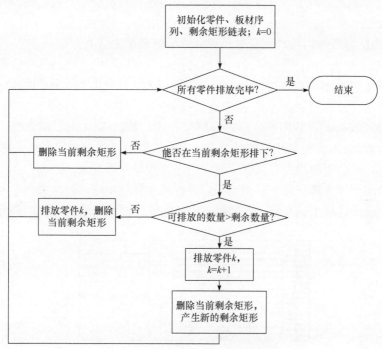

图 2.16　剩余矩形填充算法流程图

上述流程可描述如下。

(1) 根据给定的零件、板材信息，随机生成零件、板材序列 A、B(其中 $A(k)$ 表示编号为 k 的零件，$B(k)$ 表示编号为 k 的板材)。

(2) 将矩形板材按生成的板材序列存进一个空的剩余矩形链表，使得板材序列中最前的矩形板材在链表最外层，即当前剩余矩形。

(3) 将零件按零件序列依次排入剩余矩形链表:

① 令 $k=0$，$A(0)$ 为当前零件。

② 根据零件 $A(k)$ 的尺寸、当前剩余矩形的尺寸来判断在当前剩余矩形上可以排放多少个当前零件，转步骤③。

③ 若可以排放的数目小于零件 $A(k)$ 的剩余数目，则先在当前剩余矩形上尽可能地排放，此时不生成新的剩余矩形，在剩余矩形链表中删除当前剩余矩形，转步骤②；若可以排放的数目大于或等于零件 $A(k)$ 的剩余数目，则在当前剩余矩形上排放所有 $A(k)$，$k=k+1$，转步骤④；若零件 $A(k)$ 不能在当前剩余矩形上排放，则在剩余矩形链表中删除当前剩余矩形，$k=k+1$，转步骤②。

④ 零件在当前剩余矩形上按照从上向下、从左向右的方向排放完毕之后，会如图 2.15 所示生成 0 个、1 个、2 个或者 3 个新的剩余矩形，先将当前剩余矩形从剩余矩形链表中删除，再将新剩余矩形逆序存入剩余矩形链表，使得编号为 1 的新剩余矩形在链表最外层，即成为当前剩余矩形，转步骤②。

⑤ 当所有零件均排放完成时，剩余矩形填充算法结束。

将表2.3与表2.4中的零件与板材信息按照剩余矩形填充算法排样所得到的排样图如图 2.17 所示。根据排样结果可知，排完表 2.3 中共 281 个零件需要 4 张板材，板材尺寸分别是 7600mm×3250mm、8600mm×3200mm、8600mm×3200mm、12000mm×2200mm，利用率分别为 87.96%、90.76%、88.14%、54.09%，综合利用率仅为 86.32%(此处利用率的计算方法不计入最后一张板材的剩余长度，下同)。由此可见，剩余矩形填充算法在实际应用中的效果并不理想。

剩余矩形填充算法的一些固有缺陷导致其排样利用率不高，如每个零件排放在剩余矩形的过程中，总是会一次性排完该零件，而没有考虑在当前剩余矩形排

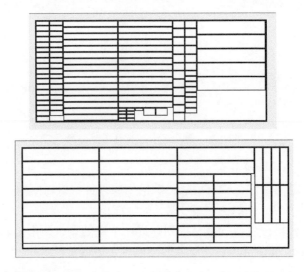

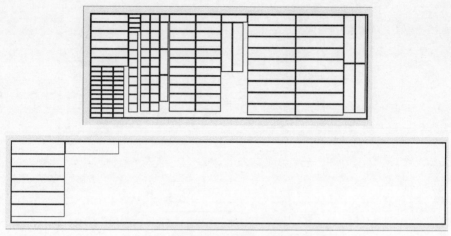

图 2.17　剩余矩形填充算法排样示意图

放多少个零件是最合适的，并且在当前剩余矩形空间不够排放零件时，没有考虑后续零件可能可以排下，而是直接跳过该剩余矩形，不再利用，从而导致很多空洞，利用率低下。

2. 改进的剩余矩形填充算法

针对上述缺陷，本节提出一种改进的剩余矩形填充算法来弥补其固有缺陷，改进点如下：

(1) 增加对在当前剩余矩形上排放多少零件最合适的判断。根据零件尺寸及当前剩余矩形尺寸，可以算出在当前剩余矩形上最多能排 N 个零件，若 N 大于当前零件的剩余数量，则将该零件全部排放；若 N 小于当前零件的剩余数量，则当前零件只排 N 个，确保最大限度地利用剩余矩形的空间。

(2) 增加对后续零件的搜索。当前剩余矩形上不能排放该零件时，先判断该零件是否具有纤维方向，有纤维方向说明该零件不能旋转，反之则可以旋转，旋转之后若能在当前剩余矩形上排放，则执行排样操作；若不能，则从该零件起，向后搜索可以排放的零件，而不是直接弃用当前剩余矩形。

(3) 增加对零件纤维方向的判断。当零件在当前剩余矩形上不能横排时，若零件不具有纤维方向且旋转 90° 后能排下，则将零件旋转之后再进行排样。

改进的剩余矩形填充算法的排样流程如图 2.18 所示，具体流程步骤如下：

(1) 根据给定的零件、板材信息，随机生成零件、板材序列 A、B。其中，$A(k)$ 为零件编号，$B(k)$ 为板材编号。

(2) 将矩形板材按生成的板材序列存进一个空的剩余矩形链表，使得板材序列中最前的矩形板材在链表最外层，即当前剩余矩形。

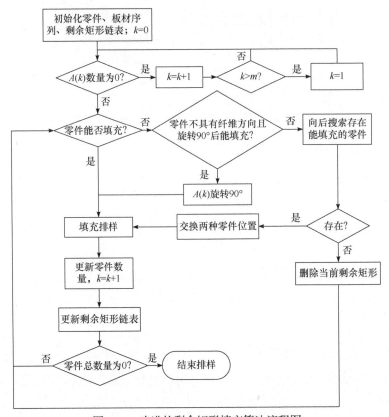

图 2.18　改进的剩余矩形填充算法流程图

(3) 令 $i=1$，$A(i)$ 为当前排样矩形。

(4) 判断 $A(i)$ 能否在当前剩余矩形上排下，若能，则转步骤(7)；若不能，则转步骤(5)。

(5) 若零件 $A(i)$ 具有纤维方向要求，则转步骤(6)；若零件 $A(i)$ 没有纤维方向要求，则将零件旋转 90° 再判断能否排下，若能，则转步骤(7)，若不能，则转步骤(6)。

(6) 在当前零件序列中向后查找可以在当前剩余矩形上排放的零件，若存在，则交换 $A(i)$ 和找到的第一个可以排放的零件在序列中的位置，转步骤(7)；若不存在，则将当前剩余矩形从剩余矩形链表中删除，将链表中最外层的剩余矩形设定为新的当前剩余矩形，转步骤(4)。

(7) 根据 $A(i)$ 的长宽、剩余数量以及当前剩余矩形大小，计算出 $A(i)$ 可以排下的数量，并按照从上到下、从左到右的顺序依次排放，同时更新 $A(i)$ 的剩余数量，排放后当前剩余矩形会相应产生 0 个、1 个、2 个或者 3 个剩余矩形，在剩余矩形链表中删除当前剩余矩形，并将新产生的剩余矩形从右到左依次存入剩余矩形链表，最靠近排样区域的剩余矩形在链表最外层，并设为当前剩余矩形。判断所有零件剩余数量总和是否大于 0，若是，则 $i=i+1$(若 $i > m$，则 $i=1$)，转步骤(4)；若不是，则完成并退出排样[22]。

　　将表2.3及表2.4的零件、板材信息按照改进后的剩余矩形填充算法进行排样，可以得到如图 2.19 所示的排样图。可以看出，改进后的剩余矩形填充算法只需要 3 张板材即可排完所有 281 个零件，所需板材尺寸分别为 8600mm×3200mm、12000mm×2200mm、12000mm×2200mm，3 张板材利用率分别为 98.13%、96.07%、91.75%，综合利用率为 95.46%。相比原始的剩余矩形填充算法 86.32%的综合利用率，改进后的剩余矩形填充算法提高了 9.14 个百分点。

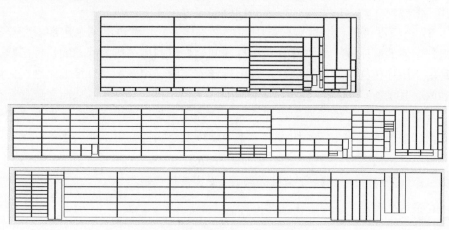

图 2.19　改进后剩余矩形填充算法排样图

　　由图 2.19 可以看出，改进的剩余矩形填充算法相对于原始剩余矩形填充算法在排样结果上有很大的改善，基本上不会存在较大的空洞，排样效率大大提高。但正如前面所述，排样问题是极其复杂的 NP 难问题，无论是剩余矩形填充算法还是改进的剩余矩形填充算法，在零件序列、板材序列确定之后，都只能按照单一的排样规则进行填充排样，算法过于简单，在排样过程中，这两种算法仅能保证被排零件不会出现重叠区域，无法得到质量更高的排样方案。因此，本节提出一种混合算法，将改进的剩余矩形填充算法与遗传算法相结合，用遗传算法的进化思想全局优化排样效果。

2.3.2　基于遗传算法的混合算法

　　本节主要针对矩形排样这一具体问题，用遗传算法结合改进的剩余矩形填充算法进行优化排样研究，主要在以下几个方面：

　　(1) 遗传算法的参数设定，包括种群数 M、代数 T、交叉概率 P_c、变异概率

P_m等。种群数M和代数T的大小影响最终解决方案的优化程度，在理想情况下，M越大、T越大，则最终得到全局最优解的概率也更大，当然，遗传算法很有可能在中途就陷入局部最优解而无法跳出。交叉概率P_c影响下一代种群继承父辈优良基因，而变异概率P_m影响解的多样性，当遗传算法陷入局部最优解时，就是靠交叉操作跳出局部最优。这些参数在各个文献中均有推荐值范围，本节暂定种群数M=50，代数T=100，交叉概率P_c=0.85，变异概率P_m=0.15。

(2) 编码方式。矩形排样问题一般采用的是符号编码。由于本节考虑的是多零件多板材的组合优化问题，零件、板材均需编码。假设零件种类数为m，板材张数为n，则一个1到m的全排列和一个1到n的全排列，分别称为一个零件序列和一个板材序列，两者结合构成了种群的一个个体。

(3) 适应度值评价。针对种群中的每个个体，采用改进的剩余矩形填充算法来得到个体的利用率。绝大部分矩形排样问题均以利用率作为问题的目标函数，但是由于矩形排样问题的特殊性，各个排样方案的利用率不会有很大差别，一般为80%~100%，无法明显体现出个体的优良差异，即选择压力，从而在选择算子这一步中无法有针对性地选取更优个体。选择压力是种群中好坏个体被选择的概率之差，差值大的称为选择压力大。本节采用动态线性标定来解决这一问题：

$$F = a^k f + b^k \tag{2.21}$$

式中，F为适应度值函数；f为目标函数；k为迭代代数指标。

在最大化问题中，$a^k = 1$，$b^k = -f_{\min}^{\varepsilon^k}$，则

$$F = f - f_{\min}^{\varepsilon^k} \tag{2.22}$$

ε^k的加入使得最坏个体仍有继续繁殖的可能，ε^k随着k的增大而减小，对于ε^k的取值：$\varepsilon^0 = P$，$\varepsilon^k = \varepsilon^{k-1} r$，$r \in [0.9, 0.999]$，通过调节$P$及$r$的值来调节$\varepsilon^k$。采用动态标定的方式能够选择压力较小的种群。

(4) 选择算子。选择算子有很多种，常见的有轮盘赌法、最优保存策略、期望值法、无回放随机选择、随机联赛选择等方式，针对不同的问题，这些选择算子各有优劣。本节采用轮盘赌法，即根据当前代种群个体的适应度函数，算出各自的相对适应度值(即单个个体的适应度值占群体适应度值之和的比例)及累计适应度值(个体k的适应度值为前k个个体相对适应度值之和)，由相对适应度值来对应轮盘上的大大小小的区域，当指针旋转到这一区域时，表示该个体被选中进入下一代。

(5) 交叉算子。为了保证种群下一代能够尽可能继承父辈的优良基因，本节采用部分匹配交叉(PMX)来实现交叉算子。部分匹配交叉是一种多点交叉方式。

依然以表2.3、表2.4所列的零件、板材信息为例，假设种群中个体i及个体j的零件、板材序列分别如下：

个体 i

零件序列：{11, 4, 8, 6, 2, 9, 12, 10, 3, 1, 5, 7}

板材序列：{3, 1, 5, 4, 2}

个体 j

零件序列：{7, 6, 5, 11, 1, 4, 8, 9, 2, 12, 10, 3}

板材序列：{4, 3, 1, 2, 5}

那么，对个体 i 和 j 的零件序列进行部分匹配交叉操作，步骤如下。

① 利用 random() 随机生成两个交叉点，如位置 2 和 9：

11　4　|　8　6　2　9　12　10　3　|　1　5　7

7　6　|　5　11　1　4　8　9　2　|　12　10　3

② 个体 i 及 j 的两个交叉点内的公共部分如下：

8　6　2　9　12　10　3

5　11　1　4　8　9　2

上下约掉相同的数，则对应关系变为

6　12　10　3

11　5　4　1

③ 交换个体 i、j 的被交叉点包围的公共部分，则个体 i、j 变为

11　4　|　5　11　1　4　8　9　2　|　1　5　7

7　6　|　8　6　2　9　12　10　3　|　12　10　3

④ 在个体 i、j 公共部分外的区域用步骤②得到的对应关系进行置换，置换后个体 i、j 分别变成

6　10　5　11　1　4　8　9　2　3　12　7

7　11　8　6　2　9　12　10　3　5　4　1

则此结果即原始个体 i、j 的零件序列经过部分匹配交叉操作之后得到的新的序列，同理，对个体 i、j 的板材序列也是进行部分匹配交叉操作得到下一代板材序列。

(6) 变异算子。变异算子是运行在单个个体上的操作，本节采用多点变异来对种群实施变异操作，以上述经过交叉操作后得到的新一代个体 i 的零件序列为例。

新一代个体 i 的零件序列为

6　10　5　11　1　4　8　9　2　3　12　7

① 利用 random() 随机生成两个变异点，如 4 和 9：

6　10　5　11　|　1　4　8　9　2　|　3　12　7

② 将变异点区间内的零件序列进行逆序操作，如下：

6　10　5　11　|　2　9　8　4　1　|　3　12　7

所得到的序列即经过变异操作后得到的新的个体。

以上是遗传算法中的一些关键操作及其具体实现。

本节提出的针对带约束的矩形排样问题的混合算法是将改进的剩余矩形填充

算法与遗传算法相结合，利用改进的剩余矩形填充算法来对经过遗传算法优化的序列在板材上进行填充排样，混合了各自算法的优点。该混合算法的具体流程如图 2.20 所示。

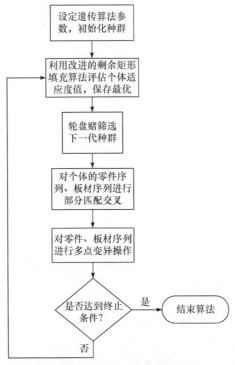

图 2.20　混合算法流程图

　　将表 2.3 及表 2.4 的零件、板材信息按照此混合算法进行排样，可以得到如图 2.21 所示的排样图。可以看出，该混合算法也需要 3 张板材来排完所有 281 个零件，所需板材尺寸分别为 12000mm×2200mm、8600mm×3200mm、8600mm×3200mm，3 张板材利用率分别为 97.10%、95.50%、95.99%，综合利用率为 96.18%。相比原始的剩余矩形填充算法 86.32%的综合利用率，混合算法提高了 9.86 个百分点；相比改进的剩余矩形填充算法 95.46%的综合利用率，混合算法提高了 0.72 个百分点。

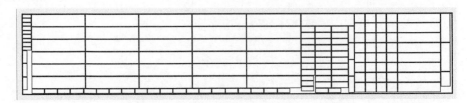

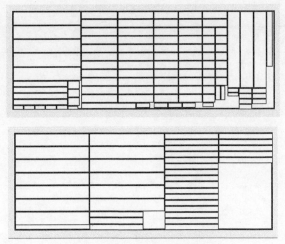

图 2.21　混合算法排样示意图

三种算法的排样结果如表 2.5 所示。

表 2.5　三种算法的排样结果对比

排样算法	利用率/%	耗时/ms	优化比例/%
剩余矩形填充算法	86.32	12	—
改进的剩余矩形填充算法	95.46	12	9.14
混合算法	96.18	988	9.86

2.3.3　算例验证与分析

由于本节针对的问题是带约束的矩形排样问题，相比其他参考文献所研究的通用矩形排样问题，多出了零件纤维方向、一刀切排样、多板材选择等约束条件，因此无法就标准算例与其他文献作比较。

本节选取一组工程算例来验证上述三种算法，所有数据的测试运行环境为：Intel Core 2 Solo CPU，1.4GHz，RAM 2GB，Windows XP 操作系统。其中，遗传算法种群数 M=50，代数 T=100，交叉概率 P_c = 0.85，变异概率 P_m = 0.15；零件共 21 种 422 个，板材共 6 张，具体信息分别见表 2.6 及表 2.7。

表 2.6　算法实例零件信息表

编号	长/mm	宽/mm	数量	纤维方向
1	1500	170	10	有
2	350	270	12	无

续表

编号	长/mm	宽/mm	数量	纤维方向
3	1500	450	5	无
4	120	430	17	无
5	300	270	12	有
6	2000	340	4	无
7	100	110	19	有
8	200	200	30	无
9	440	270	26	无
10	360	140	32	无
11	460	170	37	无
12	1200	500	20	无
13	330	200	26	有
14	540	260	14	无
15	320	300	9	有
16	1200	540	15	无
17	1250	210	20	无
18	270	200	30	无
19	480	100	28	有
20	360	230	24	有
21	700	100	32	无

表 2.7　算法实例板材信息表

编号	纤维方向长/mm	非纤维方向宽/mm
1	15000	1500
2	18000	2200
3	9200	2600
4	8600	3200
5	14000	2000
6	14000	2000

　　由表 2.8 可以看出，在排样效果上，混合算法相对于剩余矩形填充算法及改进的剩余矩形填充算法在利用率上有一定提高，这得益于改进的剩余矩形填充算法增加的零件数量判断、旋转、向后搜索等操作，使得更合适的零件能够被排放在当前剩余矩形上，而不是强行将当前零件全部排放完毕或者是盲目更新剩余矩形链表，导致部分原本还可以继续利用的剩余矩形被放弃。混合算法中的遗传算法操作能够利用遗传进化思想从全局层面上优化零件、板材序列，找到全局最优解的可能性最大。在算法时间上，剩余矩形填充算法与改进的剩余矩形填充算法用时相差无几，这是因为这两种启发式算法规则明了，高效快速。虽然混合算法所消耗的时间明显大于前两种算法，但所消耗时间也不过 1s 左右，完全在生产实际接受范围内，且排样效果要好于前两种算法，虽然只有几个百分点，但也可以创造巨大的经济价值，故混合算法表现出较强的优异性。其具体排样图如图 2.22 所示，所选板材分别为 18000mm×2200mm、14000mm×2000mm，利用率分别为 98.34%、96.41%。

表 2.8　排样结果对比

排样算法	利用率/%	耗时/ms	优化比例/%
剩余矩形填充算法	90.98	16	—
改进的剩余矩形填充算法	95.05	17	4.07
混合算法	97.42	1078	6.44

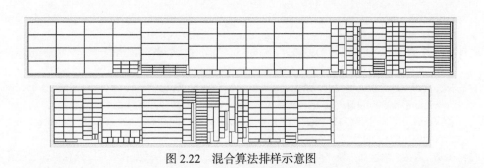

图 2.22　混合算法排样示意图

2.4　本 章 小 结

　　本章将矩形排样问题分成三类，即矩形装箱排样、矩形带排样和带工艺约束的矩形排样，并建立了矩形排样问题的数学模型及其求解框架。针对一般矩形排样问题，提出了一种最左下占角动作放置策略，并采用一种基于遗传算法和模拟退火算法混合的求解算法进行矩形排样顺序优化。针对带工艺约束的矩形装箱排样问题，提出了一种改进的剩余矩形填充算法与遗传算法相结合的混合算法。通过算例测试及分析验证了上述方法的有效性。

参 考 文 献

[1] Wäscher G, Haußner H, Schumann H. An improved typology of cutting and packing problems[J]. European Journal of Operational Research, 2007, 183(3): 1109-1130.

[2] 罗强, 李世红, 袁跃兰, 等. 基于复合评价因子的改进遗传算法求解矩形件排样问题[J]. 锻压技术, 2018, 43(2): 172-181.

[3] 罗强, 饶运清, 刘泉辉, 等. 求解矩形件排样问题的十进制狼群算法[J]. 计算机集成制造系统, 2019, 25(5):1169-1179.

[4] Baker B S, Coffman E G Jr, Rivest R L. Orthogonal packing in two dimensions[J]. SIAM Journal on Computing, 1980, 9(4): 846-855.

[5] Jakobs S. On genetic algorithms for the packing of polygons[J]. European Journal of Operational Research, 1996, 88(1): 165-181.

[6] Huang W Q, Chen D B, Xu R C. A new heuristic algorithm for the rectangle packing[J]. Computer & Operation Research, 2007, 34(11): 3270-3280.

[7] Leung T W, Chan C K, Troutt M D. Application of a mixed simulated annealing-genetic algorithm heuristic for the two-dimensional orthogonal packing problem[J]. European Journal of Operational Research, 2003, 145(3): 530-542.

[8] Zhou Y, Rao Y, Zhang G, et al. Hybrid optimization method based on memetic algorithm for two-dimensional bin packing problem[J]. International Journal of Advancements in Computing Technology, 2012, 4(23): 344-354.

[9] 石岩. 基于遗传模拟退火算法的二维不规则多边形排样问题[D]. 西安: 西北工业大学, 2007.

[10] Davis L. Adapting operator probabilities in genetic algorithms[C]. Proceedings of the 3rd International Conference on Genetic Algorithms, Wuhan, 1989: 61-69.

[11] Lobo F G, Goldberg D E. Decision making in a hybrid genetic algorithm[C]. Proceedings of IEEE International Conference on Evolutionary Computation, New York, 1997: 121-125.

[12] Metropolis N, Rosenbluth A W, Rosenbluth M N, et al. Equation of state calculations by fast computing machines[J]. The Journal of Chemical Physics, 1953, 21(6): 1087-1092.

[13] Kirkpatrick S, Gelatt C D, Vecchi M P. Optimization by simulated annealing[J]. Science, 1983, 220(4598): 671-680.

[14] 陈勇, 唐敏, 童若锋, 等. 基于遗传模拟退火算法的不规则多边形排样[J]. 计算机辅助设计与图形学学报, 2003, 15(5): 598-603.

[15] 闫红超. 基于遗传模拟退火算法的 PCB 贴装工艺优化研究[D]. 西安: 西安电子科技大学, 2006.

[16] Wang L, Zheng D Z. An effective hybrid optimization strategy for job-shop scheduling problems[J]. Computer & Operation Research, 2001, 28(6): 585-596.

[17] Kobayashi S, Ono I, Yamamura M. An efficient genetic algorithm for job shop scheduling problems[C]. Proceedings of the 6th International Conference on Genetic Algorithms, San Francisco, 1995: 506-511.

[18] Zhang C Y, Rao Y Q, Li P G. An effective hybrid genetic algorithm for the job shop scheduling problem[J]. The International Journal of Advanced Manufacturing Technology, 2008, 39:

965-974.

[19] Zhou Y Y, Rao Y Q, Zhang C Y, et al. Hybrid genetic algorithm with simulated annealing based on best-fit strategy for rectangular packing problem[J]. Advanced Materials Research, 2010, 118-120: 379-383.

[20] Hopper E, Turton B C H. An empirical investigation of meta-heuristic and heuristic algorithms for a 2D packing problem[J]. European Journal of Operational Research, 2001, 128(1): 34-57.

[21] Burke E K, Kendall G, Whitwell G. A new placement heuristic for the orthogonal stock-cutting problem[J]. Operations Research, 2004, 52(4): 655-671.

[22] 邓应波, 祝胜兰, 饶运清. 一种针对绝缘纸板排样的混合算法[J]. 机械设计与制造, 2013, 23-25(3): 23-25.

第 3 章　矩形排样问题的和声搜索算法

和声搜索(harmony search, HS)算法是由 Geem 等[1]于 2001 年提出的一种新型现代启发式智能搜索算法。该算法主要模拟音乐创作家凭借自己对和声的记忆以及评价标准，不断地调整各乐器的音调，最终创作出一种动听悦耳和声的过程。由于和声搜索算法原理简单、控制参数少、容易编码实现且适应性强，目前已广泛应用于管道网络设计[2]、热电能经济分配问题[3]和水坝系统调度[4]等。由于和声搜索算法优点突出且已广泛应用于工程优化问题中，本章用该算法来求解矩形排样问题。

3.1　和声搜索算法简介

3.1.1　算法原理与算法参数

和声搜索算法原理如下：假设某乐队由操作笛子、钢琴、小提琴和鼓的四个乐手组成，初始时，四个乐手分别从 {do, re, mi, fa, sol, la, si, 高音 do} 中随机选择一个音阶作为第一次合作时演奏的和声。通过不断地调整和演奏，最终该乐队演奏出一个最动听的和声 {re, sol, si, la}。图 3.1 为和声演奏示意图。

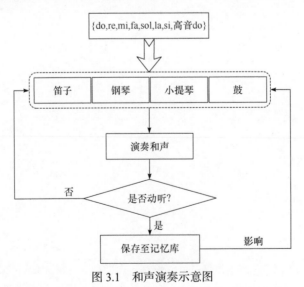

图 3.1　和声演奏示意图

和声搜索算法的主要参数有和声记忆库大小(HMS)、和声记忆库考虑概率(HMCR)、音高调整概率(PAR)、带宽(bw)和最大迭代次数(MaxIterations)。

1) 和声记忆库大小

和声记忆库大小表示和声记忆库(HM)内存储的和声的数量，其在概念上类似于遗传算法的种群大小，该参数一定程度上决定着和声搜索算法的搜索速度。当和声记忆库大小逐渐增加时，和声搜索算法的搜索时间相对增加，但是解的收敛性更好，质量也会提升。

2) 和声记忆库考虑概率

和声记忆库考虑概率表示当重新演奏和声时，直接考虑保存在和声记忆库内和声的概率，由此可以看出其直接决定着新生成的解是否来自和声记忆库。由于和声记忆库内保存着适应度较高的和声，所以为了能够使搜索更具有方向性，保证解沿着好的方向进化或者收敛，和声记忆库考虑概率的值一般为 0.7~0.95[5]。

3) 音高调整概率

音高调整概率表示对和声进行适当扰动的概率。音高调整概率决定和声搜索算法跳出局部最优的能力。和声搜索算法以音高调整概率对从和声记忆库内选择的和声进行扰动，并以 1–PAR 的概率保持原来通过 HMCR 选择的和声记忆库内的和声。在和声搜索算法搜索的前期，一般倾向于把音高调整概率设置成较大的值，以保证算法的全局搜索能力，而在后期则会选择较小的音高调整概率来对和声进行小概率的扰动，保证局部搜索能力，同时可以防止破坏较好的解而导致算法不收敛等问题的出现。

4) 带宽

带宽表示以音高调整概率进行调整的强度大小。通常情况下，较大的带宽值能够使得对和声的扰动量增大，从而能够保证和声搜索算法的全局搜索能力；反之，当带宽值较小时，对和声的扰动量相应减小，但是能够保证和声搜索算法进行局部寻优，从而增强其局部搜索能力。

5) 最大迭代次数

最大迭代次数的大小直接影响和声搜索算法的计算时间。当最大迭代次数较小时，计算时间相应较短，但是会造成算法还没有找到较好的解就提前结束的现象，从而使得算法的优化能力没有体现出来。当最大迭代次数较大时，会出现即使已经收敛，但算法还没有停止的现象，这会造成计算资源的浪费。一般地，最大迭代次数选择为 100~200。

3.1.2 算法流程

和声搜索算法首先在解空间内随机产生 HMS 个初始和声，并把初始产生的 HMS 个和声保存到和声记忆库中。然后开始进行搜索：以 HMCR 在和声记忆库中选择一个和声或者以 1–HMCR 概率在解空间内重新生成一个新的和声,若新和声以概率 HMCR 来自和声记忆库,则继续以概率 PAR 对该新和声进行扰动;再通过适应度函数对新的和声进行评价,若该和声的适应度好于和声记忆库内最差和声的适应度,则以该和声替换掉和声记忆库内最差和声,否则保持和声记忆库不变。最后判断和声搜索算法是否到达停止迭代的条件,若是,则停止和声搜索算法并输出当前和声记忆库中最佳个体,否则继续搜索。其具体的流程如下所示。

1) 问题初始化和算法参数初始化

设置问题变量的解空间(取值范围),初始化和声搜索算法的控制参数 HMS、HMCR、PAR、bw 和 MaxIterations。

2) 初始化和声记忆库

在变量的解空间内,随机生成 HMS 个和声组成初始和声记忆库 HM:

$$HM = \begin{bmatrix} X^1 \\ X^2 \\ \vdots \\ X^{HMS-1} \\ X^{HMS} \end{bmatrix} = \begin{bmatrix} x_1^1 & x_2^1 & \cdots & x_{n-1}^1 & x_n^1 \\ x_1^2 & x_2^2 & \cdots & x_{n-1}^2 & x_n^2 \\ \vdots & \vdots & & \vdots & \vdots \\ x_1^{HMS-1} & x_2^{HMS-1} & \cdots & x_{n-1}^{HMS-1} & x_n^{HMS-1} \\ x_1^{HMS} & x_2^{HMS} & \cdots & x_{n-1}^{HMS} & x_n^{HMS} \end{bmatrix} \tag{3.1}$$

3) 产生新和声

在和声搜索算法中,产生新的和声 $X^{new} = (x_1^{new}, x_2^{new}, \cdots, x_{n-1}^{new}, x_n^{new})$ 的方法有三种,即以概率 HMCR 从和声记忆库中选择、以概率 PAR 对从和声记忆库中选择的和声进行音高调整、随机从解空间内生成。

(1) 从和声记忆库中选择。通过判断随机数 Rand() ∈ [0, 1] 与 HMCR 的大小关系来确定新的和声是否从和声记忆库中选择。若 Rand()>HMCR,则从和声记忆库中选择一个和声作为新的和声 X^{new},否则从解空间内随机生成一个和声作为新的和声。

(2) 音高调整。音高调整主要是以概率 PAR 对以概率 HMCR 从和声记忆库中选择的和声进行强度为 bw 的随机扰动:

$$X^{new'} = \begin{cases} X^{new} \pm Rand() \times bw, & Rand() > PAR \\ X^{new}, & Rand() \leqslant PAR \end{cases} \tag{3.2}$$

式中,X^{new} 为直接从和声记忆库中选择的和声;$X^{new'}$ 为通过音高调整方法获得的新的和声。

(3) 随机生成。以概率 1–HMCR 随机从解空间内生成新的和声:

$$X^{\text{new}} = \begin{cases} X^i \in \text{HM}, & i \in \{1, 2, \cdots, \text{HMS}\}, \text{Rand}() > \text{HMCR} \\ x_j^{\text{low}} \leqslant X_j^{\text{new}} \leqslant x_j^{\text{up}}, & j \in \{1, 2, \cdots, n\}, \text{其他} \end{cases} \tag{3.3}$$

式中，x_j^{low} 和 x_j^{up} 分别为和声第 j 维的最小和最大取值范围，即解空间；X_j^{new} 为新和声的第 j 维变量。

4) 更新和声记忆库 HM

先对步骤 3)产生的新的和声进行评价并求得对应的适应度值，然后与和声记忆库内的最差和声个体进行比较，若新的和声优于和声记忆库内最差的和声，则将其替换掉，否则保持和声记忆库不变。

5) 判断停止迭代条件

若当前迭代次数大于 MaxIterations，则令算法停止搜索并输出当前最佳个体和适应度值，否则返回步骤 3)。

和声搜索算法流程如图 3.2 所示。

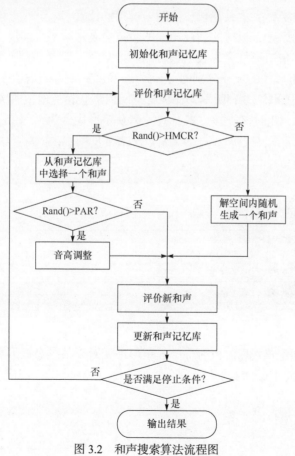

图 3.2　和声搜索算法流程图

3.2　基于和声搜索的一般矩形排样混合求解算法

本节针对矩形排样问题，首先引入剩余矩形及剩余矩形匹配度的概念，然后基于剩余矩形匹配度的矩形定位策略，采用和声搜索算法研究矩形排样定序优化方法，提出一种混合算法以求解包括矩形装箱排样和矩形带排样在内的矩形排样问题。

3.2.1　基于剩余矩形匹配度的矩形件定位策略

剩余矩形[6-8]是指在矩形排样过程中，板材在排放矩形件后形成的剩余可继续排放其他矩形件的空间，当用一系列尽可能大且无重复的矩形将该空间占据时，这些用来表示板材剩余空间的矩形即剩余矩形。板材内所有的剩余矩形构成的集合称为剩余矩形集。剩余矩形可用其对应的长和宽表示其大小，剩余矩形在板材空间内的左下角坐标表示其在板材空间内的具体位置。

随着排样的继续，板材的剩余矩形的个数会越来越多，其尺寸会越来越小，为此定义一个剩余矩形集合来表示板材的剩余空间。如图 3.3 所示，假设板材的尺寸为 $W \times H$，矩形件的尺寸分别为 $w_i \times h_i$，$i \in \{1,2,3,4\}$。4 个矩形件排放到板材内后形成的排样图如图 3.3(a)所示，在板材空间内部会相应地生成 4 个剩余矩形，如图 3.3(b)所示。此时该排样方案对应的剩余矩形集合为 $S_R = \{S_{r1}, S_{r2}, S_{r3}, S_{r4}\}$，且 $S_R = \{(W - w_1 - w_3, H), (W - w_4, H - h_3), (W, H - h_3 - h_4), (w_1, h_3 - h_1 - h_2)\}$。

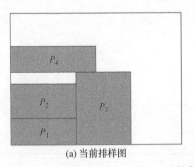
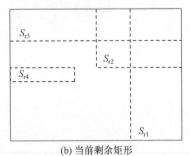

(a) 当前排样图　　　　　　　　　(b) 当前剩余矩形

图 3.3　剩余矩形示意图

剩余矩形匹配度[8]是指当前待排放矩形件相对于某剩余矩形的匹配程度。如图 3.4 所示，当前矩形件 i 排入某剩余矩形 j 时，i 相对 j 的匹配度的计算如式(3.4)和式(3.5)所示。

当矩形件 i 横排时，有

$$f_t = \begin{cases} \alpha \dfrac{S_i}{S_{rj}} + \beta \dfrac{w_i}{W_{rj}} + (1-\alpha-\beta)\mathrm{e}^{-y_{rj}}, & S_i \leqslant S_{rj},\, w_i \leqslant W_{rj} \\ 0, & \text{其他} \end{cases} \tag{3.4}$$

当矩形件 i 竖排时，有

$$f_t = \begin{cases} \alpha \dfrac{S_i}{S_{rj}} + \beta \dfrac{h_i}{W_{rj}} + (1-\alpha-\beta)\mathrm{e}^{-y_{rj}}, & S_i \leqslant S_{rj},\, h_i \leqslant W_{rj} \\ 0, & \text{其他} \end{cases} \tag{3.5}$$

式中，f_t 为剩余矩形匹配度；S_i、w_i 和 h_i 分别为第 i 个矩形件的面积、宽和高；S_{rj}、W_{rj}、y_{rj} 分别为第 j 个剩余矩形的面积、宽、在板材空间内的纵坐标；α 和 β 分别为面积和边长匹配度的匹配系数，且 $\alpha, \beta \in (0,1)$。

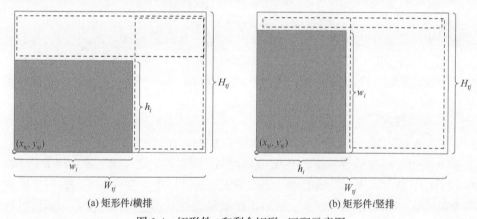

(a) 矩形件 i 横排　　　　　　　　　　(b) 矩形件 i 竖排

图 3.4　矩形件 i 和剩余矩形 j 匹配示意图

当矩形件 i 排放入剩余矩形 j 内后，当前剩余矩形的剩余空间需要更新，即需将剩余矩形 j 内被矩形件 i 所占据的部分去掉。如图 3.4 所示，原来的剩余矩形 j 会被分割成为两个较小的剩余矩形 $\{(W_{rj}-w_i, H_{rj}), (W_{rj}, H_{rj}-h_i)\}$ 或者 $\{(W_{rj}-h_i, H_{rj}), (W_{rj}, H_{rj}-w_i)\}$。此时需要将剩余矩形集合内的剩余矩形进行更新：删除原来的剩余矩形 j，添加两个新生成的较小的剩余矩形。

在进行矩形件定位时，可根据式(3.4)或式(3.5)选择剩余矩形匹配度最高的位置，此即基于剩余矩形匹配度的矩形件定位策略。

3.2.2　基于和声搜索的矩形件定序优化方法

基本的和声搜索算法对于大规模的优化问题存在搜索过程中易于陷入早熟等问题，而基于剩余矩形匹配度的算法虽然能够为当前待排入的矩形件选择较好的排入位置，但仍然存在剩余空间利用不恰当的问题。因此，在进行矩形排样时，本节针对和声搜索算法和匹配度算法的缺陷，首先通过将遗传算法的交叉/变异算子植入和声搜索算法内，将匹配度的匹配系数设计成为自适应的，解决匹配过程中出现的不合理现象。然后通过改进的和声搜索算法对矩形件的排入顺序进行优化，并计算当前待排入的矩形件相对于板材剩余矩形的匹配度，根据匹配度选择最佳的排入位置。

1. 带交叉/变异算子的和声搜索算法

在求解大规模组合优化问题时，一般要求算法具有较强的全局搜索能力，而遗传算法的交叉/变异算子能够有效地保证解的多样性，进而能够有效地解决该问题[9]。因此，本节将遗传算法的交叉/变异算子植入和声搜索算法内，使得和声搜索算法能够更好地解决大规模的排样问题。

1) 交叉算子

设和声记忆库内有两个父辈和声 P 和 Q，其分别为$\{P_1, P_2, \cdots, P_n\}$和$\{Q_1, Q_2, \cdots, Q_n\}$，在和声的维度范围$(0\sim n)$内随机地选择两个整数 p 和 q，接着从 P 内的 p 为起点复制 q 个基因位至子代和声，再将 Q 内 $n-q$ 个基因位按照 Q 内的顺序复制至子代和声中。

2) 变异算子

在该改进的算法中，提出两种变异：位置变异和符号变异。其中，位置变异由 PAR 控制，而符号变异则由 Pick 概率控制。设和声记忆库内父辈和声 R 为$\{R_1, R_2, \cdots, R_n\}$，在和声的维度范围$(0\sim n)$内随机地选择三个整数 p、q 和 r，再交换和声 R 的第 p 个和第 q 个基因位，最后通过概率选择是否进行符号变异。若随机数 Rand()>Pick，则对和声 R 的 n 个基因中的随机 r 个基因进行符号变异，其中 Pick 为符号变异的概率阈值。

显然，遗传算法的交叉算子是全局搜索能力的体现，变异算子则对应局部搜索能力，因此将交叉算子和变异算子植入和声搜索算法能够平衡算法的全局和局部搜索能力。带交叉算子和变异算子的和声搜索算法相对于基本的和声搜索算法的不同在于：产生新和声的机制不再是简单地从和声记忆库内选择一个和声再对其进行音节调整或者从解空间内随机生成，而是充分利用遗传算法的交叉算子和变异算子。要么通过概率 HMCR 对和声记忆库内的最佳和声个体与和声记忆库内随机某个和声进行交叉产生一个新的和声 X^{HMCR}，再通过概率 PAR 判断是否对其进行变异操作，要么就是直接以概率 1–HMCR 在解的空间内随机生成新的和声 X^{new}。带交叉/变异算子的和声搜索算法的基本流程如图 3.5 所示，具体如下：

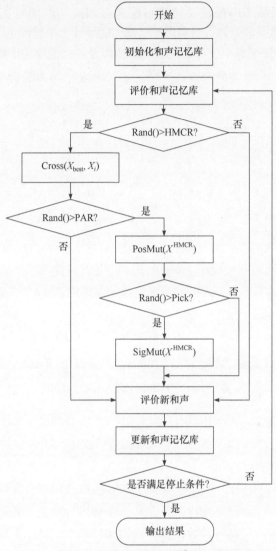

图 3.5　带交叉/变异算子的和声搜索算法流程图

(1) 问题初始化和算法参数初始化。设置问题变量的解空间(取值范围)；初始化和声搜索算法的控制参数 HMS、HMCR、PAR 和 MaxIterations。

(2) 初始化和声记忆库。在变量的解空间内，随机生成 HMS 个和声组成初始和声记忆库 HM。

(3) 产生新和声。在和声搜索算法中，产生新的和声 $X^{new} = x_1^{new}, x_2^{new}, \cdots, x_n^{new}$ 的方法有三种，即以概率 HMCR 从和声记忆库中选择、以概率 PAR 对从和声记忆库中选择的和声进行音高调整、随机从解空间内生成。

① 对和声记忆库内最佳个体进行交叉。通过判断随机数 Rand()∈[0,1] 与 HMCR 的大小关系来确定是否对和声记忆库内的最佳个体进行交叉操作。若 Rand()> HMCR，则从和声记忆库中选择最佳和声个体以及随机选择一个和声并对这两个和声进行交叉，生成一个新的和声 X^{HMCR}，否则从解空间内随机生成一个和声作为新的和声 X^{new}。

② 变异操作。变异主要是以概率 PAR 对以概率 HMCR 交叉后产生的新和声 X^{HMCR} 进行位置变异，同时以概率 Pick 对位置变异后的和声进行符号变异，如式 (3.6) 所示：

$$X^{\mathrm{new}} = \begin{cases} \mathrm{PosMut}(X^{\mathrm{HMCR}}), \mathrm{SigMut}(X^{\mathrm{HMCR}}), & \mathrm{Rand}() > \mathrm{PAR}, \mathrm{Rand}() > \mathrm{Pick} \\ \mathrm{PosMut}(X^{\mathrm{HMCR}}), & \mathrm{Rand}() > \mathrm{PAR} \\ X^{\mathrm{HMCR}}, & \text{其他} \end{cases} \quad (3.6)$$

式中，X^{HMCR} 为利用"以概率 HMCR 从和声记忆库中选择"对和声记忆库内的最佳和声个体和某个和声个体进行交叉获得的新和声；X^{new} 为通过变异后得到的和声个体。

③ 随机生成。以概率 1−HMCR 随机从解空间内生成新的和声：

$$X^{\mathrm{new}} = \begin{cases} \mathrm{Cross}(X^{\mathrm{best}}, X^i), & i \in \{1, 2, \cdots, \mathrm{HMS}\}, \mathrm{Rand}() > \mathrm{HMCR} \\ x_j^{\mathrm{low}} \leqslant X_j^{\mathrm{new}} \leqslant x_j^{\mathrm{up}}, & j \in \{1, 2, \cdots, n\}, \text{其他} \end{cases} \quad (3.7)$$

式中，X^{best} 为和声记忆库内的最佳和声个体；X^i 为和声记忆库内的某个随机和声个体；x_j^{low} 和 x_j^{up} 分别为和声第 j 维的最小和最大取值范围，即解空间；X_j^{new} 为新的和声的第 j 维变量。

(4) 更新和声记忆库。首先对步骤(3)产生的新的和声进行评价并求得对应的适应度值，然后与和声记忆库内的最差和声个体进行比较，若新的和声优于和声记忆库内最差的和声，则将其替换掉，否则保持和声记忆库不变。

(5) 判断停止迭代条件。若当前迭代次数大于 MaxIterations，则让算法停止搜索并输出当前最佳个体和适应度值，否则返回步骤(3)。

2. 基于致密度的匹配度计算

许多学者针对待排矩形件相对于剩余矩形的匹配度提出了许多启发式规则，例如，矩形零件与剩余矩形长度或宽度比值最大的边长匹配、在边长匹配原则基础上考虑零件面积和剩余矩形面积的比值最大的面积匹配，以及上文所述的剩余矩形位置较低的匹配等。以上这些启发式匹配度计算规则要么过分依赖匹配度计算系数,要么会局限于某一特定类型的矩形排样,有时可能会导致排放后排样图不够紧致等问题。为解决上述问题,本节将致密度概念引入匹配度的计算公式中。

致密度是指当前排样图中已排矩形件面积之和与已排矩形件所构成的最大包络矩形面积的比值。引入致密度概念后,计算剩余矩形匹配度时需要考虑的项变多,相应的计算会变得比较复杂,计算系数的确定也会变得麻烦。为了解决该问题,本节将匹配度的计算系数编码到带交叉算子和变异算子的和声搜索算法内,形成混合和声搜索(MHS)算法,实现计算系数自适应地变化。当迭代次数是 5 的倍数时,将匹配系数进行一定程度的扰动。基于致密度的匹配度计算如式(3.8)和式(3.9)所示。

当矩形件 i 横排时,有

$$f_t = \begin{cases} \alpha \dfrac{S_i}{S_{rj}} + \beta \dfrac{w_i}{W_{rj}} + \gamma e^{-y_{rj}} + \theta \dfrac{\sum\limits_{k=1}^{i} S_k}{S_C}, & S_i \leqslant S_{rj}, w_i \leqslant W_{rj} \\ 0, & \text{其他} \end{cases} \tag{3.8}$$

当矩形件 i 竖排时,有

$$f_t = \begin{cases} \alpha \dfrac{S_i}{S_{rj}} + \beta \dfrac{h_i}{W_{rj}} + \gamma e^{-y_{rj}} + \theta \dfrac{\sum\limits_{k=1}^{i} S_k}{S_C}, & S_i \leqslant S_{rj}, h_i \leqslant W_{rj} \\ 0, & \text{其他} \end{cases} \tag{3.9}$$

式中,S_C 为第 i 个矩形件排入后形成的最大包络矩形的面积;γ 为剩余矩形位置匹配项匹配系数;θ 为致密度项匹配系数。

3. 综合算法流程

由于匹配系数的自适应变化,综合带交叉算子和变异算子的和声搜索算法与基于致密度的匹配度在求解矩形排样问题时,和声个体不再直接由矩形件的排入顺序组成,而是由两部分组成:矩形排入顺序部分以及匹配系数 α、β、γ 和 θ 部分。假设矩形件的排入顺序为 $3 \to 1 \to 4 \to 2 \to 5$,匹配系数分别为 α、β、γ 和 θ,则和声个体编码如图 3.6 所示。

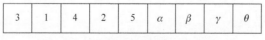

图 3.6　综合算法中和声个体示意图

综合流程如下所示。

1) 输入板材和矩形件信息

输入板材大小和数量,以及矩形件的长宽尺寸和数量。

2) 初始化算法参数

初始化和声搜索算法的控制参数 HMS、HMCR、PAR 和 MaxIterations。

3) 初始化和声记忆库

在变量的解空间内，随机生成 HMS 个和声组成初始和声记忆库 HM。

4) 产生新和声

新和声由两部分组成：矩形排入顺序和匹配系数。产生新的和声 $X^{\text{new}} = x_1^{\text{new}}$, $x_2^{\text{new}}, \cdots, x_n^{\text{new}}$ 中的矩形排入顺序方法有三种，即以概率 HMCR 从和声记忆库中选择、以概率 PAR 对从和声记忆库中选择的和声进行音高调整、随机从解空间内生成。

(1) 对和声记忆库内最佳个体进行交叉。通过判断随机数 $\text{Rand}() \in [0,1]$ 与 HMCR 的大小关系来确定是否对和声记忆库内的最佳个体进行交叉操作。若 $\text{Rand}() > \text{HMCR}$，则从和声记忆库中选择最佳和声个体以及随机选择一个和声并对这两个和声进行交叉，生成一个新的和声 X^{HMCR}，否则从解空间内随机生成一个和声作为新的和声 X^{new}。

(2) 变异操作。变异主要是以概率 PAR 对以概率 HMCR 交叉后产生的新和声 X^{HMCR} 进行位置变异，同时以概率 Pick 对位置变异后的和声进行符号变异：

$$X^{\text{new}} = \begin{cases} \text{PosMut}(X^{\text{HMCR}}), \text{SigMut}(X^{\text{HMCR}}), & \text{Rand}() > \text{PAR}, \text{Rand}() > \text{Pick} \\ \text{PosMut}(X^{\text{HMCR}}), & \text{Rand}() > \text{PAR} \\ X^{\text{HMCR}}, & \text{其他} \end{cases} \tag{3.10}$$

式中，X^{HMCR} 为利用"以概率 HMCR 从和声记忆库中选择"对 HM 内最佳和声个体和某个和声个体进行交叉获得的新和声；X^{new} 为通过变异后得到的和声个体。

(3) 随机生成。以概率 1–HMCR 随机从解空间内生成新的和声：

$$X^{\text{new}} = \begin{cases} \text{Cross}(X^{\text{best}}, X^i), & i \in \{1, 2, \cdots, \text{HMS}\}, \text{Rand}() > \text{HMCR} \\ x_j^{\text{low}} \leqslant X_j^{\text{new}} \leqslant x_j^{\text{up}}, & j \in \{1, 2, \cdots, n\}, \text{其他} \end{cases} \tag{3.11}$$

式中，X^{best} 为和声记忆库内的最佳和声个体；X^i 为和声记忆库内的某个随机和声个体；x_j^{low} 和 x_j^{up} 分别为和声第 j 维的最小和最大取值范围，即解空间；X_j^{new} 为新的和声的第 j 维变量。

针对新和声的 α、β、γ 和 θ，判断当前迭代次数是不是 5 的倍数，若是，则对匹配系数进行扰动：

$$\{\alpha, \beta, \gamma, \theta\}^{\text{new}'} = \begin{cases} \{\alpha, \beta, \gamma, \theta\} \pm \text{Rand}() \times \text{bw}, & \text{mod}(\text{iter}, 5) == 0 \\ \{\alpha, \beta, \gamma, \theta\}, & \text{其他} \end{cases} \tag{3.12}$$

5) 更新和声记忆库 HM

首先对步骤 4)产生的新的和声利用基于致密度的匹配度计算法则计算适应度值，然后将其与和声记忆库内的最差和声个体进行比较，若新的和声优于和声记忆库内最差的和声，则将其替换掉，否则保持和声记忆库不变。

6) 判断停止迭代条件

若当前迭代次数大于 MaxIterations，则让算法停止搜索并输出当前最佳个体和适应度值，否则返回步骤 4)。

7) 生成排样图

根据最佳和声个体确定矩形件的排样顺序并生成对应的排样图。

3.2.3 算例验证与分析

为了验证本节提出的基于和声搜索的矩形件综合排样算法的有效性，下面利用 MHS 算法求解定宽不定长矩形排样(矩形带排样)和定宽定长矩形排样(矩形装箱排样)两类问题，并将最终的排样结果与其他典型算法进行对比。

1. 矩形带排样问题对比测试

文献[10]中的矩形带排样算例是定宽不定长问题的经典算例。该算例分为 7组(C1～C7)，每组又分别有 3 组子问题 P1～P3(该算例的详细矩形件尺寸如附录 2所示)。许多算法都采用该算例的结果作为对比，本节同样通过求解该经典算例对MHS 算法的性能进行测试。MHS 算法中的最大迭代次数 MaxIterations=1000，HMS=50，HMCR= 0.995，PAR=0.9，Pick=0.1。另外，参考文献[8]，设置匹配度计算式中各项参数 α、β、γ、θ 的初始值分别为 0.1410、0.7563、0.1027、0。测试运行环境：Pentium® Dual-Core CPU E5200，2.5GHz，RAM 2GB；Windows XP操作系统，MATLAB 2010。将 MHS 算法的计算结果与 RSMP、BSHA、BBFM、BBF 等算法的计算结果进行比较，其对比算法的数据来自文献[11]，其中参考的结果数据都是 10 次测试的平均结果。最终的结果如表 3.1 所示。

表 3.1　不同算法求解矩形带排样问题时板材的最小使用高度

算例	n	理论最低高度	GA+BLF	SA+BLF	BF+SA	BF+GA	BF+TS	BBF	BBFM	BSHA	RSMP	MHS
C1P1	16	20	20	20	20	20	20	21	20	20	21	20
C1P2	17	20	21	21	20	21	21	21	21	20	21	20
C1P3	16	20	20	20	20	20	20	21	21	20	21	20
C2P1	25	15	16	16	16	16	16	16	16	15	16	16
C2P2	25	15	16	16	16	16	16	17	15	15	16	15

算例	n	理论最低高度	GA+BLF	SA+BLF	BF+SA	BF+GA	BF+TS	BBF	BBFM	BSHA	RSMP	MHS
C2P3	25	15	16	16	16	16	16	16	16	15	16	16
C3P1	28	30	32	32	31	31	31	32	30	30	31	31
C3P2	29	30	32	32	31	32	32	33	31	30	31	31
C3P3	28	30	32	32	31	31	31	33	32	30	31	31
C4P1	49	60	64	64	61	62	62	62	62	60	61	61
C4P2	49	60	63	64	61	62	62	63	61	60	61	61
C4P3	49	60	62	63	61	62	61	62	61	60	61	61
C5P1	73	90	95	94	91	92	92	91	91	90	92	91
C5P2	73	90	95	95	91	92	92	92	91	90	91	91
C5P3	73	90	95	95	92	92	92	92	91	90	92	92
C6P1	97	120	127	127	122	122	122	123	121	120	122	122
C6P2	97	120	126	126	121	121	121	123	122	120	121	121
C6P3	97	120	126	126	122	122	122	123	121	120	122	121
C7P1	196	240	255	255	244	245	245	243	242	240	243	242
C7P2	197	240	251	253	244	244	244	242	242	240	243	242
C7P3	196	240	254	255	245	245	245	243	241	240	242	242

　　从表 3.1 中的数据 n 来看，从算例 C1 到算例 C7，参与排样的矩形件的数目逐渐增加，算例的复杂度就相应增加。就各个算法求得的板材的理论最低高度而言，本节 MHS 算法在求解矩形件数目较少的算例情况时，如从算例 C1P1 到算例 C4P3，其性能与 BSHA 算法不相上下，但整体优于 GA+BLF、SA+BLF、BF+SA、BF+TS、BBF 和 RSMP 算法。这主要是因为这些组中的矩形件比较少，搜索空间不大，改进的和声搜索算法能够较快速地收敛到较好的结果。随着矩形件数目继续增加(如算例 C5、C6 和 C7)，本节算法求得的板材理论最低高度均差于算法 BSHA 所求得的结果，但整体优于其他算法的结果。这主要是因为随着参与排样的矩形件增加，问题的复杂度逐渐增加，本节中的算法由于有遗传算法中的交叉算子和变异算子，所以能够在解空间内搜索到较好的解。从表 3.1 亦可看出，BSHA 算法虽然也能够获得较好的结果，但是计算时间成本非常大[11]。综上所述，本节提出的 MHS 算法和匹配度策略能够有效地求解矩形带排样问题。图 3.7 描述的是本节算法求得的 C1~C7 算例的最低板材高度和最低板材高度与理论最低高度之差。

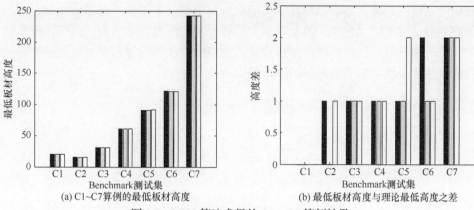

(a) C1~C7算例的最低板材高度　　　　(b) 最低板材高度与理论最低高度之差

图 3.7　MHS 算法求得的 C1~C7 算例结果

柱形图从左到右分别为 P1、P2、P3

另外，为了能够展示各种算法之间的性能差异，按照式(3.13)可求出各种算法求解 C1~C7 内所有矩形件排样问题的平均最低板材高度与平均理论高度的相对百分比，其结果如图 3.8 所示，计算公式如下：

$$\text{RDH} = \left(\frac{H - H_{\text{opti}}}{H}\right) \times 100\% \tag{3.13}$$

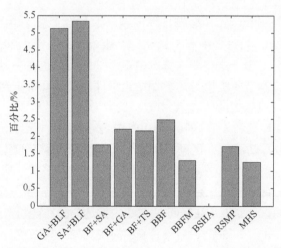

图 3.8　各算法求得的平均最低板材高度与平均理论高度的相对百分比

本节算法将匹配系数 α、β、γ、θ 编码到和声个体中，并让其随着搜索的进行逐步自进化。为了能够说明匹配系数的调整规律，将这 4 个系数的变化过程记录如图 3.9 所示。从图中可以看出，边长匹配系数 β 先递减然后逐步增加，而坐标匹配系数 γ 的变化规律刚好与边长匹配系数 β 相反，这主要是因为在排样前期和中期，当前待排放的矩形件与剩余矩形的匹配主要依靠位置匹配：剩余矩形越低，相应的匹配度越高，当前矩形件尽可能低地向板材下方排放。在排样后期，面积匹配系数 α 逐步增大，这主要是由于在排样过程中形成许多空隙，面积匹配系数的加大有助于将后面待排放的矩形件插入空隙中，从而能够获得更好的排样图。致密度匹配系数 θ 则随着排样的进行稳定在 0.1 左右。

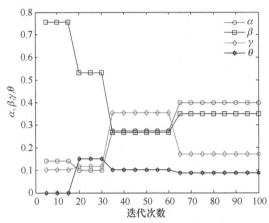

图 3.9　MHS 算法求解矩形带排样问题中匹配系数 α、β、γ、θ 进化过程

2. 矩形装箱排样问题对比测试

针对定宽定长板材的矩形装箱排样问题，本节将文献[12]中的算例作为测试算例。该算例共分 10 类，每类中有 5 组测试算例(矩形件数量 n=20, 40, 60, 80, 100)，且每组有 10 个例子。由于这些测试算例中矩形件的尺寸是在一定区间内按照均匀随机分配生成的，本节不提供具体算例中矩形件的尺寸。类 1 到类 6 的矩形件尺寸按照以下规则随机生成(板材宽度为 H，长度为 L)。

类 1：L=H=10，l_i 和 h_i 在区间[1, 10]内按均匀分布随机分配。

类 2：L=H=30，l_i 和 h_i 在区间[1, 10]内按均匀分布随机分配。

类 3：L=H=40，l_i 和 h_i 在区间[1, 35]内按均匀分布随机分配。

类 4：L=H=100，l_i 和 h_i 在区间[1, 35]内按均匀分布随机分配。

类 5：L=H=100，l_i 和 h_i 在区间[1, 100]内按均匀分布随机分配。

类 6：L=H=300，l_i 和 h_i 在区间[1, 100]内按均匀分布随机分配。

类 7 到类 10 中矩形板材的宽度 H=100，高度 L=100，且其中矩形件的尺寸有以下四种类型。

类型 1：l_i 在区间[1, L/2]内按均匀分布随机分配，h_i 在区间[2H/3, H]内按均匀分布随机分配。

类型 2：l_i 在区间[2L/3, L]内按均匀分布随机分配，h_i 在区间[1, H/2]内按均匀分布随机分配。

类型 3：l_i在区间[$L/2$, L]内按均匀分布随机分配，h_i在区间[$H/2$, H]内按均匀分布随机分配。

类型 4：l_i在区间[1, $L/2$]内按均匀分布随机分配，h_i在区间[1, $H/2$]内按均匀分布随机分配。

基于以上四种生成规则，类 7 到类 10 的矩形件尺寸按照以下规则随机生成。

类 7：类型 1 占 70%，类型 2、3 和 4 各占 10%。

类 8：类型 2 占 70%，类型 1、3 和 4 各占 10%。

类 9：类型 3 占 70%，类型 1、2 和 4 各占 10%。

类 10：类型 4 占 70%，类型 1、2 和 3 各占 10%。

本节将计算结果与 HBP、ATS-BP、IMA 和 RSMP 算法做比较，其中 HBP、ATS-BP、IMA 和 RSMP 算法的结果来自文献[13]。设置 MHS 算法的参数：MaxIterations=1000，HMS=50，HMCR=0.995，PAR=0.9，Pick=0.1。另外，参考文献[8]，设置匹配度计算式中各项参数 α、β、γ、θ 的初始值分别为 0.1410、0.7563、0.1027、0。测试运行环境：Pentium® Dual-Core CPU E5200, 2.5GHz, RAM 2GB, MATLAB 2010。具体的对比结果如表 3.2 所示。

表 3.2　不同算法求解定宽定长矩形排样问题时定宽定长板材的使用数量

类	n	HBP	ATS-BP	IMA	RSMP	MHS
1	20	6.6	6.6	6.6	6.7	6.5
	40	12.9	12.9	12.9	13.1	12.9
	60	19.5	19.5	19.5	19.6	18.7
	80	27	27	27	27.1	26.8
	100	31.3	31.4	31.3	31.4	31.3
	平均	19.46	19.48	19.46	19.58	19.24
2	20	1.0	1.0	1.0	1.0	1.0
	40	1.9	1.9	1.9	2.0	2.0
	60	2.5	2.5	2.5	2.5	2.5
	80	3.1	3.1	3.1	3.1	3.1
	100	3.9	3.9	3.9	3.9	3.9
	平均	2.48	2.48	2.48	2.50	2.5
3	20	4.7	4.7	4.7	4.7	4.7
	40	9.4	9.4	9.4	9.5	9.5
	60	13.5	13.6	13.5	13.6	13.5
	80	18.4	18.6	18.4	18.6	19
	100	22.2	22.3	22.2	22.2	22.2
	平均	13.64	13.72	13.64	13.72	13.78

类	n	HBP	ATS-BP	IMA	RSMP	MHS
4	20	1.0	1.0	1.0	1.0	1.0
	40	1.9	1.9	1.9	1.9	1.9
	60	2.5	2.4	2.5	2.5	2.5
	80	3.2	3.2	3.1	3.2	3.2
	100	3.8	3.8	3.7	3.7	3.7
	平均	2.48	2.46	2.44	2.46	2.46
5	20	5.9	5.9	5.9	5.9	6.0
	40	11.5	11.4	11.4	11.5	11.5
	60	17.5	17.5	17.4	17.5	17.5
	80	24.0	23.9	23.9	24.0	23.8
	100	28.0	28.0	27.9	28.3	28.2
	平均	17.38	17.34	17.30	17.44	17.4
6	20	1.0	1.0	1.0	1.0	1.0
	40	1.7	1.6	1.7	1.8	1.8
	60	2.1	2.1	2.1	2.1	2.1
	80	3.0	3.0	3.0	3.0	3.0
	100	3.4	3.4	3.2	3.4	3.4
	平均	2.24	2.22	2.20	2.26	2.26
7	20	5.2	5.2	5.2	5.4	5.3
	40	10.5	10.4	10.4	10.7	10.6
	60	15.1	14.6	14.7	15.3	15.2
	80	21.8	21.3	21.2	21.9	21.7
	100	25.9	25.5	25.3	26.2	26.0
	平均	15.70	15.40	15.36	15.90	15.76
8	20	5.3	5.3	5.3	5.4	5.4
	40	10.5	10.4	10.4	10.7	11.0
	60	15.4	15.1	15.0	15.5	15.1
	80	21.3	20.8	20.8	21.4	21.2
	100	26.3	26.0	25.7	26.4	26.0
	平均	15.76	15.52	15.44	15.88	15.74
9	20	14.3	14.3	14.3	14.3	13.9
	40	27.5	27.6	27.5	27.5	27.8
	60	43.5	43.5	43.5	43.5	41.7
	80	57.3	57.3	57.3	57.3	55.7
	100	69.3	69.3	69.3	69.3	68.6
	平均	42.38	42.40	42.38	42.38	41.54

续表

类	n	HBP	ATS-BP	IMA	RSMP	MHS
	20	4.1	4.1	4.1	4.2	3.6
	40	7.3	7.3	7.3	7.3	6.9
10	60	10.0	9.9	10.1	10.0	9.8
	80	12.8	12.8	12.8	13.0	12.1
	100	16.0	15.9	15.8	16.1	15.8
	平均	10.04	10.00	10.02	10.12	9.64

　　为了比较各种算法的性能，将各种算法求得同类测试算例的定宽定长板材的使用数量进行对比并绘制如图 3.10 所示。从图中可以很明显地看出，MHS 算法在类 1 至类 5 算例中表现与其他算法基本相同，但随着定宽定长板材尺寸的增加，矩形件的尺寸变化范围较大，MHS 算法的性能逐渐变好，求得的结果优于其他算法，其主要原因是当定宽定长板材尺寸增加时，矩形件尺寸个体差异较大，MHS 算法中的匹配算法能够将一些小尺寸的矩形件很好地匹配到排放大尺寸矩形件时所形成的剩余空间内，从而有效提高板材的利用率。

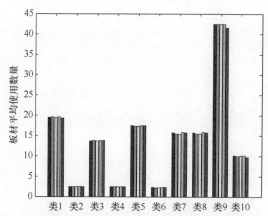

图 3.10　各算法求得同类测试算例的板材平均使用数量
从左到右分别为 HBP、ATS-BP、IMA、RSMP、MHS

　　另外，为了体现不同矩形件数量 n 对 MHS 算法的影响，选择类 9 测试算例结果进行说明。如图 3.11 所示，当随着参与排样的矩形件数量 n 的增加，MHS 算法求得的定宽定长板材的平均使用数量要少于其他算法，从而可知其性能逐渐优于其他四种算法。

　　类似于定宽不定长板材的测试，本节算法将匹配系数 α、β、γ 和 θ 编码到和声个体里面，并让其随着搜索的进行逐步自进化。为了能够说明匹配系数的调整规律，将这 4 个系数的变化过程记录如图 3.12 所示。从图中可以看出，各个系数的变化规律基本类似，边长匹配系数 β 先递减然后逐步增加，而坐标匹配系数 γ 的变化规律刚好与匹配系数 β 相反。面积匹配系数 α 基本上一直呈现增大的趋势，这表明在排样的后期通过面积匹配能够较好地为矩形件选择合适的排样位置。致密度匹配系数 θ 则随着排样的进行逐步增加到 0.15 附近，然后稳定在 0.1 左右。

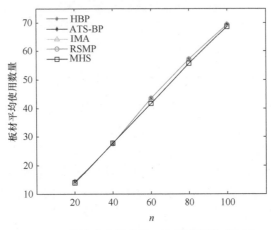

图 3.11　各算法求得的类 9 算例的结果对比图

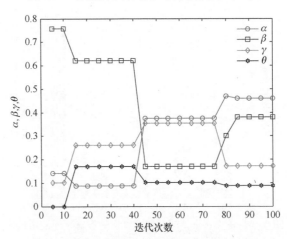

图 3.12　MHS 算法求解矩形装箱排样问题中匹配系数 α、β、γ、θ 进化过程

3.3　带工艺约束的批量矩形排样问题的和声搜索算法

带工艺约束的矩形排样问题及其数学模型已在 2.1 节论述，本节介绍如何利用和声搜索算法求解带工艺约束的批量矩形排样问题。在 3.2 节 MHS 算法的基础上，首先提出对带批量(指每种参与排样的矩形件数量大于 1)的同类型矩形件进行

组合以填充剩余矩形的匹配放置策略，然后针对矩形件带批量的情况对 MHS 算法编码方案进行改进，最后综合上述两者提出带工艺约束的 MHS 算法(即 CMHS 算法)，对带工艺约束的批量矩形排样问题进行求解。

3.3.1　矩形件组合填充放置策略

在矩形排样问题中，存在两个决定性的因素：矩形件的定位策略和排入的顺序。同一矩形排入顺序，较好的放置(或称定位)策略能够为矩形件确定较优的放置位置，从而能够有效地提高材料的利用率。本节针对带工艺约束的批量矩形排样问题，将 3.2 节中针对单个矩形件的相对于剩余矩形的匹配定位策略进行改进，让尽可能多的同类型矩形件填充剩余矩形区域，在保证同类型矩形件排放到一起的同时，减少算法的搜索空间。

1. 矩形件组合规则

对于带工艺约束的批量矩形排样问题，由于同类型的矩形件数目较多，如果仍然采用 3.2 节基于致密度匹配的 MHS 算法来对矩形件进行定位，可能会造成同类型的矩形件排放得比较分散，这样不利于后期的切割和其他工艺操作，所以有必要先将同类型的矩形件进行组合，然后对组合后的矩形进行排样。采用剩余矩形集合表示板材的剩余空间，因此当对同类型的矩形排样时，需要参照当前的剩余矩形进行组合，将尽可能多的矩形件排入当前的剩余矩形内，这样能够保证同类型的矩形件尽量地排放在一起。同类型矩形件填充剩余矩形时，可以先 X 方向填充，也可以先 Y 方向填充。如图 3.13 所示，将当前的 10 个待排矩形板件 1 排放在剩余矩形(较大的矩形区域)内，首先将矩形件 1 沿着 X 方向排放，X 方向排

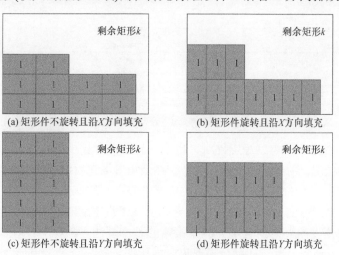

(a) 矩形件不旋转且沿 X 方向填充　　　(b) 矩形件旋转且沿 X 方向填充

(c) 矩形件不旋转且沿 Y 方向填充　　　(d) 矩形件旋转且沿 Y 方向填充

图 3.13　矩形件组合情况示意图

放 4 个，Y 方向可以放 3 排，从而得到图 3.13(a)所示的局部排样图；然后将矩形件 1 旋转 90°沿着 X 方向排放 7 个，Y 方向可以排放 2 排，从而得到图 3.13(b)所示的局部排样图。类似地，当先进行 Y 方向排放时，矩形件 1 旋转和不旋转分别可以得到图 3.13(c)和(d)所示的局部排样图。

2. 基于匹配度的组合填充放置策略

当排放某一类型的矩形件时，不再是对单个矩形件进行考虑，而是对同种类型的矩形件同时进行排样。首先遍历剩余矩形集合内的所有剩余矩形，然后利用矩形件的组合规则最大限度地填充当前考虑的剩余矩形，即当前类别的矩形件的排放位置与其组合后有直接关系。显然，当同种类型的矩形件放入剩余矩形内时，肯定会有形成阶梯状的布局图的情况。针对此种情况，将最后一行或者最右边的一列从当前的布局内去掉，从而调整为一个完整的大的矩形并排入当前考虑的剩余矩形内。如图 3.14 所示，根据矩形件 1 排入剩余矩形形成的四个调整后的子布局排样图的匹配度 $f_{a'}$、$f_{b'}$、$f_{c'}$、$f_{d'}$ 的最大值 $f_{1,k}$ 来选择相应的最佳填充方式，即

$$f_{1,k} = \max(f_{a'}, f_{b'}, f_{c'}, f_{d'}) \tag{3.14}$$

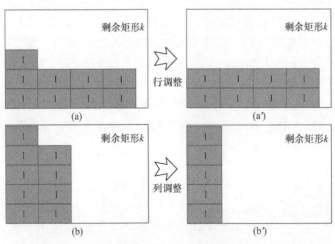

图 3.14　子布局调整示意图

另外，在排入同类型矩形件时，也会出现当前考虑的剩余矩形只能排入一行或者一列的情况。由于这种情况多发生于剩余矩形填充后形成的边角料，如果按照排入一行或者一列的情况，肯定会造成板材中心空洞的情况，这势必会影响板材的致密度，针对这种情况，可采用 3.2 节介绍的基于致密度匹配的 MHS 算法来排除。

基于致密度匹配的组合填充放置策略的基本算法步骤如下：

(1) 选择剩余矩形。从剩余矩形集合内依次选择一个剩余矩形。

(2) 组合并调整当前类型矩形件。首先将当前类型的矩形件按照 X 方向优先组合填充该剩余矩形内，若在该剩余矩形内形成阶梯状子布局，则将子布局最上方的一行矩形件去除并计算基于致密度的匹配度 f_1。然后判断该类型矩形件是否能够旋转，若能够旋转则对其进行旋转，并按 X 方向组合填充；若此时仍然会产生阶梯状子布局，则将子布局上的最上方一行去除并计算基于致密度的匹配度 f_2。最后按照 Y 方向优先组合填充该剩余矩形，并计算 f_3 和 f_4。

(3) 计算该类型矩形件相对于当前剩余矩形的匹配度。依据步骤(2)的 4 个匹配度，选择最大的匹配度作为该类型矩形件相对于当前剩余矩形的匹配度。

(4) 判断停止条件。若当前剩余矩形为剩余矩形集合内的最后一个元素，则执行步骤(5)；否则返回到步骤(2)，并计算该类型矩形件相对于其他剩余矩形的匹配度。

(5) 选择排放位置。选择当前类型矩形件相对于剩余矩形集合内元素的最大匹配度对应的位置作为该类型矩形件的排放位置。

3.3.2　基于种类编码的批量矩形排样算法

针对带工艺约束的批量矩形排样问题，在 3.2 节的基础上，本节仍然采用带交叉/变异算子的和声搜索算法进行求解。但在对和声进行编码时，不再对单个矩形件进行编码，而是按照矩形件的类型进行和声编码。这样当参与排样的矩形件数目较大且相同类型的矩形件数目不止一件时，有助于减少大规模矩形排样问题解空间的复杂度，从而能够加快算法的收敛并提高算法的运算速度。

根据带工艺约束的矩形排样问题的特点，假设目前需要待排放的矩形件共有 n 类，其各种类型的矩形件数量分别为 $n_{P1}, n_{P2}, \cdots, n_{Pn}(n_{Pn} \geqslant 1, i \in I_n)$，首先根据矩形件的种类进行编码得到一个矩形件的排入顺序 I'_n，然后依照排入顺序和基于匹配度的组合填充放置策略对这 n 类矩形件进行排样。上述具体算法步骤如下：

(1) 选择待排放的矩形类型。按照依据矩形种类编码的排入顺序，依次选择一类矩形件作为当前待排放的矩形。

(2) 从剩余矩形集合选择一个剩余矩形。

(3) 组合并调整当前类型矩形件。首先将当前待排放的类型的矩形件按照 X 方向优先组合填充到该剩余矩形内，若在该剩余矩形内形成阶梯状子布局，则将子布局最上方的一行矩形件去除并计算基于致密度的匹配度 f_1。然后判断该类型矩形件是否能够旋转，若能够旋转则对其进行旋转，并按 X 方向组合填充；若此时仍然会产生阶梯状子布局，则将子布局上的最上方一行去除并计算基于致密度的匹配度 f_2。最后按照 Y 方向优先组合填充该剩余矩形，并计算 f_3 和 f_4。

(4) 计算该类型矩形件相对于当前剩余矩形的匹配度。依据步骤(3)的 4 个匹配度，选择最大的匹配度作为该类型矩形件相对于当前剩余矩形的匹配度。

(5) 判断剩余矩形是否遍历完。若当前剩余矩形为剩余矩形集合内的最后一个元素，则执行步骤(6)；否则返回到步骤(2)，并计算该类型矩形件相对于其他剩余矩形的匹配度。

(6) 选择排放位置并更新剩余矩形集合。选择当前类型矩形件相对于剩余矩形集合内元素的最大匹配度对应位置作为该类型矩形件的排放位置，按照剩余矩形的更新方式，更新剩余矩形集合。若最大匹配度为零，则表示当前剩余矩形集合任何一个剩余矩形都不能排放下该矩形件。此时需重新开辟一块板材，并将该板材加入剩余矩形集合内。

(7) 更新待排矩形件的数量并判断结束条件。更新当前类型待排放矩形件的数量，判断是否所有类型的矩形件的待排样数目都为零，若是则所有的矩形排样结束，否则跳至步骤(2)。

上述流程针对的是一个确定的按矩形件类型编码的排入顺序，继续利用本节带交叉/变异算子的和声搜索算法对其进行顺序搜索，并同时考虑排样时的工艺约束条件，即构成了 CMHS 算法，其基本流程如图 3.15 所示。

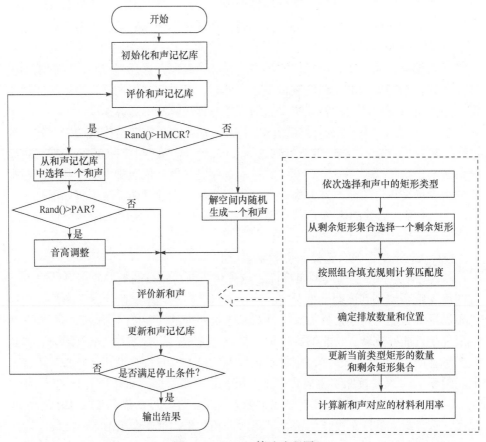

图 3.15 CMHS 算法流程图

根据图 3.15，该算法的主要思想是先通过对矩形件种类的编码将大规模矩形排样问题转化为小规模排样问题，然后利用带交叉/变异算子的和声搜索算法优化矩形件类型的排入顺序，通过不断对矩形件类型排入顺序进行搜索来提高排样材料的利用率，另外还利用 3.3.1 节介绍的组合填充放置策略评价新的和声。

3.3.3 算例验证与分析

为了验证 CMHS 算法中基于种类编码方法、组合填充策略以及处理一刀切和最大剪切长度工艺等约束的有效性，将该算法和 3.2 节的 MHS 算法进行比较。其中，板材的宽 W=2000，长 H=6000；最大剪切长度 L_{blade}=3000。设置 MHS 算法的参数 MaxIterations=1000，HMS=50，HMCR= 0.995，PAR=0.9，Pick=0.1。另外，参考文献[8]中对匹配系数的设置，本节设置匹配度计算式中各项参数 α、β、γ、θ 的初始值分别为 0.1410、0.7563、0.1027、0。测试运行环境：Pentium® Dual-Core CPU E5200，2.5GHz，RAM 2GB；Windows XP 操作系统，MATLAB 2010。下面以某工程排样实例作为算例进行对比测试，其中矩形件的信息如表 3.3 所示。

表 3.3 某工程排样实例中的矩形件尺寸信息表

类型	宽度/mm	高度/mm	数量	是否可以旋转①
1	720	1030	20	0
2	720	1000	20	1
3	520	780	20	1
4	520	800	20	0
5	460	720	20	1
6	460	750	20	0
7	80	720	20	0
8	80	750	20	1
9	400	680	20	0
10	400	750	20	0
11	460	1030	20	0
12	460	1050	20	1
13	460	1080	20	0
14	460	1100	20	1
15	340	640	20	0
16	340	650	20	0
17	340	660	20	1
18	340	670	20	0
19	300	450	20	0
20	300	460	20	1

续表

类型	宽度/mm	高度/mm	数量	是否可以旋转[①]
21	300	470	20	1
22	300	480	20	1
23	100	450	20	0
24	100	460	20	1
25	100	470	20	0
26	100	480	20	0
27	100	490	20	1
28	100	500	20	1
29	100	510	20	1
30	100	520	20	1
31	110	340	20	1
32	110	350	20	1
33	110	360	20	0
34	110	370	20	0
35	100	320	20	1
36	100	330	20	1
37	100	340	20	1
38	100	350	20	0

① "1"表示可以旋转,"0"表示不可旋转。

CMHS 算法与 MHS 算法的结果对比如表 3.4 所示, MHS 算法和 CMHS 算法的排样结果分别参见附录 1 和附录 2。

表 3.4　MHS 算法与 CMHS 算法测试对比

算法名称	板材利用率/%	板材数量	工艺约束			计算时间/min
			一刀切	纤维约束	最大剪切长度	
MHS	93.76	14	×	×	×	10.5
CMHS	97.86	14	√	√	√	2

MHS 算法与 CMHS 算法的迭代曲线对比如图 3.16 所示。CMHS 算法基于种类编码的方法收敛更加快速而且收敛的结果更好, 即板材的平均利用率更高。这主要是因为采用基于种类编码的方案, 相对于基于矩形件具体数目进行编码的方案, 和声个体的长度从 760 缩减到 38, 矩形件排入顺序的搜索空间得到有效降低, 算法搜索更加快速、有效。由于 MHS 算法没有对矩形件排放过程的工艺进行约

束，利用该方法在排样时，并不能满足一刀切、纤维约束和最大剪切长度的约束。针对这些工艺约束，CMHS 算法在排放过程中对其进行了约束，因此能够满足各种工艺约束。从时间上来看，相对于 MHS 算法，由于 CMHS 算法利用基于矩形件种类进行编码，矩形件排入的顺序的搜索空间会减小很多，所以 CMHS 算法的计算时间缩减了 81%。

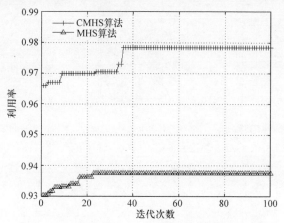

图 3.16　MHS 算法与 CMHS 算法迭代曲线对比图

图 3.17 是两种算法求得的第 7、8、9 块板材的排样图。从图中可以看出，基于组合填充放置策略的 CMHS 算法能够很好地保证同类型的矩形件尽量排放到一起。

类似于 MHS 算法，CMHS 算法仍然将匹配度中的匹配项参数编码到和声个体中。图 3.18 为在某次排样过程中四个匹配系数的变化过程。从图中可以看出，

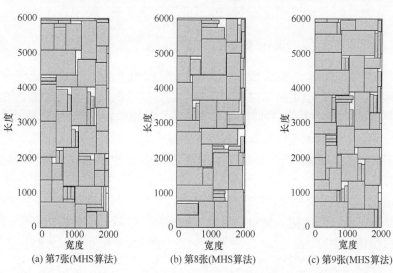

(a) 第7张(MHS算法)　　　(b) 第8张(MHS算法)　　　(c) 第9张(MHS算法)

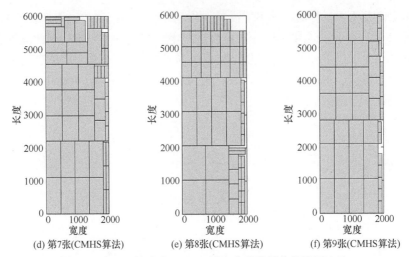

(d) 第7张(CMHS算法)　　(e) 第8张(CMHS算法)　　(f) 第9张(CMHS算法)

图 3.17　MHS 算法和 CMHS 算法求得的部分排样图比较

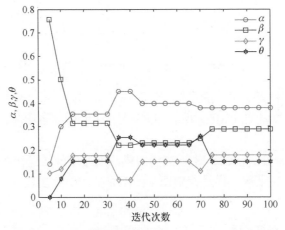

图 3.18　CMHS 算法中匹配系数 α、β、γ、θ 进化过程

随着排样的继续，面积匹配系数 α 逐步增加并趋向于稳定，这主要是因为在组合填充策略中，各种类型的矩形件相对于剩余矩形的匹配度的计算规则是按照面积的大小进行确定的，所以面积匹配系数逐渐增大并稳定在一定水平上。排样前期，边长匹配系数 β 则与面积匹配系数 α 变化相反，边长匹配系数逐渐减小并在后期趋于稳定。边长匹配系数 β 的作用与面积匹配系数 α 的作用基本类似，但是边长匹配系数的初始值足够大，导致其呈现出减小的趋势。位置匹配系数 γ 基本上都是呈现出在小幅度增加后逐渐稳定的趋势。这主要是因为在组合填充策略中，矩形件的匹配是基于种类的，板材的底部一般都是排放同一类型的矩形件，并且基本上形成空隙的概率小，所以位置优先匹配逐渐显现不出优势。致密度匹配系数

θ 与位置匹配系数 γ 变化规律类似，但相对于 MHS 算法，CMHS 算法的致密度匹配系数稳定在 0.2 左右，这主要是因为 CMHS 算法的组合填充策略容易在板材的右侧堆积矩形件，所以该系数稳定水平较 MHS 算法高。

3.4　本章小结

本章首先简要介绍了和声搜索算法的基本原理，然后针对一般矩形排样问题提出了一种改进的和声搜索算法与剩余矩形匹配度相结合的混合求解方法：将遗传算法中的交叉/变异算子融合到和声搜索算法中，并利用其优化矩形件排入顺序；定位策略方面，提出一种带致密度匹配项的剩余矩形匹配度计算及其相应的矩形定位方法，并通过定宽不定长和定宽定长板材的两类经典算例的测试结果验证了 MHS 算法的有效性。针对带工艺约束的批量矩形排样问题提出了 CMHS 求解算法：为了满足工艺约束，采用了一种组合填充放置策略，并设计了同类型矩形件的组合规则，将同类型矩形件尽量排放到一起；定序优化方面，为了防止矩形件排入顺序的搜索空间膨胀，采用了"按照矩形件的种类编码"方法对和声进行编码，最后通过实例验证了该 CMHS 算法的实用性和有效性。

参 考 文 献

[1] Geem Z W, Kim J H, Loganathan G V. A new heuristic optimization algorithm: Harmony search[J]. Simulation, 2001, 76(2): 60-68.

[2] Geem Z W, Kim J H, Loganathan G V. Harmony search optimization: Application to pipe network design[J]. International Journal of Modelling and Simulation, 2002, 22(2): 125-133.

[3] Vasebi A, Fesanghary M, Bathaee S M T. Combined heat and power economic dispatch by harmony search algorithm[J]. International Journal of Electrical Power & Energy Systems, 2007, 29(10): 713-719.

[4] Geem Z W. Optimal scheduling of multiple dam system using harmony search algorithm[C]. International Work-Conference on Artificial Neural Networks, San Sebastián, 2007: 316-323.

[5] 薛彬. 基于和声搜索算法对带有临时库存的越库车辆排序问题研究[D]. 长春: 吉林大学, 2016.

[6] 曾凤华. 剩余矩形匹配算法在矩形件排样中的应用[J]. 机电工程技术, 2006, 35(3): 64-65,104.

[7] 杨威. 板材排样优化的计算智能方法研究[D]. 成都: 四川大学, 2002.

[8] 庞剑飞, 宋丽娟. 矩形排样问题的优化设计模型[J]. 现代制造工程, 2014, (2): 88-90.

[9] 何嘉. 基于遗传算法优化的中文分词研究[D]. 成都: 电子科技大学, 2012.

[10] Hopper E, Turton B C H. An empirical investigation of meta-heuristic and heuristic algorithms for a 2D packing problem[J]. European Journal of Operational Research, 2001, 128(1): 34-57.

[11] Wang Y C, Chen L J. Two-dimensional residual-space-maximized packing[J]. Expert Systems

with Applications, 2015, 42(7): 3297-3305.

[12] Martello S, Vigo D. Exact solution of the two-dimensional finite bin packing problem[J]. Management Science, 1998, 44(3): 388-399.

[13] Cui Y P, Cui Y D, Tang T B. Sequential heuristic for the two-dimensional bin-packing problem[J]. European Journal of Operational Research, 2015, 240(1): 43-53.

第4章　矩形排样问题的灰狼优化算法

灰狼优化(grey wolf optimization，GWO)算法也称为狼群算法，是基于狼群群体智能，模拟狼群捕食行为及其猎物分配方式，抽象出游走、召唤、围攻三种智能行为以及"胜者为王"的头狼产生规则和"强者生存"的狼群更新机制而提出的一种新的群体智能算法。GWO 算法是一种随机概率搜索算法，能够以较大的概率快速找到最优解；具有并行性，可以在同一时间从多个点出发进行搜索，点与点之间互不影响，从而提高算法的效率。由于 GWO 算法具有搜索效率高、求解质量好等优点，本章用其来求解矩形排样问题。

4.1　灰狼优化算法简介

4.1.1　狼群捕猎模型

经过漫长的演化和繁衍，狼以群体的方式于自然界中生存，经过相关学者[1, 2]的研究发现，狼群"社会"中存在一定的等级制度，并且展现出让人赞叹的群体智能行为。

狼群的规模一般为 5～12 匹狼，具有比较严格的四层等级制度，如图 4.1 所示。处于狼群顶端 α 层的是两匹狼——雌雄各一匹，负责对狼群的捕猎活动、休息地点与活动时间等做出决策，它们可能并不是狼群中最强健的狼，但却是经验丰富和善于管理狼群的狼。在狼群等级制度中第二层的是 β，它是 α 的下属，辅助 α 做出各种决策和参与其他狼群活动、传达命

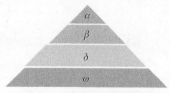

图 4.1　狼群的等级制度

令以及反馈狼群的情况，而且是 α 的接班人。在狼群底层的狼是 ω，它们是命令的执行者，而且在捕食到猎物后参与分食，在某些情况下也承担照顾幼狼的责任。第三层是 δ，它们服从 α 和 β 的指挥，可以指挥 ω，主要负责狼群的游走守卫领地、放哨、捕猎和照顾狼群中的"老弱病残"等。

除了狼群内部的等级制度，狼群的集体捕猎这一"社会"行为也是值得研究的对象，根据学者[2]的研究发现，狼群的捕猎行为主要有以下几个阶段：

(1) 追踪、追赶和靠近猎物；

(2) 追逐、包围和骚扰猎物直到它停止移动；

(3) 攻击猎物。

学者从狼群的等级制度和捕食猎物等活动中获得了启示，抽象出一种群体智能算法，即灰狼优化算法[3, 4]。

灰狼优化算法的核心思想是对狼群的等级制度与捕猎活动进行抽象，从而建立起求解复杂优化问题的智能优化算法框架模型。首先，将优化问题的一个解视为一匹灰狼，若干数量的解集视为狼群，将解集结果最优的前三个解视为 α、β、δ，剩余的解为 ω，在自然界中狼群捕猎时嗅到的猎物气味则抽象为优化问题的目标。其次，根据狼群团结协作的捕猎行为(图 4.2)，抽象出游走、包围和围猎三种智能行为。

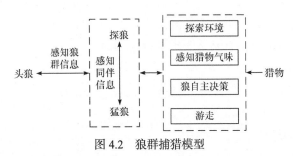

图 4.2　狼群捕猎模型

4.1.2　灰狼优化算法原理

GWO 算法[3]用相应的数学公式模拟狼群社会等级制度和捕猎活动行为，并用于求解连续函数优化问题。

1. 社会等级制度数学模拟

假设狼群规模为 M，优化问题决策变量的数量为 n，即空间搜索维度为 n 维，$X_i = (x_{i1}, x_{i2}, \cdots, x_{in})$ 表示第 i 只灰狼在 n 维空间的位置，对问题的解集根据问题结果的优劣进行分类，狼群当前最优解为 α 位置，β、δ 位置分别为次优解和第三优解，剩余的则为 ω 位置。

2. 捕猎活动的数学模拟

1) 包围

狼群在 α 等带领下发现猎物，然后不断靠近猎物，整个捕猎活动从包围猎物开始。GWO 算法通过下式模拟狼群对猎物的包围行为：

$$D = \left| CX_p(t) - X(t) \right| \tag{4.1}$$

$$X(t+1) = X_p(t) - AD \tag{4.2}$$

式中，t 为当前迭代次数；A 和 C 为系数向量；X_p 为猎物的位置；X 为灰狼的位置。

系数向量 A 和 C 的值可以通过以下公式求得：

$$A = 2ar_1 - a \qquad (4.3)$$

$$C = 2r_2 \qquad (4.4)$$

式中，a 为收敛因子，其值在整个 GWO 算法的迭代过程中线性地从 2 减小至 0；r_1 和 r_2 为取值在[0,1]的随机向量。

2) 围猎

灰狼具有识别猎物和位置并对猎物进行包围的能力，但是对猎物进行围猎通常是在 α 的领导下进行的，β、δ 偶尔也会参与到围猎中。在优化问题的抽象搜索空间中，并不知道最优解的位置，为了用数学模型模拟灰狼的围猎行为，假定 α、β 和 δ(最优解、次优解和第三优解)更了解潜在猎物的位置信息。因此，在 GWO 算法中保存这三匹狼的位置，同时令剩余的灰狼根据三匹狼的位置，应用以下公式进行更新：

$$D_\alpha = \left| C_1 X_\alpha - X \right|, \quad D_\beta = \left| C_2 X_\beta - X \right|, \quad D_\delta = \left| C_3 X_\delta - X \right| \qquad (4.5)$$

$$X_1 = X_\alpha - A_1 D_\alpha, \quad X_2 = X_\beta - A_2 D_\beta, \quad X_3 = X_\delta - A_3 D_\delta \qquad (4.6)$$

$$X(t+1) = \frac{X_1 + X_2 + X_3}{3} \qquad (4.7)$$

更新过程也就是向"猎物"靠近进行围猎的过程。此时，系数向量 $|A|$ 应该小于或等于 1。

3) 游走搜索

灰狼的位置是根据 α、β 和 δ 的位置信息，通过式(4.7)进行更新，灰狼群体会分散开去探索猎物可能在的位置，也会聚到一起攻击猎物。当 $|A| \leqslant 1$ 时，灰狼群对"猎物"进行围猎；当 $|A| > 1$ 时，灰狼会基于 α、β 和 δ 的位置信息，分散开游走探索猎物潜在的位置，这种机制使 GWO 算法能够在全局进行搜索。

因此，通过控制收敛因子 a 在整个 GWO 算法的迭代过程中线性地从 2 减小至 0，实现对系数向量 $|A|$ 值的控制，从而使得算法在游走搜索猎物、包围猎物和围捕猎物"智能行为"中切换。GWO 算法的流程如图 4.3 所示。

GWO 算法在被提出之后，引起了学者的广泛研究，并将其应用到各种复杂优化问题的求解中。吴虎胜等[4-6]将其应用于求解高维多峰的复杂函数问题、0-1 背包和旅行商问题。Emary 等[7]提出了二进制 GWO 算法，将其应用于机器学习的特征选取中，提高分类的准确性和降低选取特征的数量；Radmanesh 等[8]使用贝叶斯框架，提出了用 GWO 算法求解不确定环境下的无人机轨迹优化问题；Komaki 等[9]对两阶段装配流水车间的调度问题进行研究，并用 GWO 算法进行求解。在配电系统中，分布式发电存在的优化问题是优化发电站的位置与发电功率大小，使得无功功率最小和改善电压，Sultana 等[10]用 GWO 算法求解，取得良好的结果；齐璐[11]利用 GWO 算法优化了小波神经网络重要参数；周向华等[12]将GWO 算法应用到水电站负荷优化分配中；惠晓滨等[13]引入相位因子结合混沌优化思想改进 GWO 算法，用于求解复杂函数和路径规划问题。众多文献的实验结果表明，GWO 算法能够有效求解连续函数优化和离散组合优化问题。

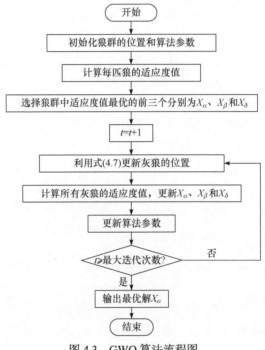

图 4.3　GWO 算法流程图

4.2　基于灰狼优化算法的矩形带排样优化算法

应用灰狼优化算法求解矩形带排样这类离散组合优化问题，在保证算法的整体框架下，核心问题是怎样结合实际应用问题将灰狼优化算法离散化，难点与关键点在于编码方式、解码算法(定位算法)的设计、狼与狼之间距离的定义、灰狼游走搜索行为离散化设计、灰狼包围与围猎智能行为离散化设计，以及保证在智能行为过程中编码的有效性。本节针对矩形带排样问题，提出基于十进制编码的灰狼优化(decimal grey wolf optimization, DGWO)算法。该算法采用十进制编码方式，即对每个矩形件赋予一个从 1 开始的十进制整数唯一标识码。解码就是运用算法将一串有序、代表矩形件的十进制整数序列转化为排样图。整个求解过程中，会对序列进行各种运算，保证编码的有效性就是使得十进制整数序列不存在两个相等的数且不遗漏任何一个整数。在十进制编码下，采用最低水平线定位算法对给定矩形件序列进行解码，确定矩形件在排样图的位置和计算材料利用率 U。灰狼优化算法则根据狼群的"智能行为"对序列进行运算，搜索一组最优的矩形件序列，判断标准是调用最低水平线定位算法所计算得到的材料利用率。

4.2.1 基于复合评价因子的最低水平线定位算法

应用 GWO 算法求解矩形带排样问题的难点与关键点之一在于解码算法的设计，也就是排样求解算法中的定位算法。最低水平线定位算法具有简单易行且排样效果好的特点，因此本节对该算法进行深入研究，并进行一定的改进，提出基于复合评价因子的最低水平线定位算法。该算法能够良好地满足矩形带排样问题中的两个基本约束条件：不超出板材边界和任意两个矩形都不重叠。

1. 最低水平线定位算法原理

假定已将一些矩形排入一张板材中，如图 4.4(a)所示，在排样图顶部的轮廓中有一条条的水平线，当前排样图的形状可以用从左至右的一组水平线(S_1, S_2, S_3, S_4, S_5)来表示。水平线 S 主要包含两个信息，一是水平线 S 左端点在整个坐标系的坐标(x, y)，二是水平线 S 沿 x 轴的长度 l。显然，对两相邻的水平线来说，两者的 y 坐标并不相等，但是左边水平线的 x 轴坐标加上该水平线的宽度等于右边水平线的左端点 x 轴坐标。

当最低水平线定位算法根据传入的矩形序列排入矩形处于如图 4.4(a)所示的状态时，定位算法的下一步是先从当前的水平线序列中搜索高度最低(若存在多个，则取 x 坐标最小的一条)的水平线，图 4.4(a)中为水平线 S_2，然后将待排矩形宽度 w 与选定的最低水平线的长度 l 进行比较，存在两种情况，当 $l<w$ 时，显然待排矩形放入 S_2 位置时会和已排入的矩形重叠，此时不能排该形，则将水平线提升至与其相邻且高度最低的水平线平齐，如图 4.4(b)所示，图中的阴影部分表示未被使用的板材；当 $l \geqslant w$，即待排矩形的宽度不大于水平线的长度时，水平线 S_2 对应的区域可以容纳该矩形而不会导致矩形重叠，此时，对水平的操作存在三种情况：若被排入的矩形上端的水平线与选定的最低水平线相邻线段平齐(左边或右边)，如图 4.4(c)所示，则对水平线序列进行操作时，先缩短选定的水平线再延长其相邻线段；如果只有矩形的宽度等于水平线的长度，那么水平线序列的个数也不会发生变化，只是升高选定的最低水平线的高度，即改变 y 坐标，如图 4.4(d)所示；若为如图 4.4(e)所示的情况，则需要建立一个新的水平线，插入现有的水平线序列中。

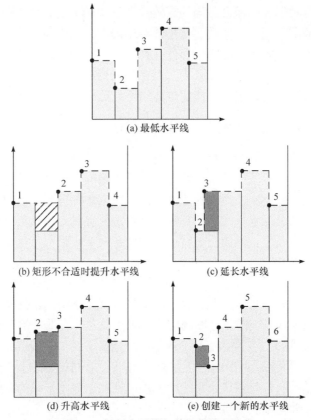

图 4.4　最低水平线与其操作情况分类

　　综上，当矩形能或不能放入选定的最低水平线时，都会对水平线进行操作，最低水平线定位算法的下一步是回到选择最低水平线操作，如此循环直到所有的矩形排完，基本步骤见算法 4.1。

算法 4.1　最低水平线定位算法

步骤 1　设初始水平线序列为板材的底边。

步骤 2　在水平线序列中选取最低的一段水平线，若有数段，则选取最左边的一段，测试该段线的宽度是否大于或者等于要排矩形的宽度。

步骤 3　若该段线的宽度大于要排零件的宽度，则将该零件在此位置排放；否则，将最低水平线提升至与之相邻且高度较低的一段平齐。

步骤 4　对水平线操作，更新水平线序列。

步骤 5　重复步骤 2，直至所有零件排放完毕。

---

2. 基于复合评价因子的最低水平线定位算法

龚志辉[14]在研究最低水平线定位算法后提出了基于最低水平线的搜索算法，主要的改进点在于当最低水平线宽度小于待排入矩形 a 的宽度时，算法不是直接提升水平线，而是首先向后搜索第一个小于最低水平线宽度的矩形 b，将搜索到的矩形 b 与待排入矩形 a 交换位置，然后排入矩形 b，如果未找到合适的矩形，那么才会进行提升水平线的操作。

赵新芳等[15]在研究基于最低水平线的搜索算法后提出了一种基于最低水平线的择优插入算法。当最低水平线宽度小于待排入矩形 a 的宽度时，算法向后搜索所有未排的矩形，寻找能排入该水平线且宽度最大的矩形 b[15]，步骤如下：

(1) 设置初始最高轮廓线为板材的底边[15]。

(2) 每次排入零件 P_i 时，选取最低的一段水平线 L，从零件 P_i 开始，向后搜索所有未排的零件，寻找宽度最大的零件 P_j，将 P_j 插到 P_i 之前，将 P_j 排入该水平线中，若不存在能够排入该水平线 L 的零件，则提升水平线至与其相邻且相距最短的水平线平齐[15]，更新最高轮廓线。

(3) 重复步骤(2)，直至排放所有零件。

龚志辉和赵新芳等都对传统的最低水平线定位算法进行了改进，同时还提出在排样的过程中，先排放面积较大的矩形再排小矩形的原则，但是在选取最低水平线后，都是通过判断矩形件的宽度和水平线长度的合适程度选择矩形。该启发式规则导致在排样前期，会选择宽度较大但面积不一定大的矩形件，经过动态调整，可能会将面积较大的矩形置于排样后期，从而使排样的高度骤增。除了矩形零件的宽度会影响排样效果，矩形的高度也是影响排样效果的一个重要因素。本节提出的基于复合评价因子的最低水平线定位算法在此基础上通过一个评价因子即式(4.8)，综合考虑矩形的高度和宽度因素，来选择合适的矩形排入最低水平线。

$$W_i = \frac{y_i}{\text{maxLength}} + \frac{1}{L - x_i + 1/2} \tag{4.8}$$

具体的排样过程见算法 4.2。

算法 4.2　基于复合评价因子的最低水平线定位算法
步骤 1　设初始水平线序列为板材的底边。
步骤 2　在水平线序列中选取最低的一段水平线，若有数段，则选取最左边的一段，从待排入零件 a 开始，对所有未排零件且宽度小于或等于水平线长度的矩形件，根据式(4.8)计算该矩形件的 W_a 值。
步骤 3　从中选择 W_a 值最大的矩形件排入，将该零件在此位置排放。若所有未排矩形件宽度大于水平线长度，则将最低水平线提升至与之相邻且高度较低的一段平齐。

| 步骤 4 | 对水平线进行操作，更新水平线序列。 |
| 步骤 5 | 重复步骤 2，直至所有零件排放完毕。 |

图 4.5 是该算法的排样过程示意图，矩形序列初始为(1,2,3,4,5,6,7)，算法在排入过程中会动态调整矩形件的顺序，提高整体的搜索能力。如图 4.5(a)所示，当前要排放的零件是 4 时，最低水平线是板材右侧底边，满足 $L \geqslant P_i$ 条件。向后搜索计算 W 值，发现没有比其更合适的，所以排入矩形 4。此时的最低水平线是矩形 4 的顶边，继续向后搜索计算 W 值，发现矩形 7 最合适，于是矩形 7 排入，形成排样图如图 4.5(b)所示，最终排样图如图 4.5(c)所示。

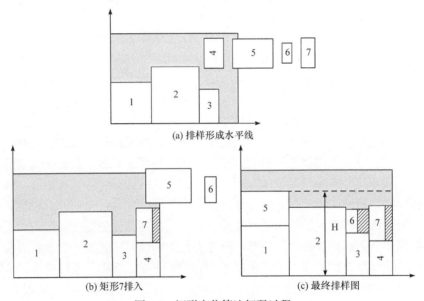

(a) 排样形成水平线

(b) 矩形7排入　　　　　　　　　(c) 最终排样图

图 4.5　矩形定位算法解码过程

4.2.2　十进制灰狼定序算法

1. "智能行为" 离散化设计

将狼群的活动领地抽象为 $M \times N$ 的欧氏空间，用十进制编码$(x_{i1}, x_{i2}, \cdots, x_{iN})(i = 1, 2, \cdots, M; |x_{ip}| \neq |x_{iq}|, p \neq q,$ 且$|x_{ip}|, |x_{iq}|, p, q = 1, 2, \cdots, N)$表示灰狼 i 的位置 X_i，M 为灰狼的总数，N 为编码长度即矩形件的个数，x_{ij} 为位置 X_i 的第 $j(j = 1, 2, \cdots, N)$ 个编码位的值。如果矩形件十进制唯一编号均为正值，表示矩形件不旋转。灰狼"嗅到"的猎物气味浓度抽象为目标函数值 $Y = f(X)$，即调用定位算法计算得到的板材利用率。

狼群进行初始化后，灰狼游走搜索猎物，游走行为抽象为对狼的位置 X_i 进行变换，本节提出移位和旋转两种方式。移位就是将灰狼 i 的位置 $X_i = (x_{i1}, x_{i2}, x_{i3}, \cdots, x_{in})$ 中第 j 个编码位 x_{ij} 向左或者向右移动数目一定的编码位，例如，x_{i1} 向右移动 2 个编码位，则灰狼 i 的位置 X_i 变为 $X_i^* = (x_{i2}, x_{i3}, x_{i1}, \cdots, x_{in})$；对 x_{ij} 进行旋转，就是改变该编码位值的正负，即表示矩形件旋转。

狼群包围和围猎是向"猎物"所在位置靠近的过程。在连续组合优化问题中，两匹灰狼的距离根据数值的大小来衡量，但是在十进制编码的离散组合优化问题中，这种方式并不适用，所以本节提出以定义 4.1 的方式来衡量。向猎物靠近就是对灰狼的位置 X_i 进行某种变换，本节提出的定义 4.2 及游走运动算子、奔袭运动算子能够保证编码的有效性。

定义 4.1　两个灰狼之间的距离。两匹人工狼 p 和 q 在相同编码位上数值不相等的个数，如下所示：

$$d = \sum_{j=1}^{N} w, \quad w = \begin{cases} 1, & \left| x_{pj} - x_{qj} \right| \neq 0 \\ 0, & \left| x_{pj} - x_{qj} \right| = 0 \end{cases}, \quad p, q \in \{1, 2, \cdots, M\}, p \neq q \qquad (4.9)$$

d 越小说明两个灰狼之间的距离越近。

定义 4.2　赋值。对 x_{ij} 进行赋值，就是灰狼 i 的位置 $X_i = (x_{i1}, x_{i2}, \cdots, x_{in})$ 中第 j 个编码位 x_{ij} 赋予一个值 a，a 是有符号的 $1 \sim N$ 的整数，同时将 X_i 中绝对值与 $|a|$ 相等的编码位的值赋为 x_{ij}。

(1) 游走运动算子。灰狼 i 的位置是 $X_i = (x_{i1}, x_{i2}, \cdots, x_{in})$；$Q$ 为需要进行移位和旋转的编码位，$Q = \{1, 2, \cdots, N\}$，可以理解为灰狼的活动范围。s 为需要进行移位和旋转的编码位数目，这是将灰狼的行走步长进行抽象。那么，游走运动算子 $T(X_i, Q, s)$ 表示在 Q 中随机选择 s 个连续的编码位进行移位操作。

(2) 奔袭运动算子。灰狼 i 的位置是 $X_i = (x_{i1}, x_{i2}, \cdots, x_{in})$，$L_1$ 为需要进行赋值的编码位，L_2 为对应编码位所需要赋的值，s 为进行赋值的编码位数目。那么，奔袭运动算子 $R(X_i, L_1, L_2, s)$ 表示在 L_1 中随机选择 s 个编码位，根据 L_2 所对应的值进行赋值操作。

奔袭运动算子求解过程如图 4.6 所示。假设 $X_i = (2, 1, 3, 4, 6, 5, 8, 7, 10, 9)$，$L_1 = (3, 5, 6, 7)$，$L_2 = (5, 8, 4, 10)$，$s = 2$，选定 L_1 中的第一个和第二个，执行一次奔袭运动算子 $R(X_i, L_1, L_2, s)$，就是先对 X_i 中的第三位进行赋值操作，用 L_2 中的 5 替换 3，此时存在绝对值相等的两个数，如图 4.6(b)所示，然后将序列原来的 5 用 3 替换，如图 4.6(c)所示，序列中的第五位同样如此。

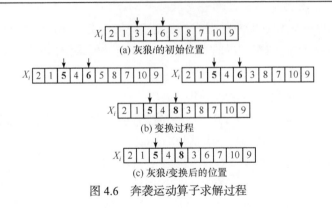

图 4.6　奔袭运动算子求解过程

2. 灰狼智能行为和规则描述

1) 游走

灰狼 i 出动去寻找猎物，用其灵敏的嗅觉去感知猎物的气味，根据气味的浓度做出判断，即计算目标函数值 $Y_i = f(X_i)$。灰狼试探性地向 h 个方向进行侦查，即灰狼 X_i 执行 h 次游走运动算子 $T(X_i, Q, \text{step}_a)$，$Q = \{1, 2, \cdots, N\}$，step_a 是游走步长，$\text{step}_a = \lceil N \cdot w_1 \rceil$，$w_1$ 为游走步长因子，$\lceil \cdot \rceil$ 为向上取整，每执行一次算子就记录其嗅到的猎物气味浓度，若 $Y_i > Y_{\text{lead}}$，则令 $Y_i = Y_a$，灰狼 i 成为 α 狼，Y_a 是 α 狼嗅到的气味浓度，同时灰狼 i 结束游走，α 狼发起召唤。若灰狼 i 在游走次数 h 达到最大值 $h_{\max}$ 时所感受到的气味浓度并没有大于 α 狼，则取其感受到猎物气味浓度最大的一次为此次游走的位置 X_i^*。

2) 包围

α 狼嚎叫召唤附近的灰狼，指挥它们快速向其所在的位置 X_p 靠近，灰狼听到 α 狼的嚎叫，自发地以相对较大的奔袭步长 step_b 快速奔袭包围猎物，即灰狼 X_i 依式(4.10)(即奔袭运动算子)进行位置的变换：

$$X_i^* = R(X_i, L_1, L_2, \text{step}_b) \tag{4.10}$$

L_1、L_2 由以下公式求得：

$$L_1(k) = \begin{cases} j, & k = k+1, j = j+1, X_{pj} \neq X_{qj} \\ \text{null}, & k = k, j = j+1, X_{pj} = X_{qj} \end{cases} \tag{4.11}$$

$$L_2(m) = X_{pL_1(m)}, \quad m = 1, 2, \cdots, k \tag{4.12}$$

式(4.11)中，$j = 1, 2, \cdots, N$；k 的初始值为 1；null 表示空值。L_1 记录的是灰狼位置 X_i 和 α 狼的位置 X_p 中不相同编码位的集合，k 为不相同编码位的数目。L_2 记录与 L_1 对应的 α 狼在该编码位的值，即对灰狼 i 在该编码位需要赋予的值。当 $d_{ip} = k \leqslant d_{\text{near}}$ 时，表明该灰狼已经到了 α 狼附近，则进入对猎物进行围攻的状态，d_{ip} 是灰狼 i 与 α 狼之间的距离，$d_{\text{near}} = \lceil N \cdot w_2 \rceil$ 为包围判定距离，w_2 为包围距离因子。当 $d_{ip} = k > d_{near}$ 时，灰狼按照步长 step$_b$ = k–d_{near} 快速奔袭，灰狼 i 经过快速奔袭后，其感受到猎物气味浓度为 Y_i，若 $Y_i > Y_\alpha$，则 $Y_i = Y_\alpha$，灰狼 i 成为 α 狼，该灰狼结束奔袭，发出召唤。

3) 围猎

狼群发现猎物后，快速奔袭至猎物附近，然后在 α 狼的指挥下，灰狼对猎物进行围猎。对这一行为进行抽象，就是将 α 狼的位置 X_p 作为猎物所在位置，参与围猎的灰狼 i 的位置 X_i 按照式(4.13)(即奔袭运动算子)进行位置变换：

$$X_i^* = R(X_i, L_1, L_2, \text{step}_c) \tag{4.13}$$

式中，L_1 和 L_2 的确定同式(4.11)和式(4.12)；step$_c$ 是灰狼进行围猎行为时的攻击步长。当 $d_{ip} = k \leqslant d_{hunt}$ 时，表明该灰狼已经将猎物捕杀，d_{ip} 是灰狼 i 与 α 狼之间的距离，d_{hunt}=$\lceil N \cdot w_3 \rceil$ 为围猎判定距离，w_3 为围猎距离因子；当 $d_{ip} = k > d_{hunt}$ 时，灰狼按照攻击步长 step$_c$ = k–d_{hunt} 极速奔袭。灰狼 i 经过极速奔袭后，计算其感受到猎物气味浓度 Y_i，比较围攻前后的猎物气味浓度，进行贪婪决策。

包围和围猎行为是狼群信息传递和共享机制作用的结果，体现了狼群中其他个体对群体优秀者的"追随"和"响应"。在算法上，这一行为使得整个解集趋向更优解，通过设置合适的包围和攻击判定因子，使得趋于更优解的同时保持种群的多样性，避免算法早熟。

3. 十进制灰狼优化算法流程

DGWO 算法是在继承 GWO 算法思想和整体框架的基础上，首先采用十进制的编码方式，然后运用提出的游走运动算子对序列进行变换，在空间中搜索良好的解，模拟狼群捕猎活动的游走搜索猎物行为，接着在采用海明距离(Hamming distance，HD)的方式定义狼与狼之间距离的基础上，采用提出的奔袭运动算子对序列进一步的变换，向优秀的解靠近，以此模拟狼群捕猎活动的游走和未来行为，提出的两种算子保证了编码的有效性。本节设计基于复合评价因子的最低水平线解码算法，实现从矩形序列到排样图的转变，计算板材的利用率，从而判断解的优劣程度。DGWO 算法具体过程和流程如算法 4.3 和图 4.7所示。

算法 4.3　DGWO 算法

步骤 1	初始化。设定狼群的规模为 M，设置算法最大迭代次数 k_{max}，最大游走次数 h_{max}，三个步长因子 w_1、w_2 和 w_3，以及狼群更新比例因子 θ。
步骤 2	初始化灰狼群。首先采用随机的方式初始化狼群，即随机产生 M 个矩形序列，然后调用最低水平线定位算法解码形成排样图，计算材料利用率，产生 α 狼。

步骤 3　灰狼游走。根据狼群的社会等级制度,将狼群中当前材料利用率最大的解设为 α 狼,剩余的灰狼根据提出的游走运动算子进行游走搜索"猎物",直到 $Y_i > Y_\alpha$ 或者 $h > h_{max}$。

步骤 4　包围猎物。游走结束后,判断灰狼与 α 狼之间的距离,当小于或等于包围判定距离 d_{near} 时,表明灰狼已经就位,此时灰狼不再奔袭,否则灰狼根据奔袭运动算子对猎物(即 α 狼)进行初步的包围。若奔袭后灰狼 i 嗅到的猎物气味浓度 $Y_i > Y_\alpha$,则 $Y_i = Y_\alpha$,灰狼 i 成为 α 狼,灰狼转变包围方向。

步骤 5　围猎。判断灰狼与 α 狼之间的距离,当小于或等于围猎判定距离 d_{hunt} 时,表明灰狼已完成围猎,否则对猎物发起围攻行为,即根据奔袭运动算子对灰狼进行位置的变换,根据围攻前后 Y 值的大小,进行贪婪决策。

步骤 6　更新 α 狼和狼群。

步骤 7　判断算法是否达到了终止条件,若是则输出求解问题的最优解——α 狼的位置编码 X_α 及其感受到的猎物气味浓度 Y_α,否则转步骤 3。

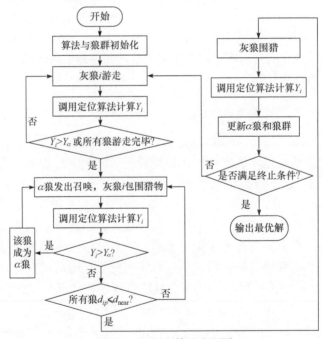

图 4.7　DGWO 算法流程图

4.2.3　算例验证与分析

为了充分测试 DGWO 算法的性能,验证该算法是否能有效求解矩形带排样问题,以及与现有算法相比利用率是否有所提高,本节采用广泛使用的 Benchmark

测试集算例进行测试。排样领域的 Benchmark 测试集算例有两大类：一类是无废料测试算例，即将一张完整的板材按照一定的方式分割成许多的矩形零件，存在材料利用率为 100%的排样方案；另一类则按照一定的规则生成许多矩形零件，不知是否存在材料利用率为 100%的排样方案。采用经典的 C 算例和 N 算例对本章提出的 DGWO 算法进行测试，同时与其他智能优化算法进行比较。C 算例是由 Hopper 等[16]提出的，共有 21 个子算例，分为七组。N 算例是由 Burke 等[17]提出的，共有 13 个子算例。这两个算例是广泛使用的无废料测试算例。

DGWO 算法的具体运行环境：Intel Core i5-3470 CPU，3.2GHz，RAM 3.88GB；Windows 7 操作系统，Visual Studio C++。算法的相关参数如下：狼群规模为 40，最大游走次数 h_{max} 为 20，最大迭代次数 k_{max} 为 40，三个步长因子 w_1、w_2、w_3 分别为 1/10、2/5、1/5，狼群更新比例因子 θ 为 1/5。

对算法的测试结果，一种广泛采用的评价标准是，计算得到的最好解高度 h^* 和最优解高度 h_{opt} 的相对距离 gap = $(h^*-h_{opt})/h_{opt}\times100$。相对距离 gap 值越小，说明最好解 h^* 越接近最优解 h_{opt}，该标准与利用率是等价的。

运用典型群体智能优化算法求解矩形带排样问题，如遗传算法、蚁群优化算法和模拟退火算法等。例如，Burke 等[17]研究用 GA+BLF 算法和 SA+BLF 算法求解矩形带排样问题，Thiruvady 等[18]提出了一种混合蚁群优化(HACO)算法，Yuan 等[19]提出了一种基于剩余矩形的蚁群优化(ACO+BD)算法，Zhang 等[20]提出了一种改进的 GA+IHR 算法，Dereli 等[21]提出了一种混合模拟退火(HSA)算法。表 4.1 是各算法在每个算例中独立运算 10 次，取其结果最优的计算结果。表 4.1 中的 n、w 和 h_{opt} 分别为该组算例的矩形件个数、板材的宽度和已知最优高度。

表 4.1　各智能优化算法对 C 算例的计算结果

算例编号	n	w	h_{opt}	最佳相对距离					平均相对距离	
				GA+BLF[17]	SA+BLF[17]	HACO[18]	HSA[21]	DGWO	GA+IHR[20]	ACO+BD[19]
C11	16	20	20	0.00	0.00	0.00	0.00	0.00		
C12	17	20	20	5.00	5.00	0.00	5.00	0.00	3.33	5.70
C13	16	20	20	0.00	0.00	0.00	0.00	0.00		
C21	25	40	15	6.67	6.67	6.67	6.67	0.00		
C22	25	40	15	6.67	6.67	6.67	0.00	0.00	4.44	6.25
C23	25	40	15	6.67	6.67	6.67	6.67	0.00		
C31	28	60	30	6.67	6.67	3.33	3.33	3.33		
C32	29	60	30	6.67	6.67	3.33	3.33	3.33	2.22	6.25
C33	28	60	30	6.67	6.67	3.33	3.33	3.33		
C41	49	60	60	6.67	6.67	3.33	3.33	1.67	1.67	6.00

续表

算例编号	n	w	h_{opt}	最佳相对距离					平均相对距离	
				GA+BLF[17]	SA+BLF[17]	HACO[18]	HSA[21]	DGWO	GA+IHR[20]	ACO+BD[19]
C42	49	60	60	5.00	6.67	3.33	3.33	1.67	1.67	6.00
C43	49	60	60	3.33	5.00	1.67	3.33	1.67		
C51	73	60	90	5.56	4.44	2.22	2.22	1.11		
C52	73	60	90	5.56	5.56	2.22	2.22	1.11	1.11	6.50
C53	73	60	90	5.56	5.56	2.22	3.33	1.11		
C61	97	80	120	5.83	5.83	2.50	2.50	1.67		
C62	97	80	120	5.83	5.00	1.67	3.33	0.83	0.83	6.50
C63	97	80	120	5.83	5.00	2.50	2.50	0.83		
C71	196	160	240	6.25	6.25	3.75	2.92	0.83		
C72	197	160	240	6.25	5.42	2.08	3.33	1.25	0.83	5.70
C73	196	160	240	6.25	6.25	3.33	2.92	0.83		
平均				5.38	5.37	2.90	3.03	1.17	2.06	6.13

　　表4.1对比了六种应用较为广泛的智能优化算法与DGWO算法在无废料测试C算例的求解结果。在C1和C2算例中，DGWO算法能够求得材料利用率为100%的最优排样布局方案，而GA+BLF和SA+BLF算法在六个算例中只有C11和C13求得最优解，HACO算法只在C1算例中求得最优解，而HSA算法在C11、C13和C22三个子算例中求得最优解。从平均相对距离值来看，GA+IHR和ACO+BD算法在C1和C2算例中表现不是很好，但GA+IHR算法在C4和C5算例中求得的结果与DGWO算法一样，且在C3、C6和C7算例中优于其余算法。

　　从整体上来看，DGWO算法在C算例的平均最佳相对距离为1.17，明显低于其余算法，而且从图4.8中可以看出，对每组的三个子算例，其余四种算法都呈现较大波动，因此，DGWO算法不仅较稳定，而且大多数算例的最佳相对距离小于剩余四种算法；HSA算法要优于SA+BLF算法，可见HSA算法的改进是有效的。本节认为，矩形件个数小于50是小规模矩形排样问题，按照此定义，所比较的五种智能算法在小规模矩形排样问题中并不能都求得最优解，但本节算法能够取得C1和C2算例的最优解；对于矩形件个数大于50的情况，都能取得较好的排样结果，而且本节算法要优于其他智能算法。从该算例的求解结果和与其他算例对比中可知，DGWO算法能够有效求解二维矩形带排样问题，相比于GA、SA和ACO算法，能够提高材料的利用率。

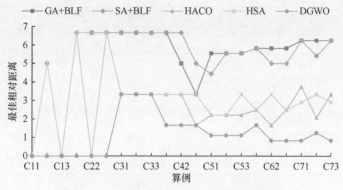

图 4.8　各智能优化算法对 C 算例的计算结果

图 4.9 和图 4.10 为 DGWO 算法在 C1 和 C2 算例的求解结果，其材料利用率都为 100%。

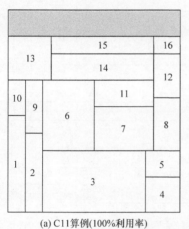

(a) C11算例(100%利用率)

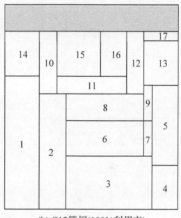

(b) C12算例(100%利用率)

(c) C13算例(100%利用率)

图 4.9　DGWO 算法在 C1 算例中得到的排样图

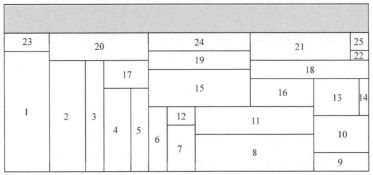

(a) C21算例(100%利用率)

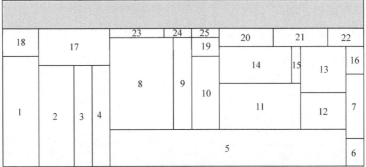

(b) C22算例(100%利用率)

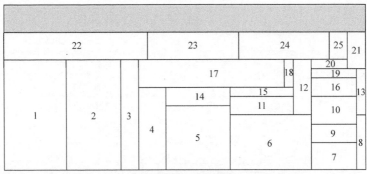

(c) C23算例(100%利用率)

图 4.10　DGWO 算法在 C2 算例中求得的排样图

从表 4.2 和图 4.11 中可以看出，与其他四种智能算法相比，DGWO 算法对于 N 算例在整体上取得较好的求解效果。值得注意的是，N7 算例由很多长条形的矩形组成，DGWO 算法在这组算例的表现明显优于其余四种算法。同时从整体趋势看，图 4.8 和图 4.11 中各算法对于 C 算例和 N 算例都是随着矩形规模增加最佳相对距离降低，但是存在不同程度的波动，DGWO 算法的波动程度较小，说明本节提出的算法具有更强的适用性。

表 4.2 各智能优化算法对 N 算例的计算结果

算例编号	n	w	h_{opt}	最佳相对距离				
				GA+BLF[17]	SA+BLF[17]	GA+IHR[20]	ACO+BD[19]	DGWO
N1	10	40	40	0.00	0.00	12.50	0.00	0.00
N2	20	30	50	2.00	4.00	8.00	6.00	2.00
N3	30	30	50	4.00	4.00	2.00	2.00	2.00
N4	40	80	80	3.75	3.75	3.75	6.25	1.25
N5	50	100	100	6.00	6.00	3.00	6.00	2.00
N6	60	50	100	3.00	3.00	2.00	4.00	1.00
N7	70	80	100	6.00	6.00	4.00	7.00	1.00
N8	80	100	80	6.25	6.25	2.50	6.25	2.50
N9	100	50	150	3.33	3.33	1.33	2.67	1.33
N10	200	70	150	2.67	2.67	0.67	6.00	0.67
N11	300	70	150	3.33	3.33	0.67	4.67	0.67
N12	500	100	300	4.33	4.00	1.33	6.00	1.00
N13	3152	640	960	—	—	—	—	—
	平均			3.72	3.86	3.48	4.74	1.29

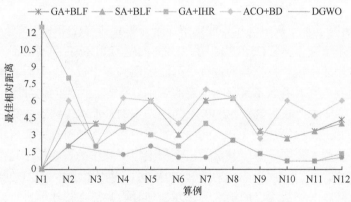

图 4.11 各智能优化算法对 N 算例的计算结果

从所测试的算例和与其他算法的对比中可以看出,所提出的 DGWO 算法在 C 和 N 这两组算例的平均最佳相对距离分别为 1.17 和 1.29,均优于所用于求解矩形带排样问题的智能优化算法,说明与遗传算法、模拟退火算法和蚁群优化算法相比,DGWO 算法能够有效求解矩形带排样问题,材料利用率有较明显改进,并且具有较强的实用性和适用性。

图 4.12 和图 4.13 分别为 DGWO 算法对 N1 和 N7 算例的求解结果,图中被矩形包围形成的灰色区域表示未被利用的区域。N1 和 N7 算例的材料利用率分别达到 100%和 99.01%。

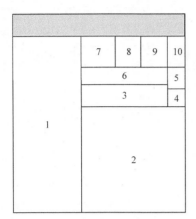

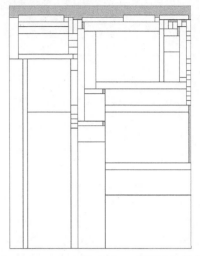

图 4.12　DGWO 算法对 N1 算例求解结果　　　图 4.13　DGWO 算法对 N7 算例求解结果

4.3　基于改进灰狼优化算法的矩形排样优化算法

　　4.2 节研究了基于灰狼优化算法求解二维矩形带排样(2DRSP)问题，本节进一步研究二维矩形装箱排样(2DRP)问题。2DRP 问题与 2DRSP 问题的不同之处在于前者的板材尺寸一定，在排样的过程中可能使用到多张板材，而后者板材长度不限，显然两者之间既有联系又存在一定的区别。首先，两类问题都属于矩形排样领域，在定位算法上联系紧密，2DRSP 问题采用的最低水平线定位算法可以应用到 2DRP 问题上，区别在于 2DRP 问题需要考虑当一张板材排完后启用下一张板材，在算法流程上需要改进。其次，由于灰狼定序算法的核心作用是优化算法中的矩形件序列，所以应用于 2DRSP 问题的算法可以用于求解 2DRP 问题。再次，求解 2DRP 问题的算法可以用于求解 2DRSP 问题，只需在排样前进行排样参数设置，将板材的长度设置为无穷大。因此，应用灰狼优化算法求解 2DRP 问题，需要在 4.2 节的基础上对最低水平线定位算法流程进行改进。

4.3.1　改进的最低水平线定位算法

1. 适应度评价准则

　　最低水平线定位算法是一种简单且有效的排样定位算法，其核心在于：首先选择最低水平线。然后比较待排入矩形的宽度 w 与水平线的长度 l，当 $l \geqslant w$ 时，矩形可以在满足零件之间不重叠地约束排入；当 $l < w$ 时，之后的操作在算法刚被提出时是直接提升水平线。随后研究人员进行改进，算法在未排矩形序列中依

次搜索第一个能够排入的矩形，更进一步的改进是搜索水平线长度与矩形宽度差值最小最合适的矩形，将其与当前待排入的矩形交换，当未找到能够排入的矩形时，才会提升水平线。

传统的最低水平线定位算法评价一个矩形排入选择的最低水平线的标准就是水平线长度与矩形宽度的差值大小，但在研究过程中发现矩形的高度也会影响排样效果，在选择合适的矩形时应该予以考虑，因此 4.2 节提出了基于复合评价因子的最低水平线定位算法，综合考虑矩形零件的高度和宽度，选取评价值最大的矩形排入选择的最低水平线。虽然上述定位算法考虑了矩形的宽度和高度，但是选择合适矩形的机制依旧没有变化，都是选择值最优的矩形，只是计算最优值的方法不一样，这种机制在一定程度上使得整个算法失去灵活性，为此本节对算法选择矩形的标准进行改进，提出基于适应度的最低水平线定位算法。

基于适应度的最低水平线定位算法的核心是对矩形零件能够排入最低水平线的情况进行分析，根据优劣程度进行打分得出一个适应度值，在排入矩形过程中选择适应度值最高的矩形零件排入。一个矩形零件排入最低水平线后所形成的排样图种类以及所对应适应度的具体情况如图 4.14 所示。

在所提出的适应度体系中，将矩形排入后完全填满该区域即处于图 4.14(a)所示情况时记为最高适应度 3；当处于图 4.14(b)和(c)所示情况时，适应度值记为 2；当处于图 4.14(g)所示情况时，即矩形的上边超过最低水平线相邻且较低的一段水平线，适应度值记为 0；当低于最低水平线相邻且较低的一段水平线即图 4.14(h)时，适应度值最小记为–1。

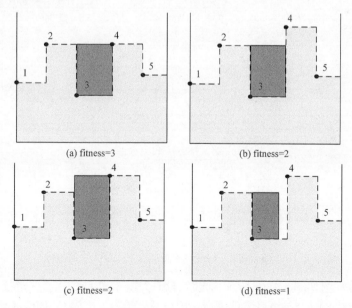

(a) fitness=3　　　　　　　(b) fitness=2

(c) fitness=2　　　　　　　(d) fitness=1

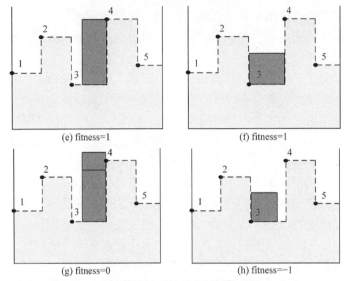

图 4.14　排样图情况以及对应的适应度值(fitness)

图 4.15 表示了基于适应度评价准则的最低水平线定位算法的排样过程。

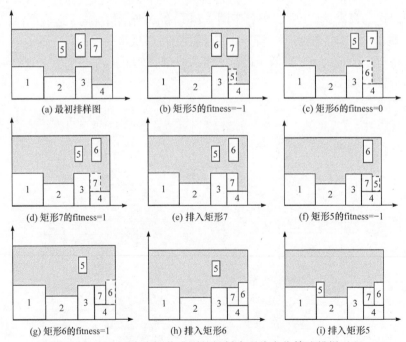

图 4.15　基于适应度评价准则的最低水平线定位算法排样过程

最初排样图如图 4.15(a)所示，此时有矩形 5、6、7 待排入，选定最低水平线，通过运算发现此时三个矩形零件的适应度值分别为–1、0 和 1，如图 4.15(b)、(c)和

(d)所示，根据选取首个适应度值最大矩形零件的原则，将矩形 7 排入，如图 4.15(e)
所示。根据相同的原则依次将矩形 6 和 5 排入，最终排样图如图 4.15(i)所示。

2. 算法流程的改进

4.2 节研究了十进制灰狼优化算法求解矩形带排样问题，提出了基于复合评价
因子的最低水平线定位算法作为 DGWO 算法的解码算法。本节进一步对解码定
位算法的矩形评价准则进行了改进，提出基于适应度的评价准则。整个定位算法
的流程可以满足矩形带排样问题的约束条件，但不满足矩形装箱排样问题的约束
条件。矩形装箱排样问题不仅要判断矩形之间不重叠以及不超出板材左右两边的
边界，还需要判断是否超出板材顶边，同时当一张板材排满后将矩形排入下一张
板材，即矩形带排样问题可以看成矩形装箱排样问题(将板材高度设置为一个很大
的数)。因此在求解算法上，两者具有一定的相同之处，改进的最低水平线定位算
法不仅对矩形评价准则进行改进，同时也对整个定位算法求解流程进行改进，使
之能够求解矩形带排样问题，并能求解矩形装箱排样问题。

　　改进的最低水平线定位算法接收来自定序算法(算法 4.4)中的两组数据，一组
是矩形件序列数据，另一组是板材序列数据。对矩形带排样问题，整个算法进行
板材数据的处理，将矩形板材的高度设置为所有待排矩形较长一边的和，这样保
证能够将所有矩形零件排入。定位算法依次从板材序列中选取板材，当一张板材
不能再排入矩形时，启用下一张板材，同时水平线序列初始化。在排入矩形零件
时，不仅要判断矩形能否排入该水平线，还要判断排入后矩形的顶部是否超出板
材边界，若超出则该矩形不能排入。

算法 4.4　改进后的基于适应度的最低水平线定位算法

步骤 1　　取用第一张板材，$i=1$。设初始水平线序列为板材的底边。

步骤 2　　初始化水平线序列为板材 i 的底边。

步骤 3　　在水平线序列中选取最低的一段水平线，若有数段，则选取最左边的一段。

步骤 4　　在所有未排矩形序列中，搜索首个不超过板材边界且适应度值最大的矩形零件。

步骤 5　　判断是否存在满足条件的矩形零件，若存在则转步骤 7。

步骤 6　　判断水平线序列是否只有一条长度等于板材 i 底边的水平线，若是就启用下一张板
　　　　　材，$i=i+1$，初始化水平线序列为板材 i 的底边，转步骤 8；否则，进入下一步。

步骤 7　　根据是否排入矩形零件等情况，对水平线操作，更新水平线序列。

步骤 8　　是否排完所有零件，若没有则转步骤 3。

步骤 9　　排样完毕，输出排样结果，计算材料利用率。

与用于求解矩形带排样问题的基于复合评价因子的最低水平线定位算法相比，改进后的最低水平线定位算法除了选择合适矩形的评价准则不一样，重点在整个算法流程中加入了一个是否启用下一张板材的判断，这样不仅可以用于求解矩形装箱排样问题，也可通过设置板材高度远大于需要的高度从而用于求解矩形带排样问题。基于适应度的最低水平线定位算法流程如图 4.16 所示。

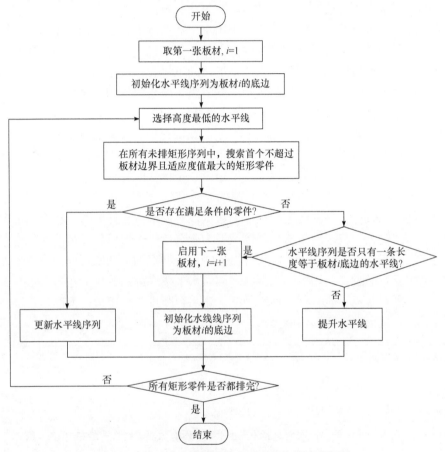

图 4.16　基于适应度的最低水平线定位算法流程图

4.3.2　改进的十进制灰狼定序算法

1. 智能行为分析与改进

通过 4.2 节的研究发现，DGWO 算法尚存在改进的空间。在 DGWO 算法灰狼游走搜索猎物的阶段，判断该阶段结束的条件是狼群中每只狼都游走完毕或某只狼在某次游走中结果优于 α 狼，当上述条件发生时，α 狼发出召唤进入包围猎物阶段。在算法的测试中发现，由于在计算的前期整个狼群的结果并不是很好，灰狼游走搜索时通过比较找到比当前更优的解，所以在此阶段会频繁发生灰狼结果优于 α 狼的现象，从而中断游走进入包围猎物阶段。这就使得一些狼并没有进行游走操作就直接进入包围阶段，存在较大的可能使整个狼群陷入局部最优，在算法的后期该现象在一定程度上得到缓解。上述现象也存在于灰狼包围猎物阶段，灰狼奔袭至包围位置时，其结果有可能优于 α 狼，根据算法的机制该灰狼成为 α 狼，狼群变为向其奔袭，包围"猎物"。在 DGWO 算法中，包围和围猎智能行为的本质是执行奔袭运动算子，让灰狼向 α 狼靠近，其不同之处在于靠近距离上的差别，包围智能行为中灰狼与 α 狼之间的距离大于围猎行为，在测试中发现，这只是增加算法的过程和步骤，并没有很大程度上提高材料利用率，测试还发现以一定的比例更新狼群并没有使得整个狼群的结果更优，可能是由于灰狼游走智能行为具有很大的搜索性能，而其更新狼群后降低了整体的优良程度。

基于上述分析，本节提出改进的十进制灰狼优化(improved decimal grey wolf optimization，IDGWO)算法。IDGWO 算法中整个智能行为的离散化设计与游走、奔袭运动算子没有变化，核心点在于算法的运算流程与结构的变化。

1) 游走

IDGWO 算法在游走智能行为的阶段中只有当狼群里所有的灰狼完成游走搜索操作后，才会更新 α 狼，而不是某只狼在某次游走中结果优于 α 狼就结束整个狼群的游走，具体如下：灰狼 i 出动去寻找猎物，用其灵敏的嗅觉去感知猎物的气味，根据气味的浓度做出判断，即计算目标函数值 $Y_i = f(X_i)$。灰狼试探性地向 h 个方向进行侦查，即灰狼 X_i 执行 h 次游走运动算子 $T(X_i, Q, \text{step}_a)$，$Q = \{1, 2, \cdots, N\}$，step_a 是游走步长，$\text{step}_a = \lceil N \cdot \theta_1 \rceil$，$\theta_1$ 为游走步长因子，每执行一次算子就记录其嗅到的猎物气味浓度，取灰狼 i 感受到猎物气味浓度最大的一次为此次游走的位置 X_i^*。

2) 围攻行为

首先将包围与围猎智能行为整合成围攻行为，围攻行为结束后更新 α 狼。狼群发现猎物后，经过快速奔袭至猎物附近。然后在 α 狼的指挥下，灰狼对猎物进行围猎，对这一行为进行抽象，就是将 α 狼的位置 X_p 作为猎物所在位置，参与围猎的灰狼 i 的位置 X_i 按照奔袭运动算子进行位置变换，当 $d_{ip} = k \leqslant d_{\text{attack}}$ 时，表明该灰狼已经将猎物捕杀，计算其感受到猎物气味浓度为 Y_i，d_{ip} 是灰狼 i 与 α 狼之间的距离，$d_{\text{attack}} = \lceil N \cdot \theta_2 \rceil$ 为围猎判定距离，θ_2 为围攻距离因子；当 $d_{ip} = k > d_{\text{attack}}$ 时，灰狼按照攻击步长 $\text{step} = k - d_{\text{attack}}$ 极速奔袭，灰狼 i 经过极速奔袭后，计算其感受到猎物气味浓度 Y_i，比较围攻前后的猎物气味浓度，进行贪婪决策。最后整个狼群不执行以往有关文献中所述的按比例更新狼群策略，减少了整个算法的参

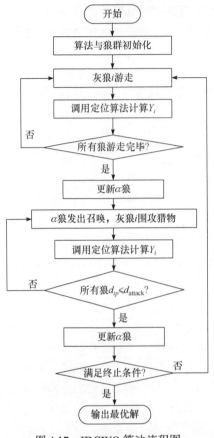

图 4.17　IDGWO 算法流程图

数。因此，改进后的十进制灰狼优化算法整个结构和流程得到精简，包含游走和围攻两种智能行为，算法参数从七个减少至五个，分别为狼群的规模 M、算法最大迭代次数 k_{max}、最大游走次数 h_{max}、游走步长因子 θ_1 和围攻步长因子 θ_2。

2. 改进的算法流程

根据改进的智能行为，结合基于适应度的最低水平线定位算法，本节提出改进的十进制灰狼优化算法求解矩形排样问题，该算法能够同时求解 2DRP 和 2DRSP 这两类矩形排样优化问题。算法开始对问题的类别进行判断，将 2DRSP 问题转化为单个矩形板材的 2DRP 问题进行计算求解。如前文分析，灰狼定序算法与最低水平线定位算法两者相互结合，一个在解空间中不断搜索结果较优的解，另一个解码得出排样图计算利用率指导灰狼优化算法搜索方向。IDGWO 算法求解矩形排样问题的步骤见算法 4.5,具体算法流程如图 4.17 所示。

算法 4.5　IDGWO 算法

步骤 1　算法初始化。设定狼群的规模为 M，设置算法最大迭代次数 k_{max}，最大游走次数 h_{max}，游走步长因子 θ_1，围攻步长因子 θ_2。判断问题类别，板材数据处理。

步骤 2　初始化狼群。首先采用随机的方式初始化狼群，即随机产生 M 个矩形序列；然后调用基于适应度的最低水平线定位算法解码形成排样图，计算材料利用率，根据狼群的社会等级制度，将狼群中当前材料利用率最大的解设为 α 狼。

步骤 3　灰狼游走。狼群根据提出的游走运动算子进行游走搜索"猎物"，直到所有灰狼游走完毕。

步骤 4　将狼群中结果最优的狼与 α 狼对比，若比 α 狼更优，则更新 α 狼。

步骤 5　围攻猎物。游走结束后，判断灰狼与 α 狼之间的距离，当小于或等于围攻判定距离 $d_{attack}(d_{attack}=\lceil N \cdot \theta_2 \rceil)$ 时，表明灰狼已经就位，此时灰狼不再奔袭，否则灰狼根据奔袭运动算子对猎物(即 α 狼)进行围攻。

步骤 6　将狼群中结果最优的狼与 α 狼对比，若比 α 狼更优，则更新 α 狼。

步骤 7　判断算法是否达到了终止条件，是则输出求解问题的最优解——α 狼的位置编码 X_a 及其感受到的猎物气味浓度 Y_a，否则转步骤 3。

4.3.3　算例验证与分析

1. IDGWO 算法求解矩形装箱排样问题

为测试算法在 2DRP 问题上的求解效果，采用 Martello 等[22]于 1998 年发表的文献中所使用的算例作为测试算例。该组算例的数量较多，一共有 500 个子算例，分为十类，每类中按照矩形零件个数为 20、40、60、80、100，平均分为 5 组测试算例。在该组算例中，每个子算例中的矩形零件尺寸都是在一定的区间内按照随机方式均匀生成的，因此本节不提供每个子算例中矩形的具体尺寸。按照以下规则生成类 1 至类 6 的矩形尺寸(H 和 L 分别为板材的宽度和长度)。

类 1：$H=L=10$，矩形零件的长 l 和宽 h 在区间[1, 10]均匀分布。

类 2：$H=L=30$，矩形零件的长 l 和宽 h 在区间[1, 10]均匀分布。

类 3：$H=L=40$，矩形零件的长 l 和宽 h 在区间[1, 35]均匀分布。

类 4：$H=L=100$，矩形零件的长 l 和宽 h 在区间[1, 35]均匀分布。

类 5：$H=L=100$，矩形零件的长 l 和宽 h 在区间[1, 100]均匀分布。

类 6：$H=L=300$，矩形零件的长 l 和宽 h 在区间[1, 100]均匀分布。

类 7 至类 10 中矩形板材的长 L 和宽 H 都为 100，每一类矩形零件的尺寸由四种类型构成，分别如下。

类型 1：l 在区间[1, $L/2$]内均匀分布，h 在区间[$2H/3$, H]内均匀分布。

类型 2：l 在区间[$2L/3$, L]内均匀分布，h 在区间[1, $H/2$]内均匀分布。

类型 3：l 在区间[$L/2$, L]内均匀分布，h 在区间[$H/2$, H]内均匀分布。

类型 4：l 在区间[1, $L/2$]内均匀分布，h 在区间[1, $H/2$]内均匀分布。

根据上述四种矩形零件尺寸生成规则，类 7 至类 10 的矩形尺寸按照如下规则构成。

类 7：类型 1 占 70%，类型 2、3 和 4 各占 10%。

类 8：类型 2 占 70%，类型 1、3 和 4 各占 10%。

类 9：类型 3 占 70%，类型 1、2 和 4 各占 10%。

类 10：类型 4 占 70%，类型 1、2 和 3 各占 10%。

本节将 IDGWO 算法的计算结果与比较优秀的 IMA、HBP、ATS-BP 和 SVC2BPRF 算法的计算结果进行比较，其中 IMA、HBP、ATS-BP 和 SVC2BPRF 算法的计算结果来自文献[23]，IDGWO 算法基于 Windows 平台，使用 C++语言开发，没有使用多线程技术，具体测试环境：Intel Core i5-3470 CPU，3.2GHz，RAM 3.88GB；Windows 7 操作系统，Visual Studio C++。算法的相关参数如下：狼群规模为 40，最大游走次数 h_{max} 为 20，算法运行时间设置为 60s，两个步长因子 θ_1 和 θ_2 分别为 1/10 和 2/5。

各算法的对比结果如表 4.3 所示。LB 表示现今在该组算例中求得的最优解，avg 表示在该类算例板材数量的平均值，AVG 表示各算法在类 1 至类 10 求得的板材数量平均值。在类 2 算例中，IDGWO 算法求得了矩形件数量分别为 20、40、60、80 和 100 算例的现今最优值，而 SVC2BPRF 算法不能求得矩形件数量分别为 80 和 100 算例的现今最优值。同时从 avg 值上看，IDGWO 算法在类 4、6 和 9 上优于 SVC2BPRF 算法，而且在类 9 上数值相差 0.3 之多，基本上是在矩形件数量分别为 80 和 100 的算例上 IDGWO 算法结果优于 SVC2BPRF 算法。

表 4.3　各算法在该组算例求解得定宽定长板材使用数量

类	n	$L=H$	LB	IMA[23]	HBP[23]	ATS-BP[23]	SVC2BPRF[23]	IDGWO
	20	10	6.60	6.60	6.60	6.60	6.60	6.60
	40	10	12.80	12.90	12.90	12.90	12.80	13.00
	60	10	19.50	19.50	19.50	19.50	19.50	19.40
1	80	10	27.00	27.00	27.00	27.00	27.00	27.30
	100	10	31.30	31.30	31.30	31.40	31.30	31.60
	avg		19.44	19.46	19.46	19.48	19.44	19.58
	20	30	1.00	1.00	1.00	1.00	1.00	1.00
	40	30	1.90	1.90	1.90	1.90	2.00	1.90
	60	30	2.50	2.50	2.50	2.50	2.50	2.50
2	80	30	3.10	3.10	3.10	3.10	3.20	3.10
	100	30	3.90	3.90	3.90	3.90	4.00	3.90
	avg		2.48	2.48	2.48	2.48	2.54	2.48
	20	40	4.70	4.70	4.70	4.70	4.70	4.70
	40	40	9.10	9.40	9.40	9.40	9.20	9.00
	60	40	13.20	13.50	13.50	13.60	13.40	13.40
3	80	40	18.20	18.40	18.40	18.60	18.40	19.00
	100	40	21.50	22.20	22.20	22.30	22.00	22.60
	avg		13.34	13.64	13.64	13.72	13.54	13.74
	20	100	1.00	1.00	1.00	1.00	1.00	1.00
	40	100	1.90	1.90	1.90	1.90	1.90	1.90
	60	100	2.30	2.50	2.50	2.40	2.50	2.00
4	80	100	3.00	3.10	3.20	3.20	3.20	3.10
	100	100	3.70	3.70	3.80	3.80	3.90	3.80
	avg		2.38	2.44	2.48	2.46	2.50	2.36

续表

类	n	L=H	LB	IMA[23]	HBP[23]	ATS-BP[23]	SVC2BPRF[23]	IDGWO
5	20	100	5.90	5.90	5.90	5.90	5.90	5.90
	40	100	11.30	11.40	11.50	11.40	11.40	11.20
	60	100	17.10	17.40	17.50	17.50	17.30	17.40
	80	100	23.60	23.90	24.00	23.90	23.90	24.40
	100	100	27.20	27.90	28.00	28.00	27.70	28.60
	avg		17.02	17.30	17.38	17.34	17.24	17.50
6	20	300	1.00	1.00	1.00	1.00	1.00	1.00
	40	300	1.50	1.70	1.70	1.60	1.70	1.70
	60	300	2.10	2.10	2.10	2.10	2.10	2.10
	80	300	3.00	3.00	3.00	3.00	3.00	3.00
	100	300	3.20	3.20	3.40	3.40	3.40	2.90
	avg		2.16	2.20	2.24	2.22	2.24	2.14
7	20	100	4.70	5.20	5.20	5.20	5.20	4.70
	40	100	9.90	10.40	10.50	10.40	10.20	10.10
	60	100	14.00	14.70	15.10	14.60	14.50	14.50
	80	100	20.00	21.20	21.80	21.30	20.80	21.60
	100	100	23.90	25.30	25.90	25.50	25.00	26.00
	avg		14.50	15.36	15.70	15.40	15.14	15.38
8	20	100	5.00	5.30	5.30	5.30	5.30	5.00
	40	100	9.70	10.40	10.50	10.40	10.30	10.10
	60	100	14.20	15.00	15.40	15.10	14.70	15.10
	80	100	19.70	20.80	21.30	20.80	20.50	21.20
	100	100	24.20	25.70	26.30	26.00	25.30	25.34
	avg		14.56	15.44	15.76	15.52	15.22	15.36
9	20	100	14.30	14.30	14.30	14.30	14.30	14.30
	40	100	27.50	27.50	27.50	27.60	27.50	27.00
	60	100	43.50	43.50	43.50	43.50	43.50	43.00
	80	100	57.30	57.30	57.30	57.30	57.30	56.80
	100	100	69.30	69.30	69.30	69.30	69.30	69.30
	avg		42.38	42.38	42.38	42.40	42.38	42.08
10	20	100	3.90	4.10	4.10	4.10	4.10	4.10
	40	100	7.00	7.30	7.30	7.30	7.20	7.00
	60	100	9.50	10.10	10.00	9.90	9.90	9.80
	80	100	12.20	12.80	12.80	12.80	12.60	12.60
	100	100	15.30	15.80	16.00	15.90	15.50	15.90
	avg		9.58	10.02	10.04	10.00	9.86	9.88
	AVG		13.784	14.072	14.156	14.102	14.010	14.053

　　图 4.18 是各算法在类 6 上的求解结果，IDGWD 算法除了 n=40 时结果稍劣于最优值，剩余的算例都等于或优于现今的最优值，特别是当 n=100 时，求得最优值 2.9，优于现今最优值 3.2。从 AVG 值上看，IDGWO 算法为 14.053，优于IMA、HBP 和 ATS-BP 算法的 14.072、14.156 和 14.102，仅比 SVC2BPRF 算法多0.043，因此从该组算例的整体求解结果可知，IDGWO 算法能够有效应用于求解2DRP 问题。

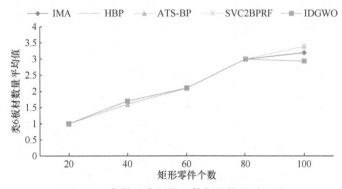

图 4.18　各算法求得类 6 算例的结果对比图

2. IDGWO 算法求解矩形带排样问题

　　IDGWO 算法是在 DGWO 算法基础上的改进，为验证 IDGWO 算法求解矩形带排样问题的优化效果，本节采用 C 算例和 N 算例进行测试。IDGWO 算法的开发与测试运行环境与 4.2 节 DGWO 算法相同。算法的相关参数如下：狼群规模为40，最大游走次数 h_{max} 为 20，算法运行时间设置为 60s，两个步长因子 θ_1、θ_2 分别为 1/10、2/5。

　　除了 GA、SA 算法和 ACO 算法，研究人员还不断探索新的求解算法，Leung等[24]提出了一种两阶段智能搜索算法(two-stage intelligent search algorithm，ISA)，Yang 等[25]提出了一种简单随机算法(simple randomized algorithm，SRA)，Alvarez-Valdes 等[26]提出了一种贪婪随机自适应搜索算法(greedy randomized adaptive search procedure，GRASP)。C 算例和 N 算例测试表明，这些算法在求解 2DRSP问题时能够取得较好的结果，因此将 IDGWO 算法与 DGWO 算法以及其他一些较优的算法进行对比。对算法的测试结果，依然采用第 3 章所述的相对距离评价标准，即计算得到的最好解高度 h^* 和最优解高度 h_{opt} 的相对距离 gap=(h^*-h_{opt})/$h_{opt}\times100$。

　　1) 实验 1

　　与 DGWO 算法测试类似，实验 1 也采用 C 和 N 这两组标准算例进行测试，并将 IDGWO 算法与其他一些优秀的算法进行对比，表 4.4、图 4.19、图 4.20 从不同方面展示了算法对比结果。表 4.4 中的 n、w 和 h_{opt} 分别为该组算例的矩形件个数、板材的宽度和已知最优高度。从中可以看出，在有 21 个子算例的 C 算例中，IDGWO 算法求得 11 个子算例 100%利用率的排样方案，比 DGWO 算法多 5 个，整个 C 算例的平均最佳相对距离为 0.50，比改进前的 DGWO 算法降低了 57.3%，约是 GA+BLF 和 SA+BLF 算法的 1/10，约是 HACO 和 HSA 算法的 1/6，比较好的 SRA 算法还降低了近 20%。与 DGWO 算法相比，IDGWO 算法求得了 C3、C43 和 C52 算例 100%材料利用率的解，在 C61 和 C62 算例上，最佳相对距离也更优，材料利用率有所提升。从 C 算例的测试对比中可以看出，IDGWO 算法的改进是有效的，而且能够提升材料利用率。

表 4.4 各算法在 C 算例中的计算结果

算例编号	n	w	h_{opt}	最佳相对距离								
				GA+BLF[17]	SA+BLF[17]	HACO[18]	HSA[21]	SRA[25]	GRASP[26]	ISA[24]	DGWO	IDGWO
C11	16	20	20	0.00	0.00	0.00	0.00	0.00	0.00	0.00	0.00	0.00
C12	17	20	20	5.00	5.00	0.00	0.00	0.00	0.00	0.00	0.00	0.00
C13	16	20	20	0.00	0.00	0.00	0.00	0.00	0.00	0.00	0.00	0.00
C21	25	40	15	6.67	6.67	6.67	6.67	0.00	0.00	0.00	0.00	0.00
C22	25	40	15	6.67	6.67	6.67	0.00	0.00	0.00	0.00	0.00	0.00
C23	25	40	15	6.67	6.67	6.67	6.67	0.00	0.00	0.00	0.00	0.00
C31	28	60	30	6.67	6.67	3.33	3.33	0.00	0.00	0.00	3.33	0.00
C32	29	60	30	6.67	6.67	3.33	3.33	3.33	3.33	3.33	3.33	0.00
C33	28	60	30	6.67	6.67	3.33	3.33	0.00	0.00	3.33	3.33	0.00
C41	49	60	60	6.67	6.67	3.33	3.33	1.67	1.67	1.67	1.67	1.67
C42	49	60	60	5.00	6.67	3.33	3.33	1.67	1.67	1.67	1.67	1.67
C43	49	60	60	3.33	5.00	1.67	3.33	1.67	1.67	0.00	1.67	0.00
C51	73	60	90	5.56	4.44	2.22	2.22	0.00	1.11	1.11	1.11	1.11
C52	73	60	90	5.56	5.56	2.22	2.22	0.00	1.11	0.00	1.11	0.00
C53	73	60	90	5.56	5.56	2.22	3.33	1.11	1.11	1.11	1.11	1.11
C61	97	80	120	5.83	5.83	2.50	2.50	0.83	1.67	0.83	1.67	0.83
C62	97	80	120	5.83	5.00	1.67	3.33	0.83	0.83	0.83	0.83	0.83
C63	97	80	120	5.83	5.00	2.50	2.50	0.83	1.67	0.83	0.83	0.83

算例编号	n	w	h_{opt}	最佳相对距离								
				GA+BLF[17]	SA+BLF[17]	HACO[18]	HSA[21]	SRA[25]	GRASP[26]	ISA[24]	DGWO	IDGWO
C71	196	160	240	6.25	6.25	3.75	2.92	0.40	1.70	0.83	0.83	0.83
C72	197	160	240	6.25	5.42	2.08	3.33	0.40	1.30	0.40	1.25	0.83
C73	196	160	240	6.25	6.25	3.33	2.92	0.40	1.30	0.83	0.83	0.83
	AVG			5.38	5.36	2.90	3.03	0.62	0.96	0.63	1.17	0.50

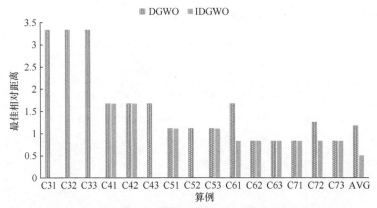

图 4.19　DGWO 与 IDGWO 算法在 C 算例的结果对比

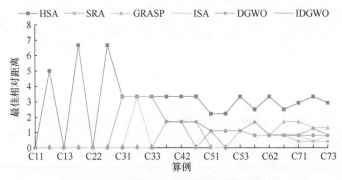

图 4.20　六种算法在 C 算例的计算结果对比

　　图 4.21 展示了 DGWO 算法和 IDGWO 算法在 C3 的三个子算例中的排样图，图 4.22 则是两种算法在 C43 算例的求解结果，图 4.23 是两种算法在 C52 算例的排样图。图中被矩形包围形成的灰色区域表示未被利用的区域，三图中 IDGWO 算法都求得了材料利用率为 100%的结果。

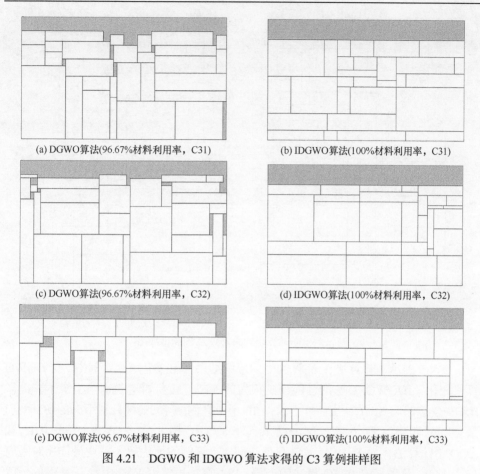

(a) DGWO算法(96.67%材料利用率，C31)　　(b) IDGWO算法(100%材料利用率，C31)

(c) DGWO算法(96.67%材料利用率，C32)　　(d) IDGWO算法(100%材料利用率，C32)

(e) DGWO算法(96.67%材料利用率，C33)　　(f) IDGWO算法(100%材料利用率，C33)

图 4.21　DGWO 和 IDGWO 算法求得的 C3 算例排样图

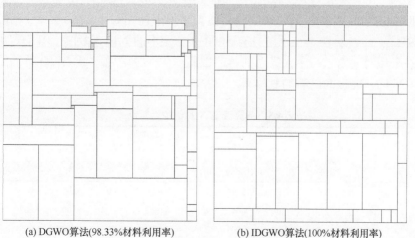

(a) DGWO算法(98.33%材料利用率)　　(b) IDGWO算法(100%材料利用率)

图 4.22　两种算法求解 C43 算例的排样图

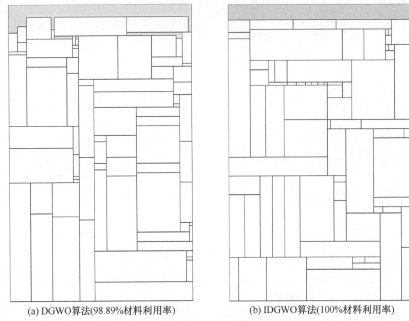

(a) DGWO算法(98.89%材料利用率)　　　　　(b) IDGWO算法(100%材料利用率)

图 4.23　两种算法求解 C52 算例的排样图

　　表 4.5 展示了各算法在 N 算例中的求解结果，在这组测试算例中，与 DGWO 算法相比，IDGWO 算法的性能得到很大的提高。N 标准算例有 13 个子算例，IDGWO 算法与 SRA 算法一样，求得 10 个子算例的 100%材料利用率的解，平均最佳相对距离达到 0.13，这个结果远小于 GA+BLF、SA+BLF、GA+IHR 和 ACO+BD 算法；而 DGWO 算法仅能求解 N1 算例的最优解，平均最佳相对距离仅为 1.29，几乎是 IDGWO 算法的十倍。ISA 算法虽然也求得 10 个子算例的最优解，但未能求得 N5 算例的最优解，使得平均最佳相对距离为 0.20，稍微劣于 IDGWO 与 SRA 算法。在求解具有 3000 多个矩形的 N13 算例中，IDGWO 算法也能在较短时间内求得令人满意的解。因此，从 N 算例看，IDGWO 算法的改进也是有效的，能提高材料的利用率。

表 4.5　各算法在 N 算例的计算结果

算例编号	n	w	h_{opt}	最佳相对距离								
				GA+BLF[17]	SA+BLF[17]	GA+IHR[20]	ACO+BD[19]	SRA[25]	GRASP[26]	ISA[24]	DGWO	IDGWO
N1	10	40	40	0.00	0.00	12.50	0.00	0.00	0.00	0.00	0.00	0.00
N2	20	30	50	2.00	4.00	8.00	6.00	0.00	0.00	0.00	2.00	0.00
N3	30	30	50	4.00	4.00	2.00	2.00	0.00	2.00	0.00	2.00	0.00
N4	40	80	80	3.75	3.75	3.75	6.25	0.00	1.33	0.00	1.25	0.00

续表

算例编号	n	w	h_{opt}	最佳相对距离								
				GA+BLF[17]	SA+BLF[17]	GA+IHR[20]	ACO+BD[19]	SRA[25]	GRASP[26]	ISA[24]	DGWO	IDGWO
N5	50	100	100	6.00	6.00	3.00	6.00	0.00	2.00	1.00	2.00	0.00
N6	60	50	100	3.00	3.00	2.00	4.00	0.00	1.00	0.00	1.00	0.00
N7	70	80	100	6.00	6.00	4.00	7.00	0.00	1.00	0.00	1.00	0.00
N8	80	100	80	6.25	6.25	2.50	6.25	1.33	1.33	1.33	2.50	1.33
N9	100	50	150	3.33	3.33	1.33	2.67	0.00	0.67	0.00	1.33	0.00
N10	200	70	150	2.67	2.67	0.67	6.00	0.00	0.67	0.00	0.67	0.00
N11	300	70	150	3.33	3.33	0.67	4.67	0.00	0.67	0.00	0.67	0.00
N12	500	100	300	4.33	4.00	1.33	6.00	0.30	1.33	0.30	1.00	0.30
N13	3152	640	960	—	—	—	—	0.10	0.50	0.00	—	0.10
AVG				3.72	3.86	3.48	4.74	0.13	0.96	0.20	1.29	0.13

图 4.24 展示了 DGWO 算法和 IDGWO 算法求解 N7 算例的排样图，图中被矩形包围形成的灰色区域表示未被利用的区域。IDGWO 算法都求得材料利用率为 100%的结果，而 DGWO 算法求得的结果为 99.01%材料利用率。

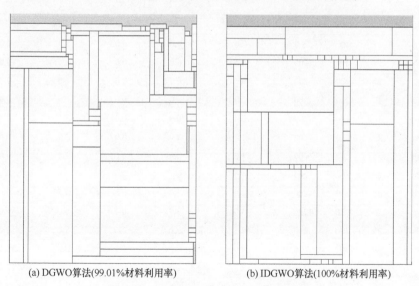

(a) DGWO算法(99.01%材料利用率)　　　　　(b) IDGWO算法(100%材料利用率)

图 4.24　两种算法对 N7 算例的求解结果

2) 实验 2

为了进一步测试 IDGWO 算法求解 2DRSP 问题的效果和性能,进行第二组算例测试实验。实验 2 采用包含 70 个子算例的 NT 算例,分成 NT(n)和 NT(t)两大类，每类有 35 个算例，平均分成七组，相关数据分别见表 4.4 和表 4.5，NT 算例是无废料测试算例。

表 4.6 展示了各算法对 NT(n)算例的计算结果，共有 35 个子算例。IDGWO 算法求得 11 个子算例 100%材料利用率的解，最佳相对距离的最大值控制在 3.5 及以下，大部分集中在 2 左右，整个算例的平均最佳相对距离为 1.44，比 SRA 算法的 1.19 仅多 0.25。从许多方面来看，IDGWO 算法的求解结果显然比 DGWO 算法要好，DGWO 算法不能求得一个 100%材料利用率的解，而且平均最佳相对距离为 2.67，是 IDGWO 算法的 1.85 倍，也劣于 GRASP、ISA 和 SRA 算法。

表 4.7 展示了各算法对 NT(t)算例的计算结果，也是共有 35 个子算例。与 NT(n)算例相比，IDGWO 算法在这组算例的表现更好，一共求得 12 个子算例 100%材料利用率的解，仅 t3e 算例的最佳相对距离为 3.5，其余算例都在 3 及以下，整个算例的平均最佳相对距离为 1.31，与 SRA 算法的 1.31 持平。从多个方面来看，IDGWO 算法的求解结果比 DGWO 算法要好，DGWO 算法也不能在 NT(t)算例中求得一个 100%材料利用率的解，而且平均最佳相对距离为 2.54，是 IDGWO 算法的 1.94 倍，也劣于 GRASP、ISA 和 SRA 算法。

表 4.6　各算法对 NT(n)算例的计算结果

算例编号	n	w	h_{opt}	最佳相对距离				
				GRASP[26]	ISA[24]	SRA[25]	DGWO	IDGWO
n1a	17	200	200	0.0	0.0	0.0	5.0	0.0
n1b	17	200	200	4.5	5.0	0.0	4.5	0.0
n1c	17	200	200	0.0	0.0	0.0	4.0	0.0
n1d	17	200	200	0.0	0.0	0.0	4.5	0.0
n1e	17	200	200	0.0	0.0	0.0	3.5	0.0
n2a	25	200	200	3.0	2.0	0.0	3.5	0.0
n2b	25	200	200	3.0	4.5	0.0	2.5	0.0
n2c	25	200	200	4.0	3.5	0.0	3.5	0.0
n2d	25	200	200	4.5	3.0	2.5	3.5	0.0
n2e	25	200	200	3.0	3.0	0.0	4.0	0.0
n3a	29	200	200	4.5	3.0	3.0	3.0	0.0
n3b	29	200	200	4.0	4.5	3.5	2.5	3.5
n3c	29	200	200	2.5	2.5	0	3.0	2.0
n3d	29	200	200	3.5	2.0	2.0	2.5	3.0
n3e	29	200	200	3.5	4.0	3.5	2.5	2.0
n4a	49	200	200	3.0	3.0	2.0	2.5	2.5
n4b	49	200	200	3.5	2.5	2.0	3.0	3.0
n4c	49	200	200	2.5	2.5	2.5	2.0	2.0

续表

算例编号	n	w	h_{opt}	最佳相对距离				
				GRASP[26]	ISA[24]	SRA[25]	DGWO	IDGWO
n4d	49	200	200	3.0	2.0	2.0	2.0	2.5
n4e	49	200	200	2.5	3.0	3.0	2.5	3.0
n5a	73	200	200	2.5	2.5	2.0	2.5	2.5
n5b	73	200	200	2.0	1.0	1.5	2.5	2.0
n5c	73	200	200	3.0	2.0	2.0	2.5	2.5
n5d	73	200	200	2.0	2.5	2.0	3.0	3.0
n5e	73	200	200	3.0	1.5	2.0	2.5	2.0
n6a	97	200	200	2.0	1.0	1.5	1.5	2.0
n6b	97	200	200	2.0	1.5	1.5	2.0	1.5
n6c	97	200	200	2.0	1.5	1.5	2.0	1.5
n6d	97	200	200	2.0	1.5	1.0	2.5	2.0
n6e	97	200	200	2.0	1.5	1.0	2.0	2.0
n7a	199	200	200	1.0	0.5	0.5	1.5	1.5
n7b	199	200	200	1.5	1.0	0.5	1.5	1.0
n7c	199	200	200	1.5	0.5	0.5	0.5	1.0
n7d	199	200	200	1.5	0.5	0.5	1.5	1.5
n7e	199	200	200	1.5	0.5	0.5	1.5	1.0
	AVG			2.40	1.99	1.19	2.67	1.44

表 4.7　各算法对 NT(t)算例的计算结果

算例编号	n	w	h_{opt}	最佳相对距离				
				GRASP[26]	ISA[24]	SRA[25]	DGWO	IDGWO
t1a	17	200	200	0.0	0.0	0.0	3.5	0.0
t1b	17	200	200	0.0	0.0	0.0	4.5	0.0
t1c	17	200	200	0.0	0.0	0.0	4.5	0.0
t1d	17	200	200	0.0	5.0	0.0	3.0	0.0
t1e	17	200	200	0.0	0.0	0.0	4.0	0.0
t2a	25	200	200	2.0	3.5	3.0	3.0	0.0
t2b	25	200	200	4.0	3.0	0.0	3.5	0.0
t2c	25	200	200	4.0	3.0	3.0	4.0	0.0
t2d	25	200	200	3.0	1.5	0.0	4.0	0.0
t2e	25	200	200	3.0	3.0	2.5	2.5	0.0
t3a	29	200	200	3.5	4.5	0.0	2.5	3.0
t3b	29	200	200	4.5	4.0	3.0	3.0	0.0
t3c	29	200	200	3.0	3.0	2.5	2.5	0.0

续表

算例编号	n	w	h_{opt}	最佳相对距离				
				GRASP[26]	ISA[24]	SRA[25]	DGWO	IDGWO
t3d	29	200	200	3.5	3.0	0.0	3.0	2.5
t3e	29	200	200	4.0	2.5	2.5	2.5	3.5
t4a	49	200	200	2.5	2.5	2.5	3.0	2.0
t4b	49	200	200	2.5	3.0	3.0	2.5	2.5
t4c	49	200	200	3.0	2.0	1.5	2.5	2.0
t4d	49	200	200	3.0	2.5	1.0	2.0	3.0
t4e	49	200	200	3.5	2.0	2.0	3.0	2.5
t5a	73	200	200	3.0	2.0	2.0	2.5	2.5
t5b	73	200	200	2.0	2.0	1.5	2.5	2.5
t5c	73	200	200	2.5	2.5	2.0	2.0	2.5
t5d	73	200	200	2.0	2.0	2.0	2.5	2.5
t5e	73	200	200	2.0	2.0	2.0	2.0	2.0
t6a	97	200	200	2.0	1.0	1.5	2.0	1.5
t6b	97	200	200	2.0	1.0	1.5	2.0	1.5
t6c	97	200	200	2.0	1.5	1.5	1.5	2.0
t6d	97	200	200	2.0	1.5	1.5	2.0	1.5
t6e	97	200	200	2.5	1.5	1.5	1.5	2.0
t7a	199	200	200	1.5	0.5	0.5	1.5	0.5
t7b	199	200	200	1.5	0.5	0.5	1.0	1.0
t7c	199	200	200	2.0	0.5	0.5	1.0	1.0
t7d	199	200	200	1.0	1.0	0.5	1.0	1.0
t7e	199	200	200	1.5	0.5	0.5	1.0	1.0
	AVG			2.24	1.94	1.31	2.54	1.31

实验 1 与实验 2 的测试结果表明，与 DGWO 算法相比，无论是对 C 算例、N 算例，还是对 NT 算例，IDGWO 算法的性能得到较大的提升，甚至要优于一些较优秀的算法。这主要得益于在两大方面对算法进行的改进，一是在 DGWO 算法的基础上，对十进制灰狼优化算法的整体结构进行改进，使之更加精简，减少了不必要的智能行为，因此在一定的求解时间内能够进行更多次的搜索；二是对最低水平线定位算法的改进，应用适应度的评价机制去选择合适的矩形排入选定的最低水平线，增强了算法的搜索性能，也充分说明了该机制能较好地求解 2DRSP 问题。

4.4　本章小结

本章首先简要介绍了灰狼优化算法的基本原理与流程框图，然后针对矩形排样问题的特点，将灰狼优化算法离散化，提出了求解矩形带排样问题的十进制灰狼优化(DGWO)算法。该算法采用十进制的编码方式，应用基于复合因子的最低水平线定位算法进行解码，在十进制编码下应用海明距离定义灰狼之间的距离，在保证编码有效性的基础上对灰狼游走、包围和围猎智能行为进行离散化设计。通过广泛使用的 C 和 N 标准测试算例对 DGWO 算法进行测试，验证了 DGWO 算法的有效性。在十进制灰狼优化算法求解矩形带排样问题的基础上，进一步开展应用灰狼优化算法求解矩形装箱排样问题的研究，提出了改进的十进制灰狼优化(IDGWO)算法。该算法主要从定位算法和定序算法两大方面对 DGWO 算法进行改进，在定位算法方面，改进其适应度评价准则，并通过改进其算法流程以适应对矩形装箱排样问题的求解；在定序算法方面，改进灰狼优化算法的算法流程，使其更加简捷高效。算例测试验证了 IDGWO 算法的适应性与有效性。

参 考 文 献

[1] Mech D L. Alpha status, dominance, and division of labor in wolf packs[J]. Canadian Journal of Zoology, 1999, 77(8):1196-1203.

[2] Muro C, Escobedo R, Spector L, et al. Wolf-pack (Canis lupus) hunting strategies emerge from simple rules in computational simulations[J]. Behavioural Processes, 2011,88(3):192-197.

[3] Mirjalili S, Mirjalili S M, Lewis A. Grey wolf optimizer[J]. Advances in Engineering Software, 2014, 69(Supplement C): 46-61.

[4] 吴虎胜, 张凤鸣, 吴庐山. 一种新的群体智能算法——狼群算法[J]. 系统工程与电子技术, 2013, 35(11): 2430-2438.

[5] 吴虎胜, 张凤鸣, 战仁军, 等. 求解 0-1 背包问题的二进制狼群算法[J]. 系统工程与电子技术, 2014, 36(8): 1660-1667.

[6] 吴虎胜, 张凤鸣, 李浩, 等. 求解 TSP 问题的离散狼群算法[J]. 控制与决策, 2015, 30(10): 1861-1867.

[7] Emary E, Zawbaa H M, Hassanien A E. Binary grey wolf optimization approaches for feature selection[J]. Neurocomputing, 2016, 172(Supplement C): 371-381.

[8] Radmanesh M, Kumar M. Grey wolf optimization based sense and avoid algorithm for UAV path planning in uncertain environment using a Bayesian framework[C]. International Conference on Unmanned Aircraft Systems, Arlington, 2016: 68-76.

[9] Komaki G M, Kayvanfar V. Grey Wolf optimizer algorithm for the two-stage assembly flow shop scheduling problem with release time[J]. Journal of Computational Science, 2015, 8(Supplement C): 109-120.

[10] Sultana U, Khairuddin A B, Mokhtar A S, et al. Grey wolf optimizer based placement and sizing of multiple distributed generation in the distribution system[J]. Energy, 2016, 111(Supplement C): 525-536.

[11] 齐璐. 基于改进狼群算法的小波神经网络短时交通流预测[D]. 成都: 西南交通大学, 2017.

[12] 周向华, 杨侃, 王笑宇. 狼群算法在水电站负荷优化分配中的应用[J]. 水力发电, 2017, 43(2): 81-84.

[13] 惠晓滨, 郭庆, 吴娉娉, 等. 一种改进的狼群算法[J]. 控制与决策, 2017, 32(7): 1163-1172.

[14] 龚志辉. 基于遗传算法的矩形件优化排样系统研究[D]. 长沙: 湖南大学, 2003.

[15] 赵新芳, 崔耀东, 杨莹, 等. 矩形件带排样的一种遗传算法[J]. 计算机辅助设计与图形学学报, 2008, 20(4): 540-544.

[16] Hopper E, Turton B C H. An empirical investigation of meta-heuristic and heuristic algorithms for a 2D packing problem[J]. European Journal of Operational Research, 2001, 128(1): 34-57.

[17] Burke E K, Kendall G, Whitwell G. A new placement heuristic for the orthogonal stock-cutting problem[J]. Operations Research, 2004, 52(4): 655-671.

[18] Thiruvady D R, Meyer B, Ernst A T. Strip packing with hybrid ACO: Placement order is learnable[C]. IEEE Congress on Evolutionary Computation, Hong Kong, 2008:1207-1213.

[19] Yuan C Y, Liu X B. Solution to 2D rectangular strip packing problems based on ACOs[C]. International Workshop on Intelligent Systems and Applications, Wuhan, 2009:1-4.

[20] Zhang D F, Chen S D, Liu Y J. An improved heuristic recursive strategy based on genetic algorithm for the strip rectangular packing problem[J]. Acta Automatica Sinica, 2007, 33(9): 911-916.

[21] Dereli T, Sena Das G. A hybrid simulated-annealing algorithm for two-dimensional strip packing problem[C]. International Conference on Adaptive and Natural Computing Algorithms, Warsaw, 2007: 508-516.

[22] Martello S, Vigo D. Exact solution of the two-dimensional finite bin packing problem[J]. Management Science, 1998, 44(3): 388-399.

[23] Cui Y P, Cui Y D, Tang T B. Sequential heuristic for the two-dimensional bin-packing problem[J]. European Journal of Operational Research, 2015, 240(1): 43-53.

[24] Leung S C H, Zhang D F, Sim K M. A two-stage intelligent search algorithm for the two-dimensional strip packing problem[J]. European Journal of Operational Research, 2011, 215(1): 57-69.

[25] Yang S Y, Han S H, Ye W G. A simple randomized algorithm for two-dimensional strip packing[J]. Computers & Operations Research, 2013, 40(1): 1-8.

[26] Alvarez-Valdes R, Parreño F, Tamarit J M. Reactive grasp for the strip-packing problem[J]. Computers & Operations Research, 2008, 35(4): 1065-1083.

第5章　矩形排样问题的布谷鸟搜索算法

自然界中布谷鸟能对宿主寄生巢进行监视进而判断该巢穴的优劣。受布谷鸟借窝生蛋繁衍后代行为所启发，剑桥大学 Yang 教授从该自然行为中抽象出布谷鸟搜索(cuckoo search，CS)算法。CS 算法采用莱维飞行(Lévy flight)和巢寄生更新机制来模拟布谷鸟随机选择巢穴的行为。作为群体智能算法的一个分支，CS 算法具有参数少、简单灵活、寻优能力强等特点，且因在各类复杂问题中求得了良好的结果而受到学者的广泛青睐。鉴于传统 CS 算法不能直接用于矩形排样优化，本章提出求解矩形装箱排样问题的离散布谷鸟搜索(discrete cuckoo search，DCS)算法。

5.1　布谷鸟搜索算法简介

5.1.1　布谷鸟搜索算法原理

与自然界其他鸟类不同，布谷鸟在繁殖时不筑巢，也不会孵化自己的蛋，而是随机或类似随机地选择其他鸟类的巢穴产蛋，令其代为孵化哺育，这种借窝生蛋繁衍后代的模式称为巢寄生。布谷鸟会对其他鸟类加以甄选判别，被选择的宿主鸟生产的蛋颜色、形状与布谷鸟蛋相近，且雏鸟的习性也相似。在宿主鸟离巢外出觅食时，布谷鸟便快速将蛋生产在巢穴中；宿主鸟会以一定的概率发现布谷鸟蛋，此时便会舍弃此巢穴，重新选择其他地方筑巢繁衍后代。

有研究表明，布谷鸟能对宿主寄生巢进行监视，从而可以观察到该巢穴是否为最佳选择。受布谷鸟借窝生蛋繁衍后代行为所启发，剑桥大学 Yang 教授联合拉曼工程学院 Deb 教授在 2009 年首次提出了布谷鸟搜索算法[1]。作为群体智能算法的一个分支，CS 算法具有参数少、简单灵活、寻优能力强等特点[2]，已受到研究学者的广泛青睐。为了减少 CS 算法随机游走的盲目性，CS 算法采用 Lévy 飞行来模拟布谷鸟随机选择寄生巢穴的行为。以下对 CS 算法的两大基本原理做简单介绍。

1. Lévy 飞行机制

Lévy 飞行是由数学家 Paul Lévy 提出的一种随机游走的搜索方式，其搜索步长满足重尾(heavy-tailed)的 Lévy 分布，即在飞行过程中，能进行小范围的跳跃与大范围的跃动，伴随着游走过程也会产生飞行方向的剧烈变化，其飞行机制如图 5.1 所示。该飞行模式高频次地进行短距离小步长飞行，低频次地进行长距离大步长飞行。其中，大步长游走可以扩大全局搜索范围，小步长则可提高搜索精度，从而不会停滞在一个地方重复搜索。

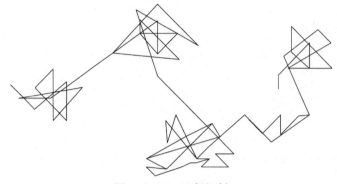

图 5.1　Lévy 飞行机制

　　自然界许多鸟类的飞行规律都遵循 Lévy 飞行机制，布谷鸟就是通过 Lévy 飞行来搜寻下一个寄生巢穴的。长距离大步长飞行有利于扩大搜索范围，增加种群多样性，从而避免陷入局部最优；短距离小步长飞行有利于增加搜索精度，使在较优解小范围附近收敛到最优解。

　　2. 巢寄生机制

　　布谷鸟有寄生育雏的繁衍方式，但宿主鸟会以一定的概率发现布谷鸟蛋，此时便会舍弃此巢穴，重新选择其他地方筑巢繁衍后代。这种布谷鸟自身不筑巢、不孵蛋、不育雏的模式称为"巢寄生"机制，其详细借窝生蛋繁衍后代的模式如本节开头内容所述。

　　为了方便模拟布谷鸟寄生育雏策略，Yang 等[1]提出基本 CS 算法需要遵循以下三条假设条件：

　　(1) 每只布谷鸟一次只产一颗鸟蛋，并将其置于随机选择的巢穴中，一颗鸟蛋代表优化问题中的一个可行解。

　　(2) 随机选择的一组巢穴中，蛋(解)质量最好的巢穴将会被保留到下一代。

　　(3) 可用宿主巢穴的数量是确定的，并且宿主以一定的概率 $P_a \in (0,1)$ 发现外来鸟蛋。在这种情况下，宿主将会遗弃这个蛋或者选择其他地方重新筑巢，从而导致寄雏行为失败。

　　CS 算法的控制参数少，算法简单易实现，且有较强的全局寻优能力，但同时也存在着算法计算时间偏长、搜索后期种群多样性较差等问题。

5.1.2　基本布谷鸟搜索算法

基于以上三个假设条件，基本 CS 算法用数学公式模拟布谷鸟的寄生育雏与 Lévy 飞行行为，并用于求解实际工程中的连续函数优化问题。基本 CS 算法的流程如图 5.2 所示。

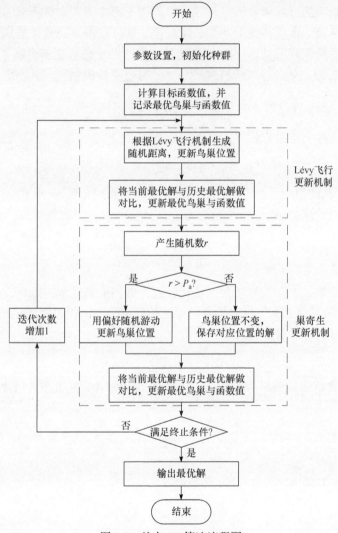

图 5.2　基本 CS 算法流程图

结合上述流程图，可得到布谷鸟关键自然行为的算法模拟步骤：①在解空间中随机初始化或按照一定规则生成 m 个初始巢穴，初始巢穴里默认有布谷鸟产的一颗蛋，计算每个巢穴中的目标函数值，记录最优鸟巢位置与函数值，并将其保存到下一代。②所有个体按照 Lévy 飞行机制更新选择新的巢穴，计算所有巢穴的目标函数值，并与以往最优值做比较，保存目前最优鸟巢位置，此过程如图 5.2 中 "Lévy 飞行更新机制" 部分所示。③宿主鸟以一定概率 P_a 发现寄生鸟蛋，若没发现，则接受步骤②按照 Lévy 飞行更新的鸟巢位置；若发现外来鸟蛋，则舍弃当前位置，另觅新的位置筑巢，此过程如图 5.2 中 "巢寄生更新机制" 部分所示。④对更新后的目标函数值进行评估，若优于历史值，则更新当前最优巢穴位置并在其中产蛋。重复持续上述②~④过程，则可以搜寻到最优的巢穴位置，即待求解任务的最优解。基本 CS 算法的核心在于两个位置更新机制[3]，分别为如图 5.2 所示的 "Lévy 飞行更新机制" 与 "巢寄生更新机制"。

1. 基于 Lévy 飞行的巢穴位置更新模式数学模拟

布谷鸟选择下代巢穴位置的更新模式如下：

$$X_i^{(t+1)} = X_i^{(t)} + T \otimes \text{Levy}(\lambda), \quad i = 1, 2, \cdots, m \tag{5.1}$$

式中，$X_i^{(t)}$ 与 $X_i^{(t+1)}$ 分别为巢穴 $i(i = 1, 2, \cdots, m)$ 在第 t 代与下一代的位置；$\otimes$ 为点对点乘法；$T(T > 0)$ 为移动步长控制因子，其值大小与当前所研究问题的规模有关，即

$$T = T_0 \left(X_i^{(t)} - X_{\text{best}} \right) \tag{5.2}$$

T_0 为某一常数值，X_{best} 为算法目前最优位置，即当前最优解；$\text{Levy}(\lambda)$ 为 Lévy 飞行随机搜索路径，Lévy 飞行步长满足重尾的稳定分布，长短距离步长间隔进行，其特点由式(5.3)可以看出：

$$\text{Levy}(\lambda) \sim u = t^{-\lambda}, \quad 1 \leqslant \lambda \leqslant 3 \tag{5.3}$$

$\text{Levy}(\lambda)$ 飞行模式满足 Mantegna 算法，在该算法中，随机步长可由 μ 和 ν 共同决定：

$$\text{Levy}(\beta) \sim \frac{\phi \mu}{|\nu|^{1/\beta}}, \quad 1 \leqslant \beta \leqslant 2 \tag{5.4}$$

参数 μ 和 ν 均为服从正态分布的随机数：

$$\mu \sim N\left(0, \delta_\mu^2\right), \quad \nu \sim N\left(0, \delta_\nu^2\right) \tag{5.5}$$

$$\delta_\mu = \left[\frac{\Gamma(1+\beta) \times \sin(\pi \times \beta / 2)}{\Gamma\left[(1+\beta)/2\right] \times \beta \times 2^{\frac{\beta-1}{2}}} \right], \quad \delta_\nu = 1 \tag{5.6}$$

式中，$\Gamma(\cdot)$ 为 Gamma 分布函数。

综上，式(5.1)中 Lévy 飞行的随机游走位置更新公式可以表示为

$$X_i^{(t+1)} = X_i^{(t)} + T_0 \frac{\mu}{|v|^{1/\beta}} \left(X_i^{(t)} - X_{\text{best}} \right) \tag{5.7}$$

因此，基于 Lévy 飞行的巢穴位置更新流程如下。每只布谷鸟在原有巢穴 $X_i^{(t)}$ 的基础上按照式(5.7)计算下一个巢穴的位置 $X_i^{(t+1)}$，计算新位置的目标函数值并与上一代做比较：若新一代位置 $X_i^{(t+1)}$ 的适应度值更优，则舍弃原有巢穴 $X_i^{(t)}$，选择新巢穴加入种群；否则，保留原有巢穴位置 $X_i^{(t)}$。

2. 基于巢寄生的巢穴位置更新模式数学模拟

巢寄生机制模拟宿主鸟以一定概率发现外来鸟产蛋的行为。通过上述 Lévy 飞行机制更新巢穴位置后，宿主鸟以一定的概率 $P_a(0 < P_a < 1)$ 发现外来鸟蛋，此时宿主鸟便会重新生成一个新位置筑巢，即表示算法以 P_a 的概率生成新的解决方案，其位置更新方式为

$$X_i^{(t+1)} = X_i^{(t)} + P(u)\left(X_p^{(t)} - X_q^{(t)} \right), \quad i,p,q = 1,2,\cdots,m, \quad p \neq q \neq i \tag{5.8}$$

式中，$X_p^{(t)}$ 与 $X_q^{(t)}$ 代表不同于 $X_i^{(t)}$ 的两个随机鸟巢；$P(u)$ 函数的定义如下：

$$P(u) = \begin{cases} 1, & r > P_a \\ 0, & \text{其他} \end{cases} \tag{5.9}$$

$$r = \text{rand}(0,1)$$

因此，巢寄生机制的巢穴位置更新流程如下：对于每一个巢穴 $X_i^{(t)}$，都随机生成一个[0, 1]的随机数 r，若 $r > P_a$，则按照 $P(u)=1$ 进行位置更新；否则，保持原有巢穴位置不变。

5.1.3　布谷鸟搜索算法的应用

CS 算法有高效的并行性与自组织能力，随机游走的更新机制也使其具有较强的全局搜索能力，且该算法整体简单易实现，已成为仿生群体智能优化算法研究中的一大热门。众多学者使用 CS 算法在标准测试函数上进行计算，通过对比发现相较于粒子群优化算法、萤火虫算法、人工蜂群算法等经典群体智能算法，CS 算法的求解结果明显更优，且全局收敛效率更高。

CS 算法已在连续型优化问题上表现出良好的性能，如在函数优化、结构优化[4]等问题上优于其他算法。众多学者将 CS 算法离散化，成功用于各种组合优化问题上。Gherboudj 等[5]提出了二进制 CS 算法，用 Sigmoid 函数映射二进制解，并成功求解了 0-1 背包问题。Yang 等[6]将 CS 算法离散化并应用于旅行商问题，

设计了步长移动策略以模拟 Lévy 飞行。Ouyang 等[7]提出 "A" 和 3-opt 算子用以解决球形旅行商问题,其结果优于遗传算法。Bibiks 等[8]对原有 CS 算法进行改进,并用于解决资源约束项目调度问题,提高了算法的效率和质量。王超等[9]为解决带时间窗和同时送货的车辆路径问题,提出了位置和寄生巢更新策略,并在多算例中取得了最优解。上述众多文献研究表明,CS 算法能有效求解复杂连续函数优化与离散组合优化问题。

分析已有关于 CS 算法的国内外文献可知,CS 算法虽主要求解连续函数优化问题,但近来也有研究人员将 CS 算法离散化,并应用到实际工程问题中。DCS 算法[6]已在实际工程问题中获得了广泛的应用,但将 CS 算法应用到矩形排样中的研究则少之又少。矩形排样问题是典型的离散组合优化问题,用 CS 算法求解排样问题的关键是如何根据问题特点将 CS 算法离散化;求解难点是寻优过程与布谷鸟寻巢产蛋过程的对应、解编码方式的实现、序列解码方式的启发式实现、Lévy 飞行的离散位置更新、巢寄生机制的离散位置更新等。要想将 CS 算法成功应用于矩形排样问题,必须要攻克上述核心点与困难点。

组合优化问题常用的编码方式有二进制与十进制两种,考虑到矩形零件的编号为非负整数离散数值,本章求解矩形排样的 CS 算法采用十进制编码方式。每个矩形零件在参与排样之前,都按照十进制模式,赋予其从 1 至 n 的连续整数作为矩形的唯一身份标识。CS 算法的寻优结果为一串零件排样序列,如 $\pi = (4,6,2,3,1,5)$代表将上述编号代表的零件按次序排入板材中,这个过程也称为解码。序列解码时需要配合启发式定位算法,但核心是排入的序列中不能存在两个重复的编号,且序列必须完整包含所有的零件,这就要求算法在对序列进行 Lévy 飞行位置更新、巢寄生位置更新等操作时,需严谨地设置更新机制的运算方式。

5.2　基于值评价的最低水平线定位算法

根据矩形排样问题的求解框架,解码方式(即矩形定位算法)是将排样序列转换成排样图的关键。众多学者在矩形排样领域提出了 BL 算法、BLF 算法、下台阶算法、剩余矩形算法等定位算法,并将其与智能优化算法相结合,但当排样问题规模增大时,求得的解与理想值仍有所差距。在此情况下,寻求简单高效的解码算法具有重要意义。最低水平线定位算法(LHLS 算法,也称为 BF 算法)[10]是目前使用较多且最具潜力的启发式算法,已出现较多该算法的衍生算法,都取得了不错的效果。本章介绍基于值评价的最低水平线定位算法。

5.2.1　最低水平线定位算法基本原理

将矩形零件排入板材时,水平方向会出现多条轮廓线 Linelist,如图 5.3(a)所示。最低水平线即所有轮廓线中高度最低的一段，若有多段，则取最左边的一段，如图 5.3(a)中 l_2 即最低水平线 l_{lowest}。最低水平线定位算法直接将矩形零件排入最低水平线，其基本流程如下：

(1) 初始化最低水平线 l_{lowest} 为板材底边边界。

(2) 若当前零件能排放至 l_{lowest} 中，则将零件排放至 l_{lowest} 靠左侧的位置，如图 5.3(b)所示；否则，按照零件排入的顺序向后搜索一个能排入当前 l_{lowest} 的零件，并交换两个零件的排放顺序，如图 5.3(c)所示；若序列中没有矩形能排入此水平线，则提升最低水平线至相邻且高度较低的一段水平线，如图 5.3(d)所示。执行上述操作并更新水平线集合 Linelist。

(3) 重复步骤(2)，直至所有零件排入板材中。

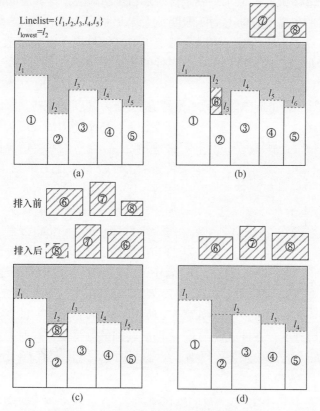

图 5.3　最低水平线矩形定位算法示意图

传统最低水平线定位算法虽然排样效果有所提高，但因为频繁地提升水平线也容易造成较多区域的浪费。针对上述缺陷，有学者对排入序列向后搜索的过程提出改进，例如，文献[11]提出了向后搜索能排入当前 l_{lowest} 中的宽度最大的矩形零件，并插入序列的首部；文献[12]引入了优先度的概念评价每个矩形零件，包

括评价零件宽度与 l_{lowest} 的比值、零件本身的宽高比；文献[13]提出了基于零件的宽度、高度、面积为序列中每个可排入矩形计算一个复合评价因子，选取评价最高的矩形零件排入 l_{lowest} 中。虽然上述改进在一定程度上克服了传统最低水平线定位算法的缺陷，但由于这类算法本质上是针对当前 l_{lowest} 选择一个最匹配的零件，即贪婪地选择当前情况下最优的矩形零件，而使算法容易陷入局部最优的困境，算法整体也失去灵活性。通过对国内外相关改进算法的总结与分析，针对其灵活性差的特性，本节提出一种最低水平线的改进算法。

5.2.2　基于值评价的最低水平线定位算法设计

为避免最低水平线贪婪地选择最优矩形零件而使算法陷入局部最优的情况，本节提出基于值评价的最低水平线定位(VE-LHLS)算法，该算法同时考虑零件与周围环境在水平和高度方向上的匹配度，且灵活性更高。VE-LHLS 算法的核心思想是依据排入 l_{lowest} 后的对齐情况为每个矩形零件打出一个评价值 f，最终排入 l_{lowest} 的为评价值最高的零件，若多个零件的评价值相同，则取序列中最靠前的零件排入 l_{lowest} 中。

如图 5.4 所示，将选中的最低水平线 l_{lowest} 作为高度基准线，假设左侧邻边的高度为 h_1，右侧邻边的高度为 h_r。以矩形零件 R_i 排入 l_{lowest} 后的对齐情况作为匹配度评价值：①比较零件宽度 w_i 与 l_{lowest} 长度是否相等；②比较零件高度 h_i 与邻边高度 h_1 或 h_r 是否相等。其具体评价规则如表 5.1 所示。每个零件都有两个评价值 f 和 f'，分别为零件当前方向及旋转 90° 后的评价结果，取两者中的较大值为零件 R_i 的最终评价值。

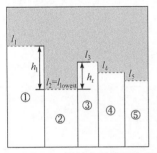

图 5.4　最低水平线及高度示意图

如图 5.5(a)所示，零件 R_i 的宽度 $w_i \neq l_{lowest}$，高度 $h_i \neq h_1 \neq h_r$，此时按照如表 5.1 所示的评价规则，$f = 1$；当零件旋转 90° 后，如图 5.5(b)所示，零件 R_i 的宽度 w_i' 即旋转前的高度 h_i，此时宽度 $w_i' = l_{lowest}$，高度 $h_i' \neq h_1 \neq h_r$，此时按照评价规则，$f = 2$。因此，以较大值 $f = 2$ 作为此零件的评价结果。

新零件排入最低水平线 l_{lowest} 的评价值如表 5.1 所示，每个新零件在排入时都要检查是否超出板材上边界。该表描述了匹配度值 f 的四种不同情形。

(1) $f = 0$：待排矩形零件不能排入最低水平线。

(2) $f = 1$：待排矩形零件可排入最低水平线，但在水平线宽度和高度方向均不能对齐。

(3) $f = 2$：待排矩形零件可排入最低水平线，且能在水平线宽度或高度方向对齐。

(4) $f = 3$：待排矩形零件可排入最低水平线，且能在水平线宽度和高度方向同时对齐。

表 5.1　匹配度值评价规则表

编号	排入后对齐情况	对应图形	匹配度值 f
1	矩形零件 R_i 不能排入最低水平线 l_{lowest}		$f = 0$
2	矩形零件 R_i 可排入 l_{lowest}，但与水平线和高都不对齐		$f = 1$
3	矩形零件 R_i 可排入 l_{lowest}，与宽或高其中一边对齐		$f = 2$
4	矩形零件 R_i 可排入 l_{lowest}，与宽和高两边对齐（若两高相等，则三边对齐）		$f = 3$

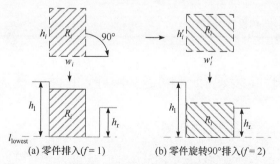

(a) 零件排入 $(f = 1)$　　　　　(b) 零件旋转90°排入 $(f = 2)$

图 5.5　基于值评价的最低水平线定位算法排入示意图

　　如第 2 章所述,矩形排样问题分为两大类:给定原材料板材长宽且数量充足的矩形装箱排样问题与给定原材料宽度不限长度的矩形带排样问题。为描述算法方便,本章针对板材定宽定长且尺寸单一的矩形装箱排样问题,介绍 VE-LHLS算法基本流程。由于矩形装箱排样问题在排样过程中可能会用到多张板材,所以排样时需要检测新排入零件是否超出板材上边界,即从第一张板材开始排入零件,若此张板材不够排入剩余的任何零件,便开启第二张板材的使用,同时重新开始初始化最低水平线。重复上述过程,直至所有零件都排入板材中。求解矩形装箱排样问题的 VE-LHLS 算法步骤如算法 5.1 所示。

算法 5.1　求解矩形装箱排样问题的 VE-LHLS 算法

输入:	输入零件及板材信息。
步骤 1	选取板材 $P_i(i=1)$,初始化水平线集合 Linelist 为当前板材底边边界。
步骤 2	初始化最低水平线 l_{lowest}。
步骤 3	每当有新零件要排入板材时,从水平线集合 Linelist 选取最低的一段作为 l_{lowest},若有多段,则取最左的一段。
步骤 4	从当前零件开始按照序列向后搜索,每个零件旋转前后都按照匹配度规则进行评价并取两者中的较大值,计算所有零件的 f 值。
步骤 5	从所有零件中选取排入后不超出板材边界且评价值 f 最大($f \neq 0$)的排入 l_{lowest} 中,若同时有多个,则选取最靠前的。
步骤 6	判断是否存在满足步骤 5 条件的零件,若存在,则转步骤 8;否则,直接进入下一步。
步骤 7	若所有零件的评价值 f 都为 0,则提升 l_{lowest} 至相邻水平线中高度较低的一段平齐,更新水平线集合 Linelist。若此时存在可排入当前板材中的零件,则转步骤 3;否则,启用下一张板材 P_{i+1},初始化水平线集合 Linelist 为新板材底边边界,转步骤 2。
步骤 8	排入新零件,更新水平线集合 Linelist。
步骤 9	重复步骤 2~8,直至所有零件排入板材中。
输出:	输出排样图及板材利用率。

5.3　矩形装箱排样问题的离散布谷鸟搜索算法

5.3.1　离散布谷鸟搜索算法基本规则

　　CS 算法多用于求解连续性复杂函数优化问题,而矩形排样问题属于离散型组合优化问题,因此要将 CS 算法转变为 DCS 算法。

1. DCS 算法求解矩形排样问题的基本概念

将 DCS 算法与矩形优化排样问题进行详细分析,可得到求解矩形排样的 DCS 算法与布谷鸟寄生育雏行为的对应关系如表 5.2 所示。由 Yang 等基于 CS 算法提出的三个假设可推知,布谷鸟只在一个可用巢穴中产一枚蛋,因此巢穴与蛋是等价关系。一个巢穴(蛋)代表一个种群个体,在本书中相当于矩形排样问题的一个可行方案;所有可用的巢穴(蛋)即种群全体,其数量为固定值 m。

表 5.2 DCS 算法求解矩形排样与布谷鸟寄生育雏行为映射关系

编号	布谷鸟寄生育雏行为	DCS 算法求解矩形排样问题
1	一枚布谷鸟的蛋/一个寄生巢穴	一个矩形排样可行解
2	所有布谷鸟蛋(巢穴)的数量	矩形排样可行解的数量
3	最优宿主巢穴	最优的矩形排样方案
4	布谷鸟 Lévy 飞行更新机制	基于学习和邻域搜索算子的 Lévy 飞行更新机制
5	布谷鸟巢寄生更新机制	基于扰动因子的巢寄生更新机制

2. 解的编码

本节采用十进制整数编码方式,将矩形零件的编号连成序列。定义参数 m 为 DCS 算法可用巢穴的总数,n 为排样任务中零件的数量,则布谷鸟寄生育雏行为的活动空间可以看成 $m \times n$ 维的欧氏空间。第 i 个巢穴的位置坐标为 Nest$_i$ = (x_{i1}, x_{i2}, ···, x_{in}) ($i = 1, 2, ···, m$; $j = 1, 2, ···, n$),其中,$|x_{ij}|$ 为巢穴 Nest$_i$ 第 j 个编码位所代表的零件编号,符号位表示零件的旋转情况,符号位为正表示此零件按原状态排放,符号位为负表示此零件需要旋转 90°排放。本书第 2 章分析启发式算法时就是采用了十进制整数编码方式。

3. 适应度函数

解空间中方案的优劣与排样图的紧凑程度有关,最优排样图的材料利用率最高。因此 DCS 算法的适应度函数表达式 $Y = f(x)$ 由板材利用率决定,该利用率采用本章提出的 VE-LHLS 算法求得。Y 的取值范围为 0~1,其值越大,排样图的最高轮廓线越低,材料利用率越高。

在矩形排样问题中,巢穴的每一个编码位都为离散整数值,因此 CS 算法中基于 Lévy 飞行特征的位置更新的式(5.1)和基于巢寄生机制的位置更新的式(5.8)便不再适用于该组合优化类问题。此时需要将布谷鸟智能位置更新公式进行离散化,以保证种群有较强的全局与局部搜索能力。

5.3.2　基于学习和邻域搜索算子的莱维飞行机制

用轮盘赌法初始化巢穴种群后,可以随机产生 m 个鸟巢。CS 算法的 Lévy 飞行机制是算法进行全局和局部搜索的关键智能行为,为避免布谷鸟在离散解空间随机盲目地搜索,本节采用解决组合优化问题常用的邻域搜索算子和学习算子模拟布谷鸟的大步长与小步长相间飞行来加强算法搜索精度。

学习算子的核心思想是从对方身上学习精华,进而优化自己;邻域搜索算子有助于布谷鸟在当前解的一定范围内进行游走探索。在对学习算子与邻域搜索算子两类算子进行规则定义之前,先阐述离散组合优化问题中两个可行解之间距离的概念。

对于连续函数问题,可直接用数值的大小衡量两个解的距离,但不适用于本节编码序列的距离计算。本节采用信息编码领域的海明距离(HD)来表示不同巢穴之间的距离,即两个序列对应编码位上数值不同的个数。对巢穴 $Nest_p$ 与 $Nest_q$(p, $q = 1, 2, \cdots, m$,且 $p \neq q$)的编码序列进行异或(xor)运算 $Nest_p \oplus Nest_q$,即可得到海明距离 HD_{pq}。其值越小,表示巢穴位置越接近。海明距离的计算过程如图 5.6 所示。

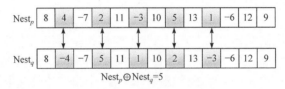

图 5.6　海明距离示意图

1. 邻域搜索算子

邻域搜索算子为一种序列内搜索方法,选择某一个宿主巢穴 $Nest_i$,在其邻域内进行移位(shift)或反序(reverse)操作。移位即选中鸟巢 i 的位置 $Nest_i = (x_{i1}, x_{i2}, \cdots, x_{in})$ 中的连续多个编码位向某一侧移动一定的距离,并插入该序列,同时相应编码位的符号也进行取反操作,图 5.7(a)即序列 $(x_{ij}, x_{i,j+1}, x_{i,j+2})$ 编码位向左移动 3 个位置的示意图;反序为进行反序操作,即从 $Nest_i$ 中随机选择两个编码位,将之间的所有零件都反序排列,图 5.7(b)即 x_{ij} 与 x_{ik} 之间的反序示意图。

此处定义布谷鸟邻域搜索算子移位法为 $F_s(Nest_i, step_1)$,其中 $Nest_i = (x_{i1}, x_{i2}, \cdots, x_{in})$ 表示当前巢穴 i 的位置;$step_1$ 为需要进行移位操作的连续编码位的数量,其值与排样任务零件总数 n 有关,$step_1 = n \times w_1$。定义布谷鸟邻域搜索算子反序法为 $F_r(Nest_i, step_2)$,其中 $Nest_i$ 为当前巢穴 i 的位置,$step_2$ 为选中需要进行反序操作的两个编码位的距离,$step_2 = random(2, n-2)$。

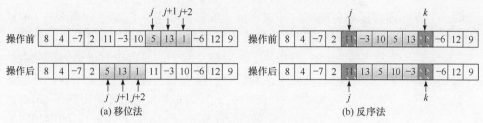

图 5.7　邻域搜索算子示意图

2. 学习算子

学习算子为一种序列间的搜索方法，重点是从优秀解上汲取优点，向其所在的位置靠近，体现了群体优秀解对个体行为的指导。为使 Nest_p 能向优秀解 Nest_q 快速靠拢，需要进行赋值(assign)操作以改进当前位置。将巢穴 $\text{Nest}_i = (x_{i1}, x_{i2}, \cdots, x_{in})$ 第 j 个编码位上的值赋为 $a(a = 1, 2, \cdots, n)$，其中 a 来自其他优秀序列的相同编码位且自带符号；同时寻找出 Nest_i 中绝对值与 $|a|$ 相等的编码位，并赋值为 x_{ij}。

定义布谷鸟学习算子为 $G(\text{Nest}_i, S_1, S_2, \text{step}_3)$，其中 $\text{Nest}_i = (x_{i1}, x_{i2}, \cdots, x_{in})$ 表示当前巢穴 i 的位置；集合 S_1 记录需要进行 assign 操作的编码位，集合 S_2 记录相应位置需要赋的值，S_1 与 S_2 是一组双射函数，$S_1 \rightarrow S_2$ 是集合 S_1 与集合 S_2 的一一映射；step_3 表示需要进行 assign 操作的编码位数目，其值与排样任务零件总数 n 有关，$\text{step}_3 = n \times w_2$。以 Nest_i 为例，$S_1 = \{4,6,9,10,13\}$，$S_2 = \{7,-1,10,5,2\}$，step_3 为 2。那么，学习算子一次操作的可能结果如图 5.8 所示。

图 5.8　学习算子示意图

DCS 算法的 Lévy 智能飞行行为如下。

(1) 领袖选择机制。将初始种群中巢穴位置最优的布谷鸟选举为领袖(leader)，其独立于布谷鸟种群。leader 可以进入下一代寻优，直至被更优秀的解所替代。

(2) 探索飞行行为。布谷鸟在解空间进行全局探索，用其敏锐的观察能力发现不同位置巢穴的优劣程度。假设 Y_{leader} 和 Y_i 分别为当前最优巢穴和待进行位置更新巢穴的适应度值。布谷鸟 i 从当前某巢穴 $\text{Nest}_i (i \neq \text{leader})$ 开始，借助邻域搜索算子分别向 k 个方向随机探索一次，选用搜索算子的具体措施如下：随机生成 $r_1 = \text{random}(0,1)$，当 $r_1 \in [0, 0.5)$ 时，应用移位算子；当 $r_1 \in [0.5, 1]$ 时，应用反序算子。

具体地，布谷鸟 i 进行第 $p(p = 1, 2, \cdots, k)$ 次飞行，即 Nest_i 借助已选择的某一邻域搜索算子进行位置更新一次，一共更新 k 次，取此次探索过程中适应度值最高的一个方向作为探索后的解。探索飞行完成后，若 $Y_i > Y_{leader}$，则布谷鸟 i 取代原 leader 成为新 leader；否则以 k 次探索中最优的位置作为 $Nest_i$ 更新后的位置。

(3) 学习行为。在 leader 的指导下，对解空间中的巢穴位置进行局部搜索。假设 Y_{leader} 和 Y_i 分别为以往最优巢穴和待进行位置更新巢穴的适应度值。种群里某只布谷鸟此时的位置为 $Nest_i = (x_{i1}, x_{i2}, \cdots, x_{in})$，则布谷鸟 i 通过学习算子 $G(Nest_i, S_1, S_2, step_3)$ 向 $Nest_{leader}$ 的位置快速靠近。S_1 序列记录 $Nest_i$ 与 $Nest_{leader}$ 的不相同编码位，S_2 为布谷鸟 i 在该编码位需要赋的值，即 leader 中相对应 S_1 编码位的值。S_1 与 S_2 生成方式如下所示，其中 p 为 S_1 与 S_2 不同编码位的总数。

```
int p=0;
for(j=1; j<=n; ++j)
{   if( xij ≠ xleader j )
        { S1.push_back(j);
          S2.push_back(xleader j);
          p=p+1;
        }
}
```

当布谷鸟 i 借助学习算子完成学习行为后，计算 $Nest_i$ 与 $Nest_{leader}$ 的海明距离 HD。设置参数 $HD_{close}= n×w_3$ 为预学习因子，即布谷鸟 i 通过学习行为后，其与 leader 的预期距离。若 $HD < HD_{close}$，则停止学习行为；否则执行再学习行为，直接以步长 $p-HD_{close}$ 一次学习到位。学习行为完成后，与学习前进行对比并贪婪决策，即若 $Y_{new} > Y_i$，则更新当前位置；否则位置不变。若此时 $Y_i > Y_{leader}$，则布谷鸟 i 取代原 leader 成为新 leader。

综上，基于 DCS 算法的 Lévy 飞行更新机制如算法 5.2 所示。

算法 5.2　DCS 算法 Lévy 飞行更新机制

1.	依据初始适应度值产生布谷鸟 leader；
2.	for 除 leader 外的每一个巢穴 $Nest_i$
3.	随机值 r_1=random(0,1)；
4.	if $0< r_1 \leqslant 0.5$, then 采用移位算子探索飞行；
5.	if $0.5< r_1 \leqslant 1$, then 采用反序算子探索飞行；
6.	应用学习算子更新位置，并贪婪决策；
7.	return 当前序列方案；
8.	end for

5.3.3　基于扰动因子的巢寄生更新机制

为了降低算法陷入局部最优的可能性，本节提出扰动因子对上述通过 Lévy 飞行更新后解的邻域进行扰动。对于种群中的每一个巢穴 $Nest_i = (x_{i1}, x_{i2}, \cdots, x_{in})(i = 1, 2, \cdots, m)$，生成一个随机数 $r_2 = \mathrm{random}(0,1)$，若 r_2 大于扰动概率 P_a，则通过扰动因子更新当前巢穴位置；否则继续保持当前位置不变。扰动因子可以表示为 $Nest_{new} = \mathrm{perturbation}(Nest_i)$，包括 swap 和 insert 算子。若扰动后 $Y_i > Y_{leader}$，则布谷鸟 i 取代原 leader 成为新 leader。

1. swap 算子

该算子为一种邻域搜索算子，可对当前解 $Nest_i$ 进行小范围扰动。使用 swap 算子时，首先随机选择当前序列 $Nest_i$ 中的两个编码位 p 与 $q(p, q = 1, 2, \cdots, n$，且 $p \neq q)$，然后将编码位对应的值交换，形成一条新的序列 $Nest_{new}$。其操作过程如图 5.9 所示。

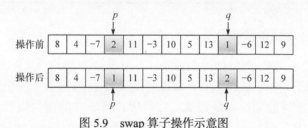

图 5.9　swap 算子操作示意图

2. insert 算子

该算子为一种邻域搜索算子。首先随机选择 $Nest_i$ 一个编码位 p，然后将其以一定的步长 $step_4$ 插入序列的另一个编码位之前。其中，$step_4$ 的值随机产生，$step_4 = \mathrm{random}[1, \max(n-p, p-1)]$。其具体操作过程如图 5.10 所示。

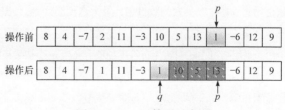

图 5.10　insert 算子示意图

在上述 Lévy 飞行与扰动因子更新过程中，若第 t 代的种群 leader 较 $t-1$ 代有所更新，即若 $Y_{leader}^{(t)} > Y_{leader}^{(t-1)}$，则 $Nest_{leader}^{(t)}$ 依据扰动因子 $\mathrm{perturbation}(Nest_{leader}^{(t)})$ 进行局部邻域探索，计算位置更新前后适应度值，并进行贪婪决策；否则直接进入下

一步骤。基于 DCS 算法的巢寄生与加强学习更新机制如算法 5.3 所示。

算法 5.3　DCS 算法巢寄生与加强学习更新机制

1.　　　　for 除 leader 外的每一个巢穴 Nest_i

2.　　　　　　随机值 $r_2 = \text{random}(0,1)$;

3.　　　　　　if $r_2 > P_a$

4.　　　　　　　　采用扰动因子 $\text{Nest}_{\text{new}} = \text{perturbation}(\text{Nest}_i)$;

5.　　　　　　return 当前序列方案;

6.　　　　end for

7.　　　　if $Y_{\text{leader}}^{(t)} > Y_{\text{leader}}^{(t-1)}$

8.　　　　　　巢穴 $\text{Nest}_{\text{leader}}^{(t)}$ 应用扰动因子更新位置，并贪婪决策;

9.　　　　return 更新序列;

5.3.4　离散布谷鸟搜索算法流程

综上所述，本节提出的 DCS 算法在 CS 算法原有理论框架与思想的基础上，为离散化的 Lévy 飞行与巢寄生等智能行为赋予新的内涵，由于其本质是优化矩形零件排入板材的顺序，所以 DCS 算法在所研究的两类矩形排样问题中都可以应用，只需要解码时对定位算法加以区别即可。因此，结合本节提出的 VE-LHLS 算法，求解矩形排样的 DCS 算法如算法 5.4 所示，DCS 算法流程如图 5.11 所示。

算法 5.4　求解矩形排样的 DCS 算法

输入：　　输入板材和矩形零件信息。

步骤 1　算法参数初始化。宿主鸟巢穴的数目 m，最大迭代次数 $t_{\max}$，探索次数 k，步长更新因子 w_1、w_2，扰动概率 P_a。

步骤 2　种群初始化。采用随机方式初始化布谷鸟种群，产生 m 个初始巢穴位置 $\text{Nest}_i (i = 1, 2, \cdots, m)$。调用 VE-LHLS 算法求得种群适应度值，选举出种群 leader。

步骤 3　基于邻域搜索与学习算子的 Lévy 飞行更新机制。
　　　　① 对于每只布谷鸟 i，当随机值 $0 < r_1 \leqslant 0.5$ 时，采用移位算子探索飞行；当 $0.5 < r_1 \leqslant 1$ 时，采用反序算子探索飞行。布谷鸟 i 采用选定算子分别向 k 个方向飞行，取其中最优的一个位置作为更新位置。
　　　　② 每只布谷鸟 i 通过学习算子进行位置更新。

步骤 4　基于扰动因子的巢寄生机制。

　　① 对于每个集穴位置 $Nest_i$，当随机值 $r_2 > P_a$ 时，采用扰动因子 perturbation 即 swap 和 insert 算子更新位置。

　　② 若 $Y_{leader}^{(t)} > Y_{leader}^{(t-1)}$，则 $Nest_{leader}^{(t)}$ 依据扰动因子 perturbation 即 swap 和 insert 算子进行局部邻域探索；否则直接进入步骤 5。

步骤 5　重复步骤 3 和步骤 4，直至达到最大迭代次数 t_{max}。

输出：　输出最优解和排样图，算法结束。

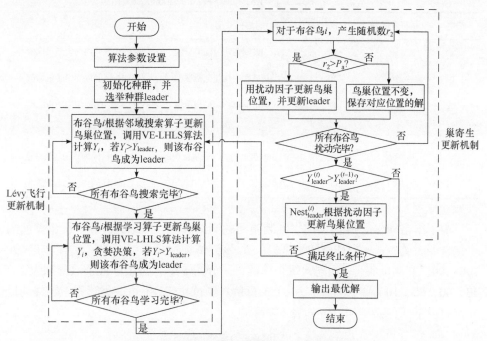

图 5.11　求解矩形排样问题的 DCS 算法流程图

5.4　算例验证与分析

　　为验证本章提出的 DCS 算法的有效性，本节利用该算法求解二维矩形装箱排样问题，并将求解结果与近年来的典型智能算法进行对比。DCS 算法仿真计算的测试运行环境为：Intel(R) Core(TM) i5-3230M CPU，2.60GHz，RAM 3.88GB；Windows 8 操作系统，Visual Studio C++。

5.4.1　实验数据说明

　　采用排样研究领域广泛使用的具有 500 个算例的 benchmark 测试集作为本章

算法的测试集，文献[14]和[15]等都曾使用过该测试集算例作为实验数据。

测试集(一)由 Wang 等[16]首次提出，共有六大类(I~VI)。每个大类中矩形零件的宽度(w_i)与高度(h_i)都是依据表 5.3 在一定的区间范围内均匀随机产生的，且每类算例的板材尺寸 W 和 H 均有所差异。每个大类的算例可平均分成五组，每组算例中矩形零件的个数分别为 20、40、60、80、100，且每组算例包含 10 个子算例。因此，测试集(一)总共有 300 个测试算例。板材与零件尺寸生成规则如表 5.3 所示。

表 5.3　测试集(一)板材及零件尺寸生成规则

类	板材宽度 W	板材高度 H	零件宽度 w_i	零件高度 h_i
I	10	10	[1,10]区间内均匀随机取值	[1,10]区间内均匀随机取值
II	30	30	[1,10]区间内均匀随机取值	[1,10]区间内均匀随机取值
III	40	40	[1,35]区间内均匀随机取值	[1,35]区间内均匀随机取值
IV	100	100	[1,35]区间内均匀随机取值	[1,35]区间内均匀随机取值
V	100	100	[1,100]区间内均匀随机取值	[1,100]区间内均匀随机取值
VI	300	300	[1,100]区间内均匀随机取值	[1,100]区间内均匀随机取值

为了丰富 Wang 等提出的二维装箱问题测试算例，Martello 等[17]提出并使用了包含四大类(VII~X)算例的测试集(二)。该测试集中矩形板材的尺寸均为 $W \times H = 100 \times 100$，与测试集(一)相同，每类算例可平分为 5 组，每组零件个数分别为 20、40、60、80、100，一组包含 10 个子算例。测试集(二)中每一类算例中零件的尺寸都由以下四种类型构成，如表 5.4 所示。

表 5.4　测试集(二)零件尺寸类型

类型	零件宽度 w_i	零件高度 h_i
Type 1	$[2W/3,W]$ 区间内均匀随机取值	$[1,H/2]$ 区间内均匀随机取值
Type 2	$[1,W/2]$ 区间内均匀随机取值	$[2H/3,H]$ 区间内均匀随机取值
Type 3	$[W/2,W]$ 区间内均匀随机取值	$[H/2,H]$ 区间内均匀随机取值
Type 4	$[1,W/2]$ 区间内均匀随机取值	$[1,H/2]$ 区间内均匀随机取值

测试集(二)子算例中零件尺寸的生成规则如下。

第 VII 类：每个算例中 Type1 零件占 70%，Type2、Type3 和 Type4 零件各占 10%。

第 VIII 类:每个算例中 Type2 零件占 70%,Type1、Type3 和 Type4 零件各占 10%。

第 IX 类:每个算例中 Type3 零件占 70%,Type1、Type2 和 Type4 零件各占 10%。

第 X 类:每个算例中 Type4 零件占 70%,Type1、Type2 和 Type3 零件各占 10%。

5.4.2　计算结果及分析

新涌现的一批优秀智能算法如 IMA、HBP、ATS、HHA-NO 和 RSMP 等算法在求解 Berkey 和 Martello 测试集时表现优异,为验证本章算法的有效性和优越性,现将 DCS 算法求出的结果与上述算法做对比。各算法求解矩形排样问题的结果对比如表 5.5 所示,上述对比算法的结果数据均来自文献[14]和[15]。取算法独立运行 10 次后的平均值作为对比数据,经过多次测试,求解 2DR-BP 问题的 DCS 算法参数设置如下:布谷鸟规模 m 为 50,移位因子 w_1 为 1/5,最大邻域搜索次数 k 为 10,学习因子 w_2 为 7/16,预学习因子 w_3 为 3/16,扰动概率 P_a 为 0.75。

表 5.5　各算法求解矩形排样问题的结果对比

| 算例 | | LB | 平均相对距离 | | | | | |
类	n		IMA	HBP	ATS	HHA-NO	RSMP	DCS
	20	66	**0.00**	**0.00**	**0.00**	**0.00**	1.52	**0.00**
	40	129	**0.00**	**0.00**	**0.00**	1.55	1.55	0.78
	60	195	**0.00**	**0.00**	**0.00**	0.51	0.51	0.51
I	80	270	**0.00**	**0.00**	**0.00**	**0.00**	0.37	0.37
	100	313	**0.00**	**0.00**	0.32	0.32	0.32	0.64
	avg	195	0.00	0.00	0.06	0.48	0.85	0.46
	20	10	**0.00**	**0.00**	**0.00**	**0.00**	**0.00**	**0.00**
	40	19	**0.00**	**0.00**	**0.00**	5.26	5.26	**0.00**
	60	25	**0.00**	**0.00**	**0.00**	**0.00**	**0.00**	**0.00**
II	80	31	**0.00**	**0.00**	**0.00**	**0.00**	**0.00**	**0.00**
	100	39	**0.00**	**0.00**	**0.00**	**0.00**	**0.00**	**0.00**
	avg	25	0.00	0.00	0.00	1.05	1.05	0.00
	20	47	**0.00**	**0.00**	**0.00**	2.13	**0.00**	**0.00**
	40	91	3.30	3.30	3.30	4.40	4.40	**0.00**
	60	135	**0.00**	**0.00**	0.74	1.48	0.74	0.74
III	80	184	**0.00**	**0.00**	1.09	1.09	1.09	1.09
	100	222	**0.00**	**0.00**	0.45	1.35	**0.00**	**0.00**
	avg	136	0.66	0.66	1.12	2.09	1.25	0.37

续表

算例		LB	平均相对距离					
类	n		IMA	HBP	ATS	HHA-NO	RSMP	DCS
IV	20	10	**0.00**	**0.00**	**0.00**	**0.00**	**0.00**	**0.00**
	40	19	**0.00**	**0.00**	**0.00**	**0.00**	**0.00**	**0.00**
	60	24	4.17	4.17	**0.00**	4.17	4.17	4.17
	80	31	**0.00**	3.23	3.23	3.23	3.23	**0.00**
	100	37	**0.00**	2.70	2.70	2.70	**0.00**	2.70
	avg	24	0.83	2.02	1.19	2.02	1.48	1.37
V	20	59	**0.00**	**0.00**	**0.00**	**0.00**	**0.00**	**0.00**
	40	114	**0.00**	0.88	**0.00**	1.75	0.88	**0.00**
	60	174	**0.00**	0.57	0.57	0.57	0.57	**0.00**
	80	239	**0.00**	0.42	**0.00**	0.42	0.42	0.42
	100	279	**0.00**	0.36	0.36	1.79	1.43	1.43
	avg	173	0.00	0.45	0.19	0.91	0.66	0.37
VI	20	10	**0.00**	**0.00**	**0.00**	**0.00**	**0.00**	**0.00**
	40	16	6.25	6.25	**0.00**	12.50	12.50	6.25
	60	21	**0.00**	**0.00**	**0.00**	4.76	**0.00**	**0.00**
	80	30	**0.00**	**0.00**	**0.00**	**0.00**	**0.00**	**0.00**
	100	32	**0.00**	6.25	6.25	6.25	6.25	**0.00**
	avg	22	1.25	2.50	1.25	4.70	3.75	1.25
VII	20	52	**0.00**	**0.00**	**0.00**	**0.00**	3.85	**0.00**
	40	101	2.97	3.96	2.97	4.95	5.94	**0.00**
	60	145	1.38	4.14	0.69	4.83	5.52	**0.00**
	80	212	**0.00**	2.83	0.47	1.89	3.30	0.47
	100	253	**0.00**	2.37	0.79	2.77	3.56	2.77
	avg	153	0.87	2.66	0.98	2.89	4.43	0.65
VIII	20	51	3.92	3.92	3.92	3.92	5.88	**0.00**
	40	102	1.96	2.94	1.96	3.92	4.90	**0.00**
	60	150	**0.00**	2.67	0.67	3.33	3.33	1.33
	80	208	**0.00**	2.40	**0.00**	2.40	2.88	0.96
	100	253	1.58	3.95	2.77	3.16	4.35	**0.00**
	avg	153	1.49	3.18	1.86	3.35	4.27	0.46

续表

算例		LB	平均相对距离					
类	n		IMA	HBP	ATS	HHA-NO	RSMP	DCS
IX	20	143	**0.00**	**0.00**	**0.00**	**0.00**	**0.00**	**0.00**
	40	275	**0.00**	**0.00**	0.36	**0.00**	**0.00**	**0.00**
	60	433	0.46	0.46	0.46	0.46	0.46	**0.00**
	80	573	**0.00**	**0.00**	**0.00**	**0.00**	**0.00**	**0.00**
	100	693	**0.00**	**0.00**	**0.00**	**0.00**	**0.00**	**0.00**
	avg	423	0.09	0.09	0.17	0.09	0.09	0.00
X	20	41	**0.00**	**0.00**	**0.00**	**0.00**	2.44	**0.00**
	40	72	1.39	1.39	1.39	1.39	1.39	**0.00**
	60	99	2.02	1.01	**0.00**	2.02	1.01	1.01
	80	126	1.59	1.59	1.59	2.38	3.17	**0.00**
	100	158	**0.00**	1.27	0.63	3.80	1.90	0.63
	avg	99	1.00	1.05	0.72	1.92	1.98	0.33

在同类型的算例中,以零件数量作为分组的依据,一组算例包含 10 个子算例,即对应表 5.5 中行的概念。以每组算例最终使用板材数量的总数作为评价指标,表中的 n 为矩形零件数量,LB 为该组算例已知使用的最优板材数量,avg 为当前算法在该类算例中对比标准 gap 的平均值。为更好地展示不同算法之间的寻优性能差异,现采用广泛使用的相对距离 gap 值作为各算法寻优性能的评价标准,其计算方式如式(5.10)所示,其中 UB 为当前算法求解该组算例的板材使用量。显然,gap 值越小,代表该算法在该组算例上的测试性能越接近最优解。

$$gap = \frac{UB - LB}{LB} \times 100 \tag{5.10}$$

从表 5.5 可以看出,除了第 I 类算例,DCS 算法在其他每类算例中至少可以找到 3 组子算例的最优解;尤其在第 II 类算例和第 IX 类算例中,DCS 算法在零件数量为 20、40、60、80、100 的算例中,都能求得当前最优的排样布局方案。其他算例也有较优的表现,例如,IMA 算法在 I、II 和 V 类算例上都能取得最优解,HBP 算法在 I、II 类算例上也能取得目前最优解。以第 III 类算例为例,IMA 和 HBP 算法虽能取得 4 组子算例的最优值,优于 DCS 算法求得的三组最优排样结果,但 DCS 算法的平均相对距离为 0.37,优于 IMA 和 HBP 算法的 0.66,因此 DCS 算法求得的该类算例板材的整体利用率更高,在实际工程问题中有更好的应用。图 5.12 直观地展现了各智能优化算法对标准算例的计算结果。

平均相对距离与该类算例的板材利用率息息相关。由图 5.12 可以看出,对于整体算例,HHA-NO、RSMP 与 HBP 算法在前 5 类算例中有较稳定的寻优性能,但在

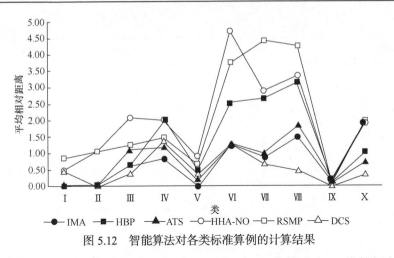

图 5.12　智能算法对各类标准算例的计算结果

后 5 类算例中呈现较大的波动性；而 IMA、ATS 与 DCS 算法在 10 类算例中都有较稳定的排样结果，整体上优于前几类算法。DCS 算法虽然在前几个算例中的表现与其他算法基本相同或稍逊于 IMA、ATS 等算法，但在后 5 个算例中，都能求得最优值，尤其在第 VII、VIII 和 X 类算例中，DCS 算法体现的排样性能远优于目前最优排样结果。产生上述现象的主要原因是随着算例板材尺寸的增大，按照规则产生的矩形零件尺寸也会有较大差异，而本章提出的 VE-LHLS 算法能充分地利用分割的水平线，精准且灵活地将零件匹配到适合的水平线中，有效提高了矩形板材的利用率。

　　综合考虑各类算法的排样寻优性能，以所有算例的平均相对距离作为评价指标，如图 5.13 所示。从图中可以看出，DCS 算法不仅能在某些算例上取得最优排样结果，而且其平均相对距离为 5.25，整体寻优性能要优于其他智能算法，说明了本节提出的 DCS 算法的有效性。

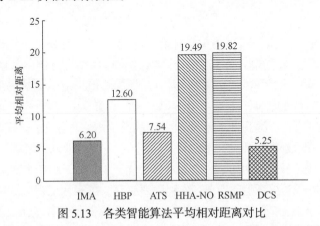

图 5.13　各类智能算法平均相对距离对比

　　为方便其他学者进行后续的研究与比较，本节给出当前运行环境下 DCS 算法求解所有算例的平均时间为 30.17s。图 5.14 和图 5.15 分别为第 I 类和第 II 类中某一算例的排样图实例, 零件数目分别为 20 和 100。

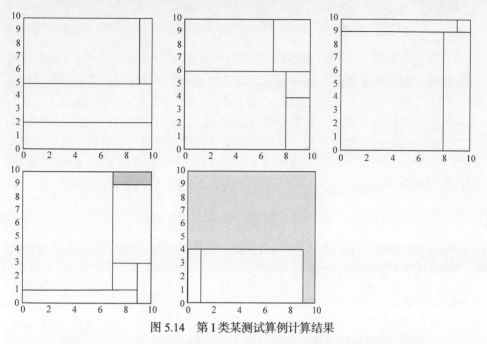

图 5.14　第 I 类某测试算例计算结果

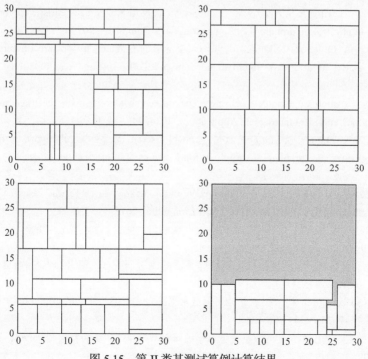

图 5.15　第 II 类某测试算例计算结果

5.5　本 章 小 结

本章首先介绍了 CS 算法的基本原理与算法流程,并给出了应用 CS 算法求解矩形排样问题的基本思路。为求解矩形排样问题,在保证编码方式合理的基础上将 CS 算法的智能搜索行为离散化,并提出基于学习与邻域搜索算子的 Lévy 飞行更新机制和基于扰动因子的巢寄生更新机制,将其用于优化排样问题的定序操作。然后,针对最低水平线定位算法寻优效果和灵活性差等缺点,提出了基于值评价的最低水平线矩形定位算法,将其用于矩形排样序列的解码。最后采用国际标准测试集对本章算法进行验证,证明了本章提出 DCS 算法的有效性与实用性。

参 考 文 献

[1] Yang X S, Deb S. Cuckoo search via Lévy flights[C]. World Congress on Nature & Biologically Inspired Computing, Coimbatore, 2009: 210-214.

[2] Yang X S, Deb S. Cuckoo search: Recent advances and applications[J]. Neural Computing and Applications, 2014, 24(1): 169-174.

[3] Walton S, Hassan O, Morgan K, et al. Modified cuckoo search: A new gradient free optimisation algorithm[J]. Chaos, Solitons & Fractals, 2011, 44(9): 710-718.

[4] Gandomi A H, Yang X S, Alavi A H. Cuckoo search algorithm: A metaheuristic approach to solve structural optimization problems[J]. Engineering with Computers, 2013, 29(1): 17-35.

[5] Gherboudj A, Layeb A, Chikhi S. Solving 0-1 knapsack problems by a discrete binary version of cuckoo search algorithm[J]. International Journal of Bio-Inspired Computation, 2012, 4(4): 229-236.

[6] Ouaarab A, Ahiod B, Yang X S. Discrete cuckoo search algorithm for the travelling salesman problem[J]. Neural Computing and Applications, 2014, 24(7-8): 1659-1669.

[7] Ouyang X X, Zhou Y Q, Luo Q F, et al. A novel discrete cuckoo search algorithm for spherical traveling salesman problem[J]. Applied Mathematics & Information Sciences, 2013, 7(2): 777-784.

[8] Bibiks K, Hu Y F, Li J P, et al. Improved discrete cuckoo search for the resource-constrained project scheduling problem[J]. Applied Soft Computing, 2018, 69: 493-503.

[9] 王超, 刘超, 穆东, 等. 基于离散布谷鸟算法求解带时间窗和同时取送货的车辆路径问题[J]. 计算机集成制造系统, 2018, 24(3): 570-582.

[10] 龚志辉, 黄星梅. 二维矩形件优化排样算法的改进研究[J]. 湖南大学学报(自然科学版), 2003, 30(3): 47-49.

[11] 刘海明, 周炯, 吴忻生, 等. 基于改进最低水平线方法与遗传算法的矩形件排样优化算法[J]. 图学学报, 2015, 36(4): 526-531.

[12] 黄河, 许超. 基于优先度的改进最低水平线排样算法[J]. 锻压装备与制造技术, 2015, 50(3): 106-109.

[13] 罗强, 李世红, 袁跃兰, 等. 基于复合评价因子的改进遗传算法求解矩形件排样问题[J]. 锻压技术, 2018, 43(2): 172-181.

[14] Cui Y P, Cui Y D, Tang T B. Sequential heuristic for the two-dimensional bin-packing problem[J]. European Journal of Operational Research, 2015, 240(1): 43-53.

[15] Beyaz M, Dokeroglu T, Cosar A. Robust hyper-heuristic algorithms for the offline oriented/non-oriented 2D bin packing problems[J]. Applied Soft Computing, 2015, 36: 236-245.

[16] Berkey J O, Wang P Y. Two-dimensional finite bin-packing algorithms[J]. Journal of the Operational Research Society, 1987, 38(5): 423-429.

[17] Martello S, Vigo D. Exact solution of the two-dimensional finite bin packing problem[J]. Management Science, 1998, 44(3): 388-399.

第 6 章　矩形排样问题的布谷鸟迁移学习算法

前几章研究的算法都是对排样问题进行独立寻优，没有考虑排样知识的继承与复用，因而也就不能将已有的有关排样知识或历史案例应用到具有相似性的排样任务中。在实际工程应用中，采取大批量生产模式的企业存在如下生产情形：同类产品一般采取轮番批次生产方式,同类产品中的不同系列往往采取变形设计，因此前后生产订单或生产计划内的下料零件种类及其数量往往具有一定程度的重复性或相似性，即前后排样任务之间具有一定程度的重复性或相似性。在此情形下，针对新的套料任务的排样设计方案应该可以借鉴以往的排样知识或案例，并在一定程度上加以继承和复用，而无须采用从零开始的独立计算方式，从而保证排样的优化效果和求解效率。为此，本章在第 5 章离散布谷鸟搜索算法的基础上，引入 Q-学习与迁移学习技术，提出布谷鸟迁移学习(transfer learning based CS, TCS)算法，帮助新排样任务利用已有的排样知识，从而提高在线寻优性能。

6.1　强化学习与迁移学习技术简介

6.1.1　Q-学习算法原理

Q-学习算法是目前最受欢迎的一种模型无关强化学习算法，最早由 Watkins 等[1]在 1992 年提出，是强化学习研究进程的里程碑。Q-学习算法通过对环境不断地试错探索来为马尔可夫决策过程(Markov decision process, MDP)找到最优的动作组合，是一种基于值函数迭代的延迟回报在线寻优技术。Q-学习的智能体无须知道环境模型，而是通过自己的探索与反馈学习经验。

算法赋予了智能体利用一连串动作序列的反馈值来选择最优动作的能力，Q-学习算法学习的是 $Q(s, a)$ 的值，即每个状态-动作对的评价值。在当前状态 s 下,通过动作 $a(a \in A)$ 的选择与奖励的反馈,期望获得累计期望折扣报酬总值最大,因此动作选择策略可以表示为

$$\pi(s) = \arg\max_{a} Q(s,a) \tag{6.1}$$

式中，s 为当前状态，智能体只需选择在当前状态 s 下可以使 $Q(s, a)$ 值最大的动

作 a 即可。依据这一策略，即可寻找到 MDP 问题中序贯决策的最优动作串集合。Q 值表记录每个"状态-动作"对的 Q 值，用于辅助式(6.1)做出决策。每一次迭代过程中，Q 值表都在不断更新，直至最终收敛。

Q 值表中的 $Q(s,a)$ 值是一次次迭代学习后的结果，智能体在与环境不断地交互探索中学习到每种状态的应对经验，从而逐渐充实 Q 值表。根据 Bellman 最优方程，计算表中 Q 值的值函数迭代公式为[1]

$$\text{New } Q(s,a) = Q(s,a) + \alpha\left[R(s,a) + \gamma\max_{a'} Q(s',a') - Q(s,a) \right] \tag{6.2}$$

式中，s' 为当前状态 s 下选择动作 a 后的状态；a' 为状态 s' 下的可选动作；α 为学习因子；γ 为折扣因子；$R(s,a)$ 为 s 选择动作 a 后的奖励值，表示期望此函数值优化的方向。

Q-学习算法步骤见算法 6.1。

算法 6.1　Q-学习算法

步骤 1　　初始化参数。初始化学习因子 α、折扣因子 γ、Q 值表元素。

步骤 2　　监测当前状态 s。

步骤 3　　依据动作选择策略与 Q 值表选择动作 a。

步骤 4　　依据值函数为表中的元素 $Q(s,a)$ 更新值。

步骤 5　　重复步骤 2～4，直至满足学习终止条件。

6.1.2　迁移学习算法原理

迁移学习算法是运用已有的知识对不同但相关领域问题进行求解的一种新的机器学习方法。迁移学习理论通过研究人的迁移学习能力，并将其抽象泛化应用到机器学习领域。传统机器学习认为任务之间是彼此孤立且同分布的，每个任务都需要大量样本才能获得一个好的训练模型。迁移学习理论放宽机器学习的假设，将已学习到的知识和经验迁移给只有少量标签样本训练甚至没有标签样本的学习领域，实现相似或相关领域间知识的迁移和重复使用。迁移学习算法使传统单任务从无开始学习，到多任务经验知识的可积累学习，不仅节约了训练成本，减少了训练时间，还可以显著提高机器学习的效果。

迁移学习算法的目的是对源域中遗留的信息进行再次利用，加速目标任务学习的过程，现已成为机器学习的一大研究热门[2]。以往机器学习需严谨地满足以下两个条件：①训练样本与测试样本特征一致，即应满足独立且同分布的条件；

②训练时必须有足够多的数据，以便于模型收敛获得良好的分类结果。传统机器学习严格的限制条件使其在使用中存在很大的局限性，且忽视了人类学习机能中对知识的继承与复用机制，而迁移学习算法可以对历史遗留的信息进行分析，提取出知识和经验，帮助新任务加速学习过程，使其快速做出决策。两者学习过程的差异如图 6.1 所示。

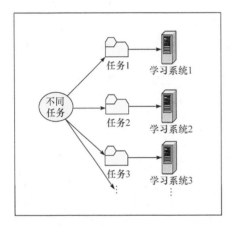
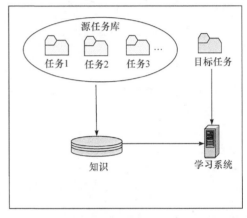

(a) 传统机器学习　　　　　　　　　　　　　(b) 迁移学习

图 6.1　传统机器学习与迁移学习过程差异

为方便描述迁移学习行为，定义了源域、目标域、源任务、目标任务等概念。任务为需要进行学习的对象，已有的知识领域称为源域，要学习的新知识领域称为目标域。迁移学习的目的即对源域中遗留的信息进行再次利用，加速目标任务学习的过程，并尽量避免负迁移(negative transfer)现象[2]的产生。负迁移即已有知识经验对新任务中知识的学习产生负面影响的现象，在解决实际问题时，需具体问题具体分析，采取有针对性的迁移技术策略。

6.1.3　布谷鸟迁移学习算法求解矩形带排样问题

为了能实现知识的迁移与再利用，提高算法寻优能力和求解效率，本章引入迁移学习算法与 Q-学习算法，提出布谷鸟迁移学习算法求解矩形带排样问题。迁移学习旨在将历史任务(即源任务)学到的知识通过某种特殊的迁移机制分享给新任务(即目标任务)，从而帮助加快新任务的学习效率，而不用像以往机器学习那样从零开始学习。

在本章中，源任务对应的是已有的排样任务，目标任务对应的是待求解的新排样任务，关键在于对排样任务的知识经验进行再次利用，帮助新排样任务加快求解速度，提高材料利用率。本章使用迁移学习的研究重点主要包括"迁移对象"、

"迁移方法"和"何时迁移"。

1) 迁移对象

对于一个任务，其学习到的某些知识是这个任务所独有的，但同时也存在某些与其他任务、领域相同或相似的知识，对这些相似知识加以识别和迁移，便能帮助新任务加速学习过程，使其快速做出决策。在排样中，相似排样任务的矩形排样序列也存在一定的相似性，因此可以将序列抽象成知识。

为实现这个目标，排样任务在求解过程中引入 Q-学习算法的"试错学习"模式形成自己独特的知识经验并保存在知识矩阵中，知识表示两个矩形零件的密切程度，其值越大，代表以往排样任务的优秀结果中两个零件挨在一起的次数越多。矩阵中的知识可以作为迁移对象迁移给相似的新排样任务，新任务再利用迁移来的知识作为初始知识矩阵，并进行试错探索，实现新旧知识融合，从而加速求解过程。

2) 迁移方法

将源任务的知识迁移给目标任务时所采用的机制，是迁移学习的研究重点与关键。本章采用双源线性迁移策略进行知识迁移，即选取两个相似度最高的源任务知识矩阵，对其中的知识元素进行线性组合并迁移给目标任务，从而作为目标任务的初始知识矩阵。

3) 何时迁移

迁移时机则重点关注源任务与目标任务的相似性，以此决定是否可以进行迁移，当目标任务与源任务的差异较大或关联性较小时，便不能从源域中挖掘出有效知识，因此迁移时机选择正确能有效避免"负迁移"现象的产生，同时也可以控制无效信息的干扰。相近的排样任务具有相似的寻优规律，而矩形排样任务的相似性主要取决于不同任务零件的重复情况。据此，为了提高排样问题的寻优效率，本章利用排样任务间的零件重合率作为新旧排样任务的相似性评价标准，其值越大，代表两个任务的相似程度越高。因此，迁移时要选择相似性高的源任务的知识矩阵进行迁移。

本章提出的布谷鸟迁移学习算法将迁移学习算法、Q-学习算法与离散布谷鸟搜索算法相结合，它融合了上述各算法的优点，同时具有学习能力、知识迁移、并行性等特性。矩形带排样是矩形排样问题的典型分支，其求解也遵循第 2 章中所述基本矩形排样问题研究框架，分为定序与定位两大模块。布谷鸟迁移学习算法是定序算法，但由于其具有知识迁移功能，能将源任务的经验知识迁移到目标任务中，所以其求解框架与传统布谷鸟搜索算法有些差异，需增加知识迁移等步骤。布谷鸟迁移学习算法解决矩形带排样问题的求解框架如图 6.2 所示。

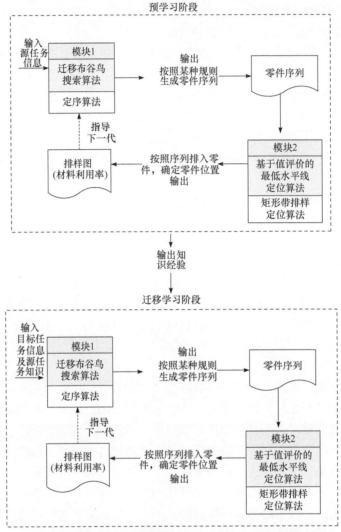

图 6.2　布谷鸟迁移学习算法解决矩形带排样问题的求解框架

6.2　布谷鸟迁移学习算法的基本原理

本节基于矩形排样问题的基本求解框架,使用 TCS 算法来优化矩形零件排入板材的序列,用第 5 章中基于值评价的最低水平线定位算法来解码序列,生成最终排样图。TCS 算法求解矩形排样问题主要分为三个步骤:①源任务预学习,最主要的过程是从源任务中学习到经验,以积累知识与策略;②知识迁移,挖掘源任务与目标任务的相似性,选择合适的源任务并从中迁移经验策略;③目标任务迁移学习，目标任务利用迁移来的初始动作策略知识进行快速在线学习，同时自身也不断探索，生成适合本任务的寻优经验策略。上述步骤中预学习与迁移学习的寻优模式保持一致，但知识空间初始化与参数设置有所差异，以下进行详细阐述。

6.2.1　布谷鸟学习模式

1. 种群寻优模式

第 5 章中已将 Lévy 飞行和巢寄生两种智能搜索行为离散化，提出了基于邻域搜索与学习算子的 Lévy 飞行以及基于扰动因子的巢寄生更新机制。其中，全局搜索任务主要由邻域搜索算子承担，丰富了布谷鸟种群巢穴位置的多样性；学习算子与扰动因子承担大部分的局部搜索任务，使 DCS 算法可以细致地局部寻优。DCS 算法按照不同算子的协调配合对解空间进行搜索，期望直接获得当前任务的最优解，但该算法只关注当前任务本身，难以借鉴已有的知识经验进行寻优。

迁移学习旨在将源任务学到的知识按照某种迁移机制分享给目标任务，从而提高新任务的学习效率，而不用像以往机器学习那样从零开始学习；Q-学习算法[1]可以通过对环境不断地试错探索来为当前任务积累经验知识。通过两种算法与离散布谷鸟搜索算法的结合，能实现 TCS 算法中的源任务知识学习、知识迁移、目标任务知识再利用的目的。区别于 DCS 算法简单个体交互的寻优模式，TCS 算法是在迁移学习算法的基本框架基础上，融合了 Q-学习算法基于环境而行动的"试错"学习模式，再结合多布谷鸟智能体协同寻优机制的一种新型算法。TCS 算法中的布谷鸟可以根据初始知识空间对寄生巢穴的位置进行搜索，是一种能通过自主学习行为不断改善自身能力的智能体。TCS 算法对布谷鸟进行了分工，划分为侦查布谷鸟与寻优布谷鸟两种。在迁移布谷鸟算法的单次迭代过程中，将侦查布谷鸟与寻优布谷鸟分别赋予一定的比例，其学习模式如图 6.3 所示。

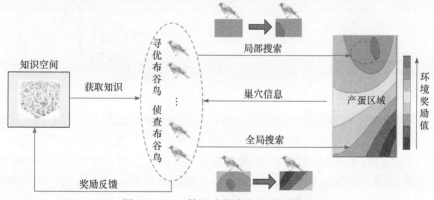

图 6.3　TCS 算法中的布谷鸟学习模式

由于布谷鸟一定会处于某种环境状态中，它会根据当前状态从知识空间中获取知识，并依据动作选择策略对巢寄生的环境进行试错学习。当布谷鸟依据策略选择动作之后，状态也会随之而变，TCS 算法再将环境给予的奖励反馈给知识空间用以更新原有知识。布谷鸟多次进行全局探索与局部细致搜索，直至寻找到最大期望报酬对应的最优动作策略。TCS 算法的知识空间类似于 Q-学习算法的 Q 值表，其元素表示布谷鸟智能体在某一状态下选择某一动作的对应的 Q 值，由布谷鸟群体不断迭代优化状态-动作值函数得到。知识空间不仅能为布谷鸟的动作决策提供依据，还能提高信息利用率。由于布谷鸟自身不具有先验知识，所以需要从头开始学习源任务，以丰富知识空间；当布谷鸟种群达到一定的知识积累时，后续的目标任务便可以直接借助迁移来的知识经验提高寻优能力。

2. 知识空间

在 Q-学习算法中，Q 值表反映了每个"状态-动作"对的密切程度。如图 6.4 所示，元素 $Q(s_t, a_t)$ 记录了学习系统在状态 s_t 下选择动作 a_t 的累积函数期望值，其值是一次次迭代学习后的结果。每一次迭代过程中，Q 值表都在不断更新，直至最终收敛。Q 值表即 Q-学习算法智能体的知识空间，主要以 lookup 表的形式呈现，各变量彼此独立。假设智能体可选择的动作集合为 A、状态集合为 S，则 lookup 表大小与集合 $A \times S = \{(s, a) \mid s \in S, a \in A\}$ 笛卡儿积的元素个数相等。若求解的某一组合优化问题有 n 个独立变量 $x_i\ (i=1, 2, \cdots, n)$，每个 x_i 的可选动作有 m_i 个，随着任务规模的增大，动作集合 A 的大小 $m_1 \times m_2 \times \cdots \times m_{n-1} \times m_n$ 呈指数式爆炸增长，发生组合优化高维空间常面临的"维数灾难"问题，从而使计算量急剧增加。

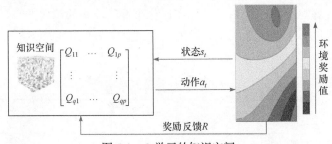

图 6.4　Q-学习的知识空间

定义"CQ 知识空间"为布谷鸟迁移学习算法的知识空间，空间内的元素 $CQ(s, a)$ 反映了学习系统在当前状态 s 下选择动作 a 的经验知识，其值由函数累积迭代得到，它为布谷鸟的动作决策提供重要参考依据。布谷鸟从 CQ 知识空间获得当前状态下的动作决策信息，同时将环境奖励信息 R 反馈给知识空间。通过多次重复实验，能使空间针对某一状态形成特定的反应，最终使布谷鸟群体在巢寄生行为中的累积期望值达到最大。这里将 CQ(s, a)简称为 CQ 值，CQ 值越大，代表历史经验中当前 s 与 a 的联系越紧密。在矩形排样问题中，s 为当前已排入的矩形，a 为待排入的下一个矩形，任务中的每个零件都可以作为"当前状态"与"待选动作"。

为解决组合优化问题高维空间常出现的"维数灾难"问题，基于离散组合优化问题的特点，本节提出一种基于知识延伸的高维知识空间维度缩减方法，如图 6.5 所示。

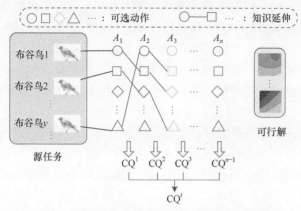

图 6.5　基于知识延伸的高维知识空间维度缩减方法

假设待求解任务有 n 个独立变量，每个变量的可选动作集为 A_i(i= 1, 2,···, n)。将 CQ 知识空间分解成低维度的状态-动作组合链，即 $n-1$ 个相互联系的二维小矩阵 CQ^i(i=1, 2,···, $n-1$)，相邻的变量依靠 CQ^i 小矩阵储存的知识相互联系，形成一种链式动作知识延伸：变量 x_i 选择动作 a_i 后，变量 x_{i+1} 的状态 s_{i+1} 变为 a_i，并以此状态从 CQ^{i+1} 小矩阵中选择下一动作 a_{i+1}，形成一种基于知识的链式延伸。但对于本节所研究的矩形排样任务等组合优化问题，每个变量 x_i 的动作 a_i 都从排样零件中选择，因此知识空间中每一个二维小矩阵 CQ^i(i=1, 2,···, $n-1$)的状态、动作集合都相同。为避免产生稀疏矩阵，现将所有 CQ^i 蕴含的知识 CQ 值都集中到一个二维小矩阵 CQ^t 中，后续所有知识的提取与更新都依靠矩阵 CQ^t 完成，此二维知识矩阵的横纵坐标分别为状态集和动作集，即排样零件的集合，矩阵元素值 CQ 即代表两个零件的关系密切程度。

3. 动作选择策略

布谷鸟群体在探索完整的排样序列时，所有个体都面临着如何执行下一步动作选择的问题，即选择合适的矩形零件排入最低水平线。区别于 DCS 算法简单个体交互的寻优模式，TCS 算法在选择动作时需要博弈"探索"与"利用"两种倾向。执行动作决策时若倾向于通过随机搜索来探索解空间,虽会提高全局搜索的能力,但对知识矩阵的利用率极低以致算法的学习效率极低;选择动作若侧重于利用知识则可以加快智能体的学习速度,但极易由于迭代速度加快而使算法陷入局部收敛。Q-学习算法基于概率分布选择动作的模式虽能解决上述问题,但是由于过多地依赖于概率而使整体的搜索速度难以确定。为此,本节融合基于概率空间的动作选择策略与 DCS 算法的 Lévy 飞行、巢寄生更新机制,提出一种新型动作选择策略。

如图 6.3 所示,迁移布谷鸟搜索算法中设置了寻优布谷鸟和侦查布谷鸟用以承担邻域局部搜索和全域解空间搜索的分工。基于当前已有巢穴寄生育雏行为的适应度值,对布谷鸟种群中的个体进行排序。种群中比例为 θ 的一部分优秀个体为寻优布谷鸟,主要承担邻域范围内局部搜索的任务;剩余的布谷鸟为侦查布谷鸟,可以在全局解空间内随机搜索。基于 Lévy 飞行的巢穴位置更新机制由侦查布谷鸟与寻优布谷鸟共同承担,并采用一种全新的巢穴位置更新策略,描述如下。

1) 寻优布谷鸟借助学习算子在优势解附近寻优

在种群 leader 的指导下,寻优布谷鸟对解空间中的巢穴位置进行局部搜索。假设 Y_{leader} 和 Y_i 分别为以往最优巢穴和寻优布谷鸟群体中待进行位置更新的某一巢穴适应度值,则种群中某只寻优布谷鸟此时的位置为 $Nest_i = (x_{i1}, x_{i2}, \cdots, x_{in})$。寻优布谷鸟 i 通过学习算子 $G(Nest_i, S_1, S_2, step)$ 向 $Nest_{leader}$ 的位置快速靠近。其中,S_1 序列记录 $Nest_i$ 与 $Nest_{leader}$ 的不相同编码位,S_2 序列为寻优布谷鸟 i 在该编码位需要赋的值,即 leader 中相对应 S_1 编码位的值。S_1 与 S_2 生成方式已在第 5 章描述,p 为 S_1 与 S_2 不同编码位的总数。

当寻优布谷鸟 i 借助学习算子完成学习行为后,计算其与 $Nest_{leader}$ 的海明距离 HD。设置参数 $HD_{close} = n \times w$ 为预学习因子,即布谷鸟 i 通过学习行为后,其与 leader 的预期海明距离。若 $HD < HD_{close}$,则停止学习行为;否则执行再学习行为,即直接以步长 $p-HD_{close}$ 一次学习到位。学习行为完成后,若 $Y_i > Y_{leader}$,则寻优布谷鸟 i 取代原 leader 成为新领袖。

2) 侦查布谷鸟主要承担在解空间内大范围探索搜寻的任务

在 DCS 算法中,执行大步跳跃的全局搜索主要是通过邻域搜索算子中的移位法与反序法实现的,但邻域搜索算子是无倾向性选择的纯随机行为,会使布谷鸟群体中一些精英解面临被丢弃的风险。在 TCS 算法中,处于侦查状态的布谷鸟借助知识矩阵进行飞行探索。矩阵中某一元素值越大,执行此动作策略获得的期望回报越大。知识矩阵中已保留了精英动作策略的知识,因此侦查布谷鸟在探索时可以避免随机盲目搜索行为。为实现上述目的,侦查布谷鸟采用随机探索与经验知识相结合的改进 ε-greedy 策略生成动作序列,如式(6.3)所示。考虑到矩形排样问题的特殊性,为使排样图更加紧凑,引入蚁群优化算法中的"启发知识"概念,并将其加入 ε-greedy 策略。

$$a_{ij}^t = \begin{cases} \arg\max_{u \in A\left(s_{ij}^t\right)} \left\{ \left[CQ^t\left(s_{ij}^t, u\right) \right]^\delta \cdot \left[HE\left(s_{ij}^t, u\right) \right]^\beta \right\}, & \varepsilon \leqslant \varepsilon_0 \\ S, & \varepsilon > \varepsilon_0 \end{cases} \tag{6.3}$$

式中，ε_0 为贪婪因子；ε 为均匀分布的随机数且 $\varepsilon \in [0,1]$；t 为迭代次数；i 代表布谷鸟序号；j 代表动作序列中的动作向量序号，即选中的零件序号；u 为当前状态 s_{ij}^t 下可选的某一动作；知识因子 δ 和启发因子 β 分别为知识矩阵中 CQ 值和启发知识 HE 值对选择下一动作的重要程度。

将矩形零件排入最低水平线的过程中，若当前矩形不能与水平线对齐，则会产生众多零碎的水平线线段，进而造成材料的浪费。面积较大或宽长差异较大的矩形零件对排放空间的要求很高，需优先排放；小零件靠后排放可以填补分割水平线而造成的浪费。基于上述思想，启发知识 HE 值设置如下：

$$HE\left(s_{ij}^t, u\right) = W_a \times (l_u s_u) + W_b \times \frac{l_u}{s_u} \tag{6.4}$$

式中，l_u 为矩形 u 的长边长度；s_u 为短边长度；W_a 和 W_b 分别为面积因素与长宽因素所占权重，在此各取值 0.5。

式(6.3)显示，当 $\varepsilon \leqslant \varepsilon_0$ 时，布谷鸟依靠经验知识选择序列中下一个动作；否则，按式(6.5)进行概率动作选择：

$$S = \begin{cases} \dfrac{\left[CQ^t\left(s_{ij}^t, a\right) \right]^\delta \cdot \left[HE\left(s_{ij}^t, a\right) \right]^\beta}{\sum\limits_{u \in A(s)} \left[CQ^t\left(s_{ij}^t, u\right) \right]^\delta \cdot \left[HE\left(s_{ij}^t, u\right) \right]^\beta}, & a \in A(s) \\ 0, & \text{其他} \end{cases} \tag{6.5}$$

侦查布谷鸟每次在选择下一动作前都需要进行上述判断，直至生成完整的排样序列。基于改进 ε-greedy 的动作生成策略降低了侦查布谷鸟全局搜索的盲目性，提高对知识矩阵的利用能力。对探索飞行后的位置进行贪婪决策，同时若 $Y_{\text{new}} > Y_{\text{leader}}$，则此侦查布谷鸟取代原 leader 成为新 leader。

3) 布谷鸟巢寄生更新

寻优布谷鸟和侦查布谷鸟通过上述两个步骤执行 Lévy 飞行位置更新策略后，进入巢寄生更新阶段。为避免布谷鸟的学习寻优行为陷入停滞，现对布谷鸟群体进行邻域扰动，其过程如下：对于 Lévy 飞行后的每一个巢穴 $\text{Nest}_i = (x_{i1}, x_{i2}, \cdots, x_{in})$ (i=1, 2,$\cdots$, m)，随机生成 r_1=random(0,1)，若 r_1 大于扰动概率 P_a，则通过扰动因子 Nest_{new}=perturbation(Nest_i) 更新当前巢穴位置；否则继续保持当前位置不变。扰动因子 perturbation 包括 swap 和 insert 算子，具体行为规则与第 3 章相同。对通过扰动因子更新后的位置 Nest_{new} 进行贪婪决策，若此时 $Y_{\text{new}} > Y_{\text{leader}}$，则布谷鸟 i 取代原 leader 成为新 leader。

当前一轮迭代完成后，重新评判布谷鸟群体的适应度值。依据适应度值重新定义侦查布谷鸟与寻优布谷鸟角色，leader 可以直接进行下一代寻优过程，直至被更优秀的解所替代。由此保证了 TCS 算法较强的全局搜索和细致的局部深度挖掘能力。

综上所述，TCS 算法的动作选择策略如算法 6.2 所示。

算法 6.2　TCS 算法动作选择策略

1.　　　　for 侦查布谷鸟对应的每一个巢穴 $Nest_i$

2.　　　　　　for 巢穴 $Nest_i$ 的每一个动作分量 j

3.　　　　　　　　按照式(6.3)所示的 ε-greedy 策略选择动作；

4.　　　　　　end for

5.　　　　　　return 当前序列方案；

6.　　　　end for

7.　　　　for 寻优布谷鸟对应的每一个巢穴 $Nest_i$

8.　　　　　　应用学习算子更新当前位置；

9.　　　　　　return 当前序列方案；

10.　　　　end for

11.　　　　for 种群布谷鸟对应的每一个巢穴 $Nest_i$

12.　　　　　　随机值 r=random(0, 1)；

13.　　　　　if $r > P_a$

14.　　　　　　采用扰动因子 $Nest_{new}$= perturbation($Nest_i$)；

15.　　　　　　return 当前序列方案；

16.　　　　end for

17.　　　　依据适应度值重新定义侦查布谷鸟与寻优布谷鸟角色。

4. 知识更新策略

TCS 算法中布谷鸟种群按照 6.2 节动作选择策略构建成完整的动作序列后(即产生一个可行排样方案)会获得环境的奖励，并将此反馈给知识矩阵。与 Q-学习算法单智能体独自试错更新 Q 值表的模式不同，TCS 算法中布谷鸟种群多个智能体共享一个 CQ 知识矩阵，极大地增加了寻优速度。一轮迭代探索后，TCS 算法会对适应度值最高的布谷鸟寄生巢穴位置动作序列进行奖励评估，并更新 CQ 知识矩阵；其他布谷鸟构成的动作序列对应的矩阵元素值只执行挥发操作。由 Q-

学习算法可得 TCS 算法知识矩阵中的每一个状态-动作对更新如下：

$$CQ^{t+1}\left(s_{bj}^{t},a_{bj}^{t}\right)=CQ^{t}\left(s_{bj}^{t},a_{bj}^{t}\right)+\alpha\left[R\left(s_{bj}^{t},a_{bj}^{t}\right)+\gamma\max_{z}CQ^{t}\left(s_{b,j+1}^{t},z\right)-CQ^{t}\left(s_{bj}^{t},a_{bj}^{t}\right)\right]$$

(6.6)

式中，α 和 γ 分别为学习因子和折扣因子；t 为算法迭代次数；b 为当前最优布谷鸟；j 为序列中状态动作对序号；z 为下一状态下 CQ 值最大的元素所对应的动作；R 函数为环境给予当前状态-动作对的奖励，它代表期待 TCS 算法优化的方向，若某一状态-动作对不属于最优巢穴序列，则 R 函数为 0，即执行挥发操作。

为避免布谷鸟学习陷入停滞，需为知识矩阵中的元素值设置上下阈值，避免超出边界。

6.2.2　布谷鸟迁移学习算法知识迁移方式

传统强化学习假设任务之间彼此独立，学习到的知识只与当前任务有关，忽视了人类学习机能中对知识的继承与复用机制，不能将其应用到其他任务。而迁移学习算法可以创新性地对历史遗留的信息进行分析，提取出知识和经验，帮助新任务加速学习过程，使其快速做出决策，更加符合人类的学习机能，因此近年来迁移学习在强化学习中有较为广泛的应用。CQ 知识矩阵中蕴含着优秀布谷鸟寄生巢穴的经验知识，若目标任务与源任务相似，则知识矩阵的状态集合和动作集合有很大的重叠现象，因此可将源任务的 CQ 知识矩阵作为新任务的初始知识矩阵，辅助新任务进行快速在线寻优。

由于布谷鸟本身不具有先验知识，所以在正式进行迁移操作之前，TCS 算法需要对一系列源任务进行预学习。假设将源任务表示为 $S_i(i=1, 2,\cdots, p)$，目标任务表示为 $T_i(i=1, 2,\cdots, q)$，则知识迁移过程如图 6.6 所示。相似源任务学习后的知识矩阵将用于初始化目标任务的知识矩阵，源任务 S_i 的最优知识矩阵 CQ_{Si} 将通过线性迁移策略成为目标任务 T 的初始知识矩阵 CQ_T。

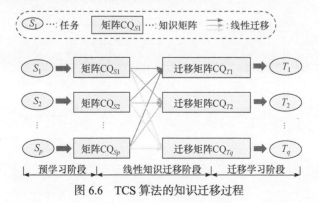

图 6.6　TCS 算法的知识迁移过程

任务 S_i 与 T_i 存在一定的相似性，但在实现迁移行为时，要注意迁移对象、迁移方法等研究重点[3]，知识矩阵中存在一些无关、无价值的知识，若不及时识别及剔除，则极易产生严重的负迁移现象。因此，要针对矩形排样问题的特点设计特定迁移规则，6.3 节将详细阐述。

6.2.3　布谷鸟迁移学习算法总体流程及性能分析

图 6.7 为 TCS 算法的总体流程图。算法共分为三个阶段：预学习、知识迁移、迁移学习。预学习阶段，通过求解源任务积累知识经验，并将各个源任务对应的最优知识矩阵存储到知识库中，作为先验知识；根据目标任务特点选取合适的源

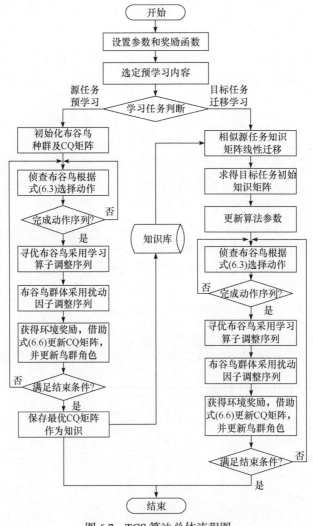

图 6.7　TCS 算法总体流程图

任务，并将其知识矩阵通过线性组合策略迁移到新任务中；来自源任务的最优知识矩阵作为新任务的初始知识矩阵，目标任务融合矩阵知识和自身特点进行在线寻优。TCS 算法的结束条件是达到最大迭代次数 $t_{iter} > t_{iter\_max}$ 或知识矩阵收敛 $\|CQ_k-CQ_{k-1}\| < \sigma(\sigma \in \mathbf{R}^+$ 且取较小值)，σ 为 CQ 矩阵收敛判定系数。

在 TCS 算法中，负责全局搜索 m 的侦查布谷鸟依据 CQ 知识矩阵来生成完整的动作序列，因此矩阵中的元素值对全局探索性能的影响很大。在算法的预学习过程中，常初始化矩阵元素值为相同值，因此预学习是从等概率解空间探索到逐渐逼近最优动作策略的过程，且此过程会耗费大量寻优时间。在目标任务的迁移学习阶段，布谷鸟在寻优初始过程中就可以依据迁移来的 CQ 矩阵快速得到优秀巢穴的位置，因此极大地提高了最优解的搜索速度；但是若 CQ 矩阵提供的动作策略存在一些误差，不能为目标任务提供较准确的最优巢穴信息，则会降低迁移学习阶段 TCS 算法的整体寻优性能，但由于种群中的寻优布谷鸟能以当前最优巢穴位置为基准，在其附近进行深度探索，能使算法修正矩阵中知识的偏差，从而收敛到最优解。因此，通过侦查布谷鸟与寻优布谷鸟的分工合作，可以有效避免种群由于错误知识的误导而陷入局部最优的情况，同时也能使算法迅速收敛到最优动作策略。

6.3　布谷鸟迁移学习算法求解矩形带排样问题

本节针对矩形带排样问题的特点，从矩形定位算法设计、状态与动作设计、奖励函数设计、知识迁移策略设计等方面阐述如何应用 TCS 算法求解矩形排样问题。

1. 矩形定位算法设计

在矩形排样问题数学模型中，板材利用率越大代表优化效果越好。材料利用率也可以用板材所使用的最高轮廓线高度衡量，更低的高度代表更好的优化效果。本章提出的 TCS 算法虽然主要针对矩形带排样问题，但只需将定位算法适当修改也可适用于矩形装箱排样问题。第 5 章已对基于值评价的最低水平线定位(VE-LHLS)算法做了具体介绍，并给出了求解矩形装箱排样问题的具体算法流程。本节针对的矩形带排样与第 5 章中的矩形装箱排样问题两者在算法设计上既有共同点又有不同之处。算法 6.3 描述了针对矩形带排样问题的 VE-LHLS 算法步骤。

算法 6.3　针对矩形带排样问题的 VE-LHLS 算法

输入：　　零件及板材信息。

步骤 1　初始化最低水平线 l_{lowest} 及水平线集合 Linelist 为板材底边边界。

步骤 2	每当有新零件要排入板材时，从水平线集合 Linelist 选取最低的一段作为 l_{lowest}，若有多段，则取最左的一段。
步骤 3	从当前零件开始按照序列向后搜索，每个零件旋转前后都按照匹配度规则进行评价并取两者中的较大值，计算所有零件的 f 值；从所有零件中选取评价值 f 最大的排入 l_{lowest} 中，若同时有多个，则选取最靠前的；若所有零件的评价值 f 都为 0，则提升 l_{lowest} 至相邻水平线中高度较低的一段平齐。
步骤 4	更新水平线集合 Linelist。
步骤 5	重复步骤 2～4，直至所有零件排入板材中。
输出：	输出排样图及板材利用率、板材使用高度。

2. 状态与动作设计

TCS 算法求解矩形排样问题时，假设待求解任务有 n 个独立的变量，则其解空间是长度为 n 的一段动作序列(即巢穴位置)。动作序列即排样序列，选取一个动作即代表从未排样的零件集合中挑选一个零件。前一个变量选取的"动作"就是下一个变量的"状态"，即当前挑选的"动作矩形"是下一时刻动作选择时的"状态矩形"。知识矩阵中的动作集和状态集均是由当前任务中若干可选的矩形零件构成的，CQ 知识矩阵元素 $CQ(R_s, R_a)$ 代表经验知识中两个不重复零件 R_s 与 R_a 的密切程度，可作为排样时动作策略构造排样序列的参考依据。

3. 奖励函数设计

式(6.6)中的奖励 R 函数反映了迁移布谷鸟优化(TCO)算法期待优化的方向，布谷鸟种群通过反复试错来迭代优化知识矩阵，以使累积奖励值最大。根据目标函数的定义，本节设置环境奖励 R 函数如下：

$$R = \begin{cases} \dfrac{E_R}{h_{ib}}, & (s, a)\text{属于最优布谷鸟动作序列} \\ 0, & (s, a)\text{不属于最优布谷鸟动作序列} \end{cases} \tag{6.7}$$

式中，E_R 为环境奖励因子；h_{ib} 为当前迭代次数内最优布谷鸟对应的板材最高轮廓线高度。

对于知识矩阵内不属于最优布谷鸟动作序列的状态-动作对，其环境奖励值 R 为 0，代表不对此进行奖励。

4. 知识迁移策略设计

TCS 算法的迁移效果主要取决于能否将合适的知识经验迁移到新任务中，尽量避免无效迁移和负迁移现象产生。相近的排样任务具有相似的寻优规律，而矩形排样任务的相似性主要取决于不同任务零件的重复情况。据此，为了提高排样问题的寻优效率，本节利用排样任务间的零件重复率 Ω_i 作为目标任务与源任务的相似性评价标准，Ω_i 值越大，代表两个任务的相似程度越高。Ω_i 计算公式为

$$\Omega_i = \frac{n_{Si}}{n} \tag{6.8}$$

式中，假设待求解的目标任务为 T；S_i 为某一源任务；n_{Si} 为目标任务 T 与任务 S_i 重复的矩形零件的数目。目标任务 T 进行快速在线学习时，正需要表示零件间关系密切程度的知识，而相似度 Ω_i 值越高，源任务的知识矩阵就能为目标任务贡献越多的知识。

在选取迁移对象时，为了减少负迁移和无效迁移现象，同时又必须保证迁移知识的充分利用，策略迁移过程中本着任务重复率 Ω_i 值越大、迁移贡献率越高的原则，选取两个 Ω_i 值最大的源任务 S_{T1}、S_{T2} 并迁移其最优知识矩阵。目标任务 T 的迁移知识矩阵元素设计如下：

$$CQ_{sa}^{T} = \lambda_1 CQ_{sa}^{S_{T1}} + \lambda_2 CQ_{sa}^{S_{T2}} \tag{6.9}$$

式中，λ_1 和 λ_2 为迁移因子，由被选中的两个源任务的 Ω_1 与 Ω_2 值进行归一化处理得到，即使 $\lambda_1 + \lambda_2 = 1$；$CQ_{sa}^{T}$、$CQ_{sa}^{S_{T1}}$ 和 $CQ_{sa}^{S_{T2}}$ 分别为任务 T、S_{T1} 和 S_{T2} 的知识矩阵中"状态矩形 s"选择"动作矩形 a"后的迭代 CQ 值。

在实际工程问题中，由于目标任务 T 与源任务 S_i 难以做到零件完全重叠，因此需要剔除迁移知识矩阵中的一些无效知识。

现定义矩阵迁移规则如下：初始化目标任务 T 的知识矩阵元素值都为 CQ_0；此时若 S_{T1} 和 S_{T2} 的最优知识矩阵存在 T 需要的状态-动作对元素 $CQ(s,a)$，则按式(6.9)进行迁移；若 S_{T1} 和 S_{T2} 都不存在相应知识，则不进行迁移，$CQ(s,a)$ 仍保持初始值 CQ_0。根据上述矩阵迁移规则，TCS 算法中的知识迁移过程如算法 6.4 所示。

算法 6.4　TCS 算法中的知识迁移过程

步骤 1　为获得先验知识，选择若干典型任务作为源任务。

步骤 2　学习求解源任务，获得最优知识矩阵并将其存储到知识库中。

步骤 3　按照式(6.8)选取与目标任务 T 最为相似的两个源任务 S_{T1}、S_{T2}，对 Ω_1 与 Ω_2 进行归一化处理，得到迁移因子 λ_1 和 λ_2。

步骤 4　初始化 T 的知识矩阵后，按照定义的矩阵迁移规则迁移知识。

步骤 5　目标任务 T 按照迁移来的初始知识矩阵进行学习寻优。

---

5. 主要参数影响机理

在 TCS 算法中，除了 DCS 算法中传统的智能行为参数，对算法寻优性能影响较大的参数还有学习因子 α、折扣因子 γ、贪婪因子 ε_0。为便于将具有迁移性能的算法推广到其他工程技术领域，这里重点阐述参数值的大小对算法寻优机理的影响情况。

学习因子 α：代表侦查布谷鸟从巢穴环境中学习的速度，通常情况下设置为常数且取值范围为(0,1)，其值越大，代表算法自学习的速度越快，但极大概率会使算法收敛到局部最优解。为更好地使算法与环境交互，也可以设置随迭代次数变化的学习因子，例如，前期 α 值较小可以增加智能体的全局探索能力，避免收敛到局部最优，在后期可调大 α 值从而加快学习速度。

折扣因子 γ：代表在 CQ 矩阵更新过程中对历史奖励值的折扣率。γ 为常数且取值范围为(0,1)，其值越大，代表对当前的奖励越敏感，即越重视当前奖励。γ 因子的正确设置可有效避免 CQ 值更新函数过早饱和收敛。

贪婪因子 ε_0：表示侦查布谷鸟在动作策略中利用经验知识与随机探索巢穴环境的权衡。其取值范围为(0,1)，值越大，代表侦查布谷鸟越倾向于贪婪选择动作，但也有陷入局部最优的风险。当目标任务已获得初始知识矩阵时，可适当调大 ε_0 值，以提高新任务的在线寻优速度。

6.4　算例验证与分析

综合国内外已发表的关于排样问题的文献，发现目前缺少将知识迁移与排样领域相结合的研究。因此，与第 5 章存在可以测试 DCS 算法的标准测试算例不同，目前国际上没有标准算例用于对本节提出的 TCS 算法进行求解效果对比。由于知识迁移的前提是源任务与目标任务存在一定程度的相似性，所以必须存在零件重复的不同任务才能测试 TCS 算法的性能。为验证 TCS 算法求解矩形带排样问题的有效性，本章对测试该问题的国际标准算例加以修改，从而保证源任务与目标任务的相似性，便于迁移策略的展开。本章测试算法的测试运行环境为：Intel(R) Core(TM) i5-3230M CPU，2.60GHz，RAM 3.88GB；Windows 8 操作系统，Visual Studio C++。

TCS 算法与 DCS 算法的最大不同是增加了知识迁移功能，为验证迁移学习的有效性，需将两者求解目标任务的能力进行对比。在正式对比前，需要验证第 5 章提出的 DCS 算法求解本章矩形带排样问题的有效性，并将其测试性能与国际上优秀算法做对比，若后文验证本章提出的 TCS 算法优于 DCS 算法，则可间接地证明本章提出的 TCS 算法在国际矩形排样算法上的有效性。

6.4.1 离散布谷鸟搜索算法求解矩形带排样问题

为验证 TCS 算法的迁移学习性能，并间接与国际优秀排样算法相比较，首先使用矩形带排样标准算例测试无迁移的 DCS 算法，然后将其寻优能力与当前较经典的智能算法相比较。以广泛使用的无废料测试算例 C 算例[4]为例，其中定位算法采用本章改进的基于值评价的最低水平线定位算法，DCS 算法参数设置与第 5 章实验设置相同。各智能算法的测试结果仍使用如式(6.10)所示的相对距离 gap 来衡量，H^* 为当前算法计算得到的最优板材高度，H_{opt} 为利用率为 100%对应的板材高度。

$$gap = \frac{H^* - H_{opt}}{H_{opt}} \times 100 \tag{6.10}$$

为验证 DCS 算法求解矩形带排样问题的性能，现将 DCS 计算结果与 GRASP、IA、MHS、BBFM、RSMP 和 DGWO 等经典智能算法作对比，比较算法来自文献[5]~[7]。各算法求解结果如表 6.1 所示，其中的 n、W 分别为算例零件数量和板材宽度，所有算法的结果均是独立运算 10 次后的平均值。

表 6.1　各智能算法对 C 算例的求解结果

算例编号	n	W	H_{opt}	平均相对距离						
				GRASP	IA	MHS	BBFM	RSMP	DGWO	DCS
C11	16	20	20	**0.00**	**0.00**	**0.00**	**0.00**	5.00	**0.00**	**0.00**
C12	17	20	20	**0.00**	**0.00**	**0.00**	5.00	5.00	**0.00**	**0.00**
C13	16	20	20	**0.00**	**0.00**	**0.00**	5.00	5.00	**0.00**	**0.00**
C21	25	40	15	**0.00**	**0.00**	6.67	6.67	6.67	**0.00**	**0.00**
C22	25	40	15	**0.00**	**0.00**	**0.00**	**0.00**	6.67	**0.00**	**0.00**
C23	25	40	15	**0.00**	**0.00**	6.67	6.67	6.67	**0.00**	**0.00**
C31	28	60	30	**0.00**	**0.00**	3.33	**0.00**	3.33	3.33	**0.00**
C32	29	60	30	3.30	1.30	3.33	3.33	3.33	3.33	**0.00**
C33	28	60	30	**0.00**	**0.00**	3.33	6.67	3.33	3.33	**0.00**
C41	49	60	60	1.70	1.70	1.67	3.33	1.67	1.67	**0.00**
C42	49	60	60	1.70	1.70	1.67	1.67	1.67	1.67	1.67
C43	49	60	60	1.70	**0.00**	1.67	1.67	1.67	1.67	**0.00**
C51	73	60	90	1.10	0.80	1.11	1.11	2.22	1.11	1.11
C52	73	60	90	1.10	**0.00**	1.11	1.11	1.11	1.11	**0.00**
C53	73	60	90	1.10	1.00	2.22	1.11	2.22	1.11	1.11
C61	97	80	120	1.70	0.70	1.67	0.83	1.67	1.67	0.83
C62	97	80	120	0.80	0.30	0.83	1.67	0.83	0.83	0.83
C63	97	80	120	1.70	0.80	0.83	0.83	1.67	0.83	0.83

算例编号	n	W	H_{opt}	平均相对距离						
				GRASP	IA	MHS	BBFM	RSMP	DGWO	DCS
C71	196	160	240	1.70	0.40	0.83	0.83	1.25	0.83	0.83
C72	197	160	240	1.30	0.40	0.83	0.83	1.25	1.25	0.42
C73	196	160	240	1.30	0.40	0.83	0.42	0.83	0.83	0.83
	AVG			0.96	0.45	1.84	2.32	3.00	1.17	0.40

　　从 C1 到 C7 算例，随着零件数目 n 的逐渐增加，任务的求解难度也逐步增大。由表 6.1 可以看出，在测试的七组算例中，DCS 算法在 C1、C2 和 C3 组算例中的平均相对距离都为 0，表示算法能求解到板材利用率为 100% 的最优排样方案。同样 GRASP、IA 和 DGWO 算法也在 C1 和 C2 组算法表现优异，寻到材料利用率为 100% 的最优解。相比之下，MHS、BBFM 和 RSMP 算法最多只能求得一组算例无废料的排样布局方案。随着零件数量的增加，算例求解的难度逐渐增大，各算法都难以求得材料利用率为 100% 的最优排样方案。为对算法有全面的评价，图 6.8 展示了七组算例中各智能算法的平均求解结果。

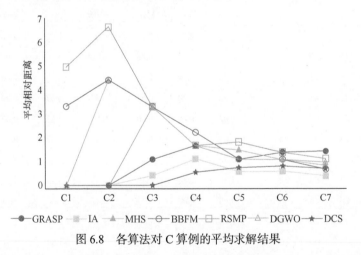

图 6.8　各算法对 C 算例的平均求解结果

　　由图 6.8 可知，对同一组三个算例的平均相对距离取平均，得到各智能算法在七组算例上的寻优表现。从整体上来看，RSMF、BBFM 和 MHS 算法呈现较大范围内的波动，而 GRASP、IA 和 DCS 算法表现相对稳定，且能取得算例的较优解。随着零件数目的逐渐增加，算例求解的难度增加，各算法的平均相对距离集中在 1 附近浮动。在前四组小规模排样算例中，DCS 算法都能求得最佳平均相对距离，而其他智能算法并不能都求得最优方案；在后三组大规模算例中，虽然 DCS 算法的表现稍逊于 IA 算法，但也能取得较好的排样结果，优于剩余的 5 种算法。综合来看，表 6.1 显示 DCS 算法在 C 算例上的平均相对距离为 0.4，明显低于其他智能算法，且图 6.8 显示该算法有较好的稳定性，在各组算例中都能取得最优解或近似最优解，因此，DCS 算法能有效求解矩形带排样问题，材料利用率有明显提高。图 6.9 展示了 DCS 算法对 C21、C31 和 C43 算例的最终排样方案图，材料利用率均达到 100%。

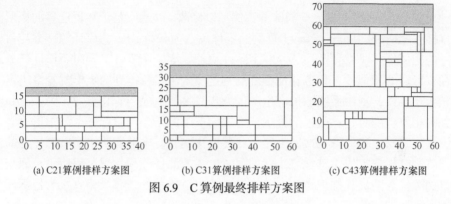

(a) C21算例排样方案图　　　　(b) C31算例排样方案图　　　　(c) C43算例排样方案图

图 6.9　C 算例最终排样方案图

为对 DCS 算法的寻优性能有进一步全面细致的评估，现采用求解矩形带排样问题广泛使用的 N、NT、CX、2sp、Nice、Path、ZDF、AH 等标准测试集算例测试 DCS 算法的性能，测试流程与 C 算例保持一致。在此只用表 6.2 列出各智能算法对十组算例的平均相对距离，其中对比算法结果数据来自文献[8]和[9]。由表 6.2 可以看出，除了 CX、NT(t)、AH 与 ZDF 算例，DCS 算法都能寻到该组算例的最优解；IA 算法也表现优秀，能求得五组测试集的最优排样布局方案，但是该算法的平均相对距离为 1.04，稍逊于 DCS 算法的 0.85。综合以上所有测试集的计算结果，可知 DCS 算法优于求解矩形带问题的其他智能算法，说明与 GRASP、IDBS、IA 等经典算法相比，DCS 算法能有效提高矩形板材的利用率，在实际工程问题中有良好的实用性。

表 6.2　各智能算法对标准算例的测试结果

算法	N	CX	2sp	NT(n)	NT(t)	Path	AH	Nice	ZDF	平均相对距离
GRASP	0.95	0.88	2.68	2.40	2.24	1.68	—	1.84	4.22	2.11
IDBS	**0.10**	0.46	3.06	1.57	1.59	0.72	1.00	0.56	2.42	1.28
IA	0.13	**0.34**	3.07	1.32	**1.19**	**0.40**	**0.94**	0.56	**1.43**	1.04
DCS	**0.10**	0.35	**1.11**	**1.27**	1.4	**0.40**	1.0	0.53	1.50	**0.85**

6.4.2　布谷鸟迁移学习算法求解矩形带排样问题

前文已指出，由于目前国内外缺乏在排样领域引入知识迁移等技术的研究文献，国际上不存在测试 TCO 算法性能的标准算例。为此，本节对 6.4.1 节矩形带排样问题的 C、N、CX 等标准算例进行修改，设计存在相似性的排样源任务与目标任务，从而可以使知识迁移策略得以正确施展，最终通过算法的效果对比验证本节提出 TCS 算法的有效性。为减少随机因素的干扰，所有算例均独立运行 10 次后取平均值。

1. 实验 1

对 Nice 测试集中 Nice5 测试子算例加以修改，以适应基于知识迁移的矩形优化排样问题研究的展开。Nice5 算例的零件总数为 500 个，为保证源任务与目标任务的相似性，所有任务均从 500 个零件中抽取 375 个零件，同时要保证任务之间存在特定的相似性，任务相似程度的判定由式(6.8)所得到的矩形重复率决定。基于上述条件，现由系统随机产生源任务 S_1、S_2、S_3 及目标任务 T，为探寻新旧任务的相似程度对迁移效果的影响，生成的三个源任务与目标任务的矩形重叠率需设置为 80%、73% 与 67%。为便于开展迁移实验，本节实验中所有源任务的预学习阶段已提前完成，其学习步骤如图 6.7 中的源任务预学习过程所示，即当前已寻到源任务的最优知识矩阵，并能通过 6.3 节所示的迁移策略直接为目标任务提供所需要的初始矩阵。下面所有实验都是针对目标任务展开的。

依据以往经验，两个任务的相似程度越高，可供新任务借鉴的知识经验就越多，因而迁移后的寻优效果可能越好。为证明源任务与目标任务的矩形重复率越高、迁移效果越好，需要进行单源迁移实验，即每次实验中只迁移单个源任务的 CQ 知识矩阵至目标任务中。当求解目标任务 T 时，分别迁移源任务 S_1、S_2、S_3 知识的 TCS-S_k(k=1, 2, 3)算法与第 5 章中无迁移的 DCS 算法得到的排样高度收敛情况如图 6.10 所示。

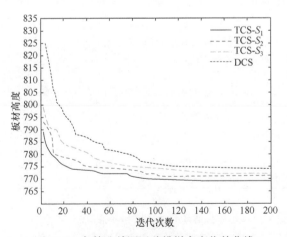

图 6.10　各算法单源迁移排样高度收敛曲线

由图 6.10 可以看出,迁移学习算法(TCS-S_k)与非迁移学习算法(DCS)在目标任务寻优过程中有明显的差异。DCS 算法在解空间寻优时,无论是在探索初期还是在收敛后期,所计算得到的矩形板材高度均高于 TCS 算法,并且过早地陷入了局部最优解。这是由于 DCS 算法在求解任务 T 时缺乏知识经验的指导,只能等概率地在环境空间随机搜索,进而目标任务优化的性能较差。同时可知,源任务与目标任务的相似程度越高,算法搜索得到的最终排样高度越好,尤其是零件重复率达到 80%的源任务 S_1 迁移的知识对目标任务的在线寻优性能贡献最大,最终排样高度为 769。这是由于新旧任务相似度越高,源任务迁移给目标任务的知识矩阵中可供新任务复制借鉴的经验越多,进而消除目标任务在环境空间摸索的盲目性,进而提高在线寻优的能力和效率。因此,在求解新任务时,要尽量选取与其相似度最高的源任务进行知识迁移,从而可以帮助提高迁移性能。

对于定宽不定长的矩形带排样问题,常使用板材宽度作为板材型号的划分标准。上述单源迁移实验的测试算例是以 Nice5 为基准进行修改的,源任务与目标任务的板材宽度都为 1000。但在工程问题中,可能存在任务零件相似但板材规格不同的情况,此时若强行迁移源任务的知识,可能会造成无效迁移甚至负迁移。为验证板材规格对迁移性能的影响,取 S_1 和 T 分别为源任务和目标任务,将 S_1 板材宽度设置为 1000,测试其对不同板材宽度的目标任务 T 迁移性能的影响。由于板材宽度不同,不能再简单地以最终排样高度或利用率作为衡量迁移效果的参数。引入迁移性能 TQ_i 的概念[8, 9],用以定量描述迁移效果,TQ_i 的定义如下:

$$TQ_i = 1 - \frac{A_i - A_0}{A_{NT} - A_0} \tag{6.11}$$

式中,A_i 为当前型号板材对应的排样高度收敛曲线与 x 轴围成的面积;A_0 为其他优秀算法求得的最优排样高度与 x 轴围成的面积;A_{NT} 为 DCS 算法排样高度收敛曲线与 x 轴围成的面积。

各规格板材对应的迁移性能如表 6.3 所示。

表 6.3　各规格板材迁移性能对比

目标任务板材宽度	DCS 算法板材利用率/%	TCS-S_1算法板材利用率/%	迁移性能 TQ_i/%
500	94.38	96.27	78.81
800	94.27	96.50	81.43
1000	94.25	96.53	81.55
1200	94.20	96.45	81.28
1500	93.71	95.60	77.86
2000	93.17	94.95	75.33

由表 6.3 可以看出,无论目标任务的板材型号与源任务是否相同,具有迁移

学习能力的 TCS 算法求解出的板材利用率明显优于传统 DCS 算法，也验证了本节提出迁移策略的有效性。当目标任务板材宽度为 1000 时，迁移算法求得的板材利用率最高，同时迁移性能的量化值也最好，这是由于同样板材宽度的源任务能提供较多的知识经验供新任务复制借鉴，进而帮助其提高知识的利用程度，增强寻优能力；当目标任务的板材宽度与源任务相差较大时，TCS 算法的迁移效果和板材利用率都有些下降，但仍高于 DCS 算法的计算结果，这是由于随着板材宽度差异的逐渐增大，目标任务从源任务获取的经验知识越来越少。因此，目标任务在选择源任务作为迁移对象时，应尽可能选择板材型号差异不大的任务，以保证迁移知识的有效性。但在实际生产中，矩形带问题常用于卷材的下料，考虑到采购成本、开料的便利性等因素，同系列产品对应的卷材宽度尺寸十分有限，即前后下料任务的板材尺寸常常相同。考虑到上述实际生产情况，下面的实验中默认源任务与目标任务的矩形板材规格都相同。

2. 实验 2

为验证 6.3 节提出的双源迁移策略的有效性，本部分设计双源迁移实验。仍以实验 1 中单源迁移的算例作为测试算例，三个源任务 S_1、S_2、S_3 与目标任务 T 的矩形重复率为 80%、73%、67%。实验 1 已验证迁移性能与任务相似度有关，目标任务与源任务的零件重复率越高，迁移效果越好。因此，只需选择零件重复率最高的 S_1、S_2 和零件重复率最低的 S_2、S_3 分别形成 CQ 知识矩阵进行迁移即可。双源迁移对应的迁移矩阵根据式(6.9)生成。其中，S_1 与 S_2 生成算法 TCS-S_{12}，S_2 与 S_3 生成算法 TCS-S_{23}。将两种算法的寻优收敛结果与 DCS 算法、单源迁移最优算法 TCS-S_1 进行对比，对比结果如图 6.11 所示。

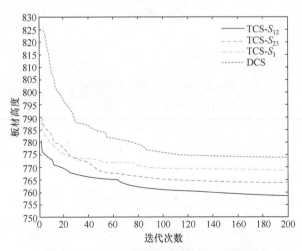

图 6.11　各算法双源迁移排样高度收敛曲线

为更准确地衡量图 6.11 中各算法迁移性能的优劣，按式(6.11)对算法的迁移性能做定量描述。其中，A_i 为各算法的排样高度收敛曲线与 x 轴围成的区域面积，其余符号保持原义。各算法迁移性能对比结果见表 6.4。

表 6.4　各算法迁移性能对比

算法	TCS-S_{12}	TCS-S_{23}	TCS-S_1	DCS
源任务	S_1、S_2	S_2、S_3	S_1	—
迁移性质	双源迁移	双源迁移	单源迁移	无迁移
矩形重叠率 Ω/%	80、73	73、67	80	
迁移性能 TQ/%	98.52	93.06	81.55	0

从图 6.11 可以看出，无迁移学习功能的 DCS 算法无论是寻优速度还是计算结果均劣于 TCS 算法，再次验证了本节提出迁移算法的效果。在算法迭代初期，单源迁移类算法 TCS-S_1 的寻优速度虽然优于双源迁移类算法 TCS-S_{23}，但在种群迭代 30 次以后，两种算法都逐渐进入收敛阶段，此时 TCS-S_{23} 算法的计算结果稍优于 TCS-S_1 算法。

结合表 6.4，可见两种双源迁移算法的迁移性能 TQ 值都明显优于单源迁移算法的 81.55%，也证明了双源迁移策略的有效性。从多个源任务中迁移知识能为目标任务提供更全面细致的经验知识，更有利于帮助新任务提高在线寻优性能。为了降低迁移操作的难度，同时减少源任务中无用知识的干扰，避免无效迁移或负迁移现象的产生，本章没有再进行三源及以上迁移类实验，双源迁移足以为新任务的在线寻优提供充足且正确的知识。

结合图 6.11 和表 6.4，还可以看出矩形重复率为 80% 和 73% 的迁移算法 TCS-S_{12} 明显优于 TCS-S_{23} 算法，这是由于 TCS-S_{23} 算法在与环境的交互中没有足够的知识经验作为支撑，陷入了局部最优。因此，新旧任务的零件重复率越高，新任务的在线寻优结果越好，例如，TCS-S_{12} 的迁移性能甚至达到了 98.52%。在实际应用时，要尽可能选择与新任务相似的两个源任务进行迁移，以便获得更高的迁移价值。

本测试算例迁移学习前后的排样结果如图 6.12 所示，图中灰色的部分为没有被利用的板材，造成了材料的浪费。可以看出，TCS 算法求解的排样图孔洞明显减少，板材使用高度由 DCS 算法的 774 降低到 759，计算时间也由 348s 下降至 124s，TCS 算法在提高材料利用率的同时也缩短了求解计算时间，证明了本节提出的双源迁移类算法的有效性。

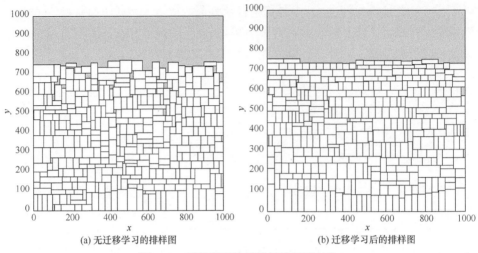

(a) 无迁移学习的排样图　　　　　　　　　　(b) 迁移学习后的排样图

图 6.12　迁移学习前后排样效果图对比

3. 实验 3

为更全面地对 TCS 算法的性能进行评估,现对不同规模的标准测试算例进行改进,以便于本节双源迁移策略的展开。与前述实验 1 测试算例的来源相似,为保证新旧任务间的相似性,本实验中同一算例的源任务和目标任务均是从某一标准测试算例中随机选取零件总数的 3/4,同时需保证源任务 S_1、S_2 与目标任务 T 的矩形重复率为 80%、70%。本实验所有待改进的测试算例均来自 6.4.1 节的 C、N、CX、2sp、NT、Nice 等测试集,经过整理使之适宜基于知识迁移的矩形优化排样问题研究的展开。

遗传算法和蚁群优化算法作为经典智能算法中的佼佼者,在矩形排样问题中应用十分广泛,也取得了优异的寻优结果。为验证 TCS 算法求解矩形带排样问题的有效性,现将 TCS 算法得到的求解结果与传统 DCS 算法、蚁群优化(ACO)算法和作者研究团队提出的基于复合因子评价的遗传算法(IGA)[10]进行对比,如表 6.5 所示。为直观展示计算结果,表中板材排样高度不采用相对距离进行衡量对比,所有算法的结果均是独立运算 10 次后的平均值。

表 6.5　各算法优化结果对比

算例编号	n	h_{opt}	排样高度 h				计算时间 t/s			
			IGA	ACO	DCS	TCS	IGA	ACO	DCS	TCS
C41	37	51	**51**	**51**	**51**	**51**	11	25	45	60
N6	45	74	**74**	**74**	**74**	**74**	17	50	49	60
C61	73	94	**94**	**94**	**94**	**94**	58	68	65	79
Nice3	75	793	**793**	795	**793**	795	90	94	82	71

续表

算例编号	n	h_{opt}	排样高度 h				计算时间 t/s			
			IGA	ACO	DCS	TCS	IGA	ACO	DCS	TCS
C72	147	196	199	198	200	**196**	89	107	98	82
C73	147	202	**202**	205	204	**202**	93	108	137	80
beng10	150	120	122	**120**	121	**120**	168	90	130	86
N11	225	104	**104**	**104**	**104**	**104**	155	150	144	103
N12	300	187	188	188	189	**187**	206	238	227	108
CX500	375	475	**475**	477	476	476	192	253	243	101
Nice5	375	764	768	769	768	**764**	161	286	348	124
Path5	375	923	**923**	924	925	924	229	275	343	114
ZDF1	435	173	174	175	176	**173**	265	328	318	106
ZDF3	555	215	216	**215**	**215**	**215**	445	482	557	186
CX1000	750	455	**455**	459	459	456	443	426	391	170
Nice11t	750	761	765	768	765	**761**	484	421	546	156
Path61t	750	926	**926**	930	927	927	423	508	592	211
Nice12t	1500	753	**753**	756	758	**753**	1428	1190	1360	340
Path62t	1500	884	887	884	886	**884**	1893	1385	1212	433
ZDF8	1899	5373	**5375**	5378	5380	5376	606	1174	833	379
Nice45t	3750	825	**825**	827	827	**825**	1074	1227	1457	767
Path25t	3750	867	868	869	868	**867**	982	1064	1473	818
Path65t	3750	889	**889**	892	894	**889**	1156	925	1792	578

通常情况下,将零件数量小于 100 的问题称为小规模排样任务。从表 6.5 可以看出,对于小规模排样算例 C41、N6、C61 和 Nice3,除了 Nice3 算例,TCS 算法都能求得算例最优解,但是计算时间却明显大于其余算法,为其他算法的 1.5~6 倍。分析认为,这是由于待求解的目标任务与源任务不可能完全一致,源任务的最优知识矩阵无法为目标任务提供寻得最优结果的所有知识,所以目标任务仍需要利用全局与局部搜索策略进行在线学习,探索出新知识并不断更新原有知识矩阵,使新旧知识得以融合。这个不断权衡新旧知识的过程反而影响了小规模算例的快速收敛,不能突出 TCS 算法的迁移学习优势。

与不具有迁移学习功能的传统 DCS 算法相比,当算例的零件数目达到 100 以上时,随着零件数量的增加,TCS 算法的优势便逐渐体现出来。测试的 19 个大中规模算例中,除了 3 个算例中 TCS 与 DCS 求得的排样高度相等,其余算例中 TCS 算法的排样布局方案均明显优于 DCS 算法,且计算速度达到无迁移的 1.5~4 倍,有较好的迁移学习性能。分析认为,这是由于求解目标任务时 TCS 算法获得了相似任务的经验指导,在线寻优能力显著提升,而无迁移学习功能的 DCS 算法只能在等概率的解空间中探索,通过不断与环境交互来积累知识策略,导致收敛速度较慢且易于陷入局部最优。鉴于 6.4.1 节已证明 DCS 算法在求解标准算例上的优越性，本节内容又验证了 TCS 性能优于 DCS 算法，因此也间接证明了 TCS 算法在标准算例的求解上具有良好的性能。

与经典智能算法 IGA、ACO 相比，在 19 个大中规模测试算例中，TCS 算法能求得 14 个算例的最优解，高于 IGA 的 10 个最优解；在剩余 5 个算例中，TCS 算法的计算结果虽然稍逊于其余算法，但排样方案的材料利用率也在 97% 以上，且算法收敛速度较快，因此有较好的实用性。可见，TCS 算法的求解速度能达到 IGA、ACO 算法的 1.5～6 倍，可以满足工程实际问题中大规模任务的快速排样需求。

TCS 算法在不同规模的测试算例中虽然表现不同，但其寻得的最优方案的板材利用率都能达到 96% 以上。综合来看，TCS 算法不仅能求得较高质量的排样布局方案，其寻优时间较其他算法也大幅度缩减，进一步验证了本章提出的 TCS 算法求解矩形排样问题的有效性。

图 6.13～图 6.16 为采用 TCS 算法求得的部分测试算例排样图。

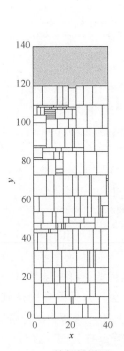

图 6.13　beng10 算例排样图(n=150)

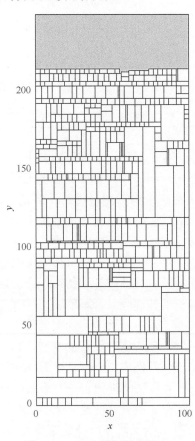

图 6.14　ZDF3 算例排样图(n=555)

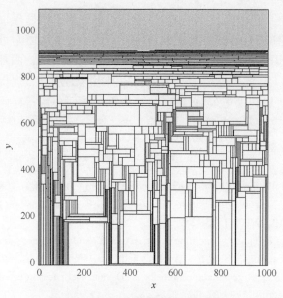

图 6.15　Path61t 算例排样图(n=750)

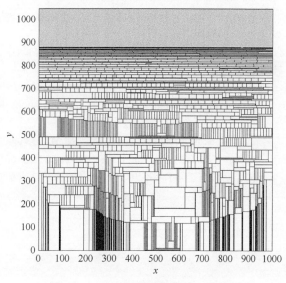

图 6.16　Path62t 算例排样图(n=1500)

6.5　本 章 小 结

　　本章应用强化学习和迁移学习技术提出了求解矩形带排样问题的 TCS 算法，论述了 TCS 算法的基本原理，以及用于求解矩形带排样问题的具体方法。TCS

算法是在 DCS 算法的基础上引入 Q-学习与知识迁移机制后提出的一种基于试错学习模式的 CS 算法，算法中寻优布谷鸟主要负责在最优解附近探索，而侦查布谷鸟主要依据知识矩阵在解空间中实现探索与利用的结合，两种鸟类相互合作，共同执行 Lévy 飞行的智能行为。为实现知识矩阵的迁移，提出单源与双源线性迁移策略。最后，通过实验验证了 TCS 算法不仅能使矩形排样问题解的质量得以改善，求解速度也有明显提高。

参 考 文 献

[1] Watkins C J C H, Dayan P. *Q*-learning[J]. Machine Learning, 1992, 8(3): 279-292.

[2] Pan S J, Yang Q. A survey on transfer learning[J]. IEEE Transactions on Knowledge and Data Engineering, 2010, 22(10): 1345-1359.

[3] Ge L, Gao J, Ngo H, et al. On handling negative transfer and imbalanced distributions in multiple source transfer learning[J]. Statistical Analysis and Data Mining, 2014, 7(4): 254-271.

[4] Hopper E, Turton B. A genetic algorithm for a 2D industrial packing problem[J]. Computers & Industrial Engineering, 1999, 37(1-2): 375-378.

[5] 郑云. 基于和声搜索算法的矩形优化排样研究与应用[D]. 武汉: 华中科技大学, 2017.

[6] Babaoğlu I. Solving 2D strip packing problem using fruit fly optimization algorithm[J]. Procedia Computer Science, 2017, 111: 52-57.

[7] 罗强, 饶运清, 刘泉辉, 等. 求解矩形件排样问题的十进制狼群算法[J]. 计算机集成制造系统, 2019, 25(5): 1169-1179.

[8] Wei L J, Hu Q, Leung S C H, et al. An improved skyline based heuristic for the 2D strip packing problem and its efficient implementation[J]. Computers & Operations Research, 2017, 80: 113-127.

[9] Wei L J, Oon W C, Zhu W B, et al. A skyline heuristic for the 2D rectangular packing and strip packing problems[J]. European Journal of Operational Research, 2011, 215(2): 337-346.

[10] 罗强, 李世红, 袁跃兰, 等. 基于复合评价因子的改进遗传算法求解矩形件排样问题[J]. 锻压技术, 2018, 43(2): 172-181.

第 7 章　异形件智能排样算法

异形排样问题广泛存在于机械、皮革、服装等制造领域，是一类最为棘手也最具挑战性的优化问题。异形排样最大的特点就是待排零件种类、形状多样，搜索空间巨大，求解困难。在异形件排放于板材之前，一般要先对异形件进行一定的几何分析计算，确定合适的放置策略，然后寻找一种高效的智能算法进行排布顺序搜索，以达到尽可能高的板材利用率。本章在对异形排样问题描述以及异形件几何表达与基本几何运算介绍的基础上，介绍若干智能求解算法，并通过算例计算与分析验证本书智能算法的有效性。

7.1　异形排样问题概述

7.1.1　问题描述

一般的异形排样问题可描述成将一系列二维任意多边形(简称异形件或零件)$P_1, P_2, \cdots, P_n$合理地排放在多边形样板(简称样板或板材，可以是矩形也可以是异形)S上，使板材利用率最高，同时满足如下约束条件：

(1) 异形件P_i、P_j互不重叠；

(2) P_i必须完全包含于板材S内；

(3) 排放时满足一定的约束要求，如零件间隔、零件方位、板材纹理等。

假设上述n个异形件所对应的面积分别为$S_1, S_2, \cdots, S_n$，H为所有异形件排进板材后外接矩形的高度，板材S的固定宽度为W，板材利用率为η，则异形排样问题的数学模型可描述为

$$\max f(\eta) = \frac{\sum\limits_{i=1}^{n} S_i}{H \times W} \tag{7.1}$$

$$\text{s.t.} \begin{cases} R_i \bigcap R_j = \varnothing \\ P_i \subseteq S \end{cases}, \quad i, j = 1, 2, \cdots, n \tag{7.2}$$

式(7.1)为目标函数，式(7.2)为约束条件。式(7.2)表示异形件P_i和P_j互不重叠，并且异形件P_i均排在板材S内。

从异形排样问题解的结构分析，在板材二维平面坐标系中零件P_i的摆放位置

可由三个参数确定，即零件的某个参考点(如形心、最左最下点等)的坐标(x_i, y_i)和自身的旋转角度α_i。只要确定了这三个参数，零件轮廓的其他坐标也可相应求出。因此，零件P_i的排样解可表示为(x_i, y_i, α_i)，异形排样问题的解可表示为$((x_1, y_1, \alpha_1), (x_2, y_2, \alpha_2), \cdots, (x_n, y_n, \alpha_n))$，求解异形排样问题即在该类形式的解空间中寻找满足约束条件的解。

异形排样算法包含定序优化(即确定待排零件的放置顺序)和零件定位策略(即在定序的基础上确定零件在板材上的放置位置和角度)两部分，排样过程即将待排零件按次序通过定位策略逐一摆放在样板上的过程。当定位策略确定时，可使用零件的排样次序作为排样解的表达形式。若影响零件排样次序的因素包括顺序和旋转角度，则排样解也可表示为$((i_1, \alpha_1), \cdots, (i_j, \alpha_j), \cdots, (i_n, \alpha_n))$。其中，$i_j$为第$j$个零件的排样顺序，$\alpha_j$为第$j$个零件的旋转角度，$1 \leqslant j \leqslant n$。

7.1.2 求解方法

与矩形排样相比，异形排样问题的计算复杂度显著增大，具体表现如下：

(1) 异形件形状上的复杂性。当根据设定的放置规则或定位策略对异形件进行定位时，需要对多边形图形进行几何计算，如图形移动、旋转变换、布尔运算、靠接、判交计算等，运算量急剧增大。

(2) 异形排样时旋转角度的任意性。排样中异形件的旋转角度可以是任意的，任何一个小的角度变化都可能形成不同的排样效果，这样能使整个求解空间大幅增大。矩形排样中图形一般只能旋转0°或者90°，而异形排样时的旋转角度可以在0°～360°范围内选定，由此产生了更多的组合方式。

异形排样问题属于NP完全类问题，该类问题没有多项式时间复杂度的有效算法，只能通过指数级甚至阶乘级时间复杂度的搜索来得到最优解。对于n个零件参与的排样问题，排样方案种类计算公式为

$$T(n) = n! \times (360° / \Delta\theta)^n \tag{7.3}$$

式中，$\Delta\theta$为排样图形的旋转步距角。

分析式(7.3)可知：

(1) 当排样图形数量n增大时，排样方案种类数量将呈阶乘级数量增长。

(2) 除非通过枚举得到一个排样利用率达到100%的排样方案(实际生产中往往无法达到)，否则只能通过穷举法得到排样最优解，然而其时间复杂度是阶乘级的，无法满足实际需求。为了在给定时间内获得排样的较优解，不仅需要收敛速度更快的搜索算法，而且需要在不规则图形的定位规则、排样优化目标方面进行改进来提升排样算法的运算速度。

为了有效求解异形排样优化问题，国内外学者做了大量研究。自1995年以来

国际上有关排样问题的研究论文就有近 400 篇。综合来看，异形排样的主要研究方向集中在几何表达算法、几何计算算法、启发式算法、智能算法等。在几何表达算法研究方面，为降低零件形状表达的复杂性，一些学者将不规则零件包络成矩形[1]、梯形[2]、六边形、三角形[3]、圆形等规则零件，该方法虽简化了排料操作，但实际包络时会产生空白区域，造成板材资源的浪费，因此效果不太理想。例如，Elkeran 采用不规则零件两两组合的方式，并结合矩形包络算法，该方法有效减少了空白区域，但计算复杂度大大增加[4]。几何计算算法属于图形学研究领域，主要研究零件排料过程中的移动、旋转等几何操作，也要负责零件的靠接，避免重叠的情况，占用排料时间最长。目前这方面热门的算法有临界多边形算法[5]等。启发式算法主要用于零件在板材中的定位，有学者研究矩形包络后的最低水平线定位算法、下台阶算法等，也有直接将零件进行最下最左靠接[6]，或结合零件形状特征成对精确定位排放[7]，定位启发式算法常常与计算几何算法同时使用，以确定精确契合位置。有文献将启发式算法用于零件的选择，例如，文献[8]借助一维排料中的 DJD 启发式算法，根据面积大小和形状依次选择零件，结合启发式定位算法，也取得了较好的结果。智能算法主要负责零件序列的搜索，是目前二维不规则排料的主要研究方向。例如，文献[4]采用了新型布谷鸟搜索算法搜索解空间，文献[9]在采用启发式成对排放算法的同时，也使用了模拟退火算法指导排料序列的搜索过程。总体来讲，一个好的异形排样算法往往是上述几种方法的结合[9,10]。目前，国际上的主流算法是采用基于计算智能的定序算法和基于临界多边形几何运算的定位算法相结合的混合算法。

7.2　异形件几何表达与几何计算

7.2.1　异形件的几何表达方法

异形不规则图形的几何表达涉及图形的保存、移动、旋转、判交等一系列操作，与排样算法的效率和精度密切相关，所以根据排样需求选择合适的几何表达方法就尤为重要。目前，针对一般二维不规则图形主要有以下几种表达方法。

1. 带曲线的原始图形表示法

带曲线的原始图形表示法(原图法)即采用图形的原始表达形式，如图 7.1(a)所示。该方法可以保证图形轮廓的精确性，但是表达方法比较复杂且控制参数较多，在对图形进行排样操作特别是判交时会产生很大的运算量，一般在排样技术中该类方法应用较少。

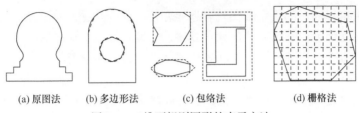

(a) 原图法　　　(b) 多边形法　　　(c) 包络法　　　(d) 栅格法

图 7.1　二维不规则图形的表示方法

2. 多边形法

多边形法是指采用一个或者多个连通多边形的形式表达二维图形, 若图形中存在曲线边, 则根据设定精度使用一系列的离散线段代替曲线边, 如图 7.1(b)所示。

连通多边形的定义如下: 若 N 个矢量端点头尾相连并按逆时针(顺时针)方向排列, 则各矢量之间不发生内点相交, 组成的多边形称为平面连通 N 边形 P。其数学表达式为 $P = \{P_1(X_1, Y_1), P_2(X_2, Y_2), \cdots, P_i(X_i, Y_i), \cdots P_n(X_N, Y_N), i = 1, 2, \cdots, N\}$。多边形法相对简单、控制参数较少, 减小了图形操作计算量; 虽然在一定程度上降低了原始图形的精度, 但只要采取足够高的离散精度就能够达到实际工程需求, 不影响应用效果。实际应用中样板、零件一般包含一个以上的轮廓, 因此排样图形一般由多个连通多边形组成。

3. 包络法

包络法是指使用某种算法求取单个或多个零件的外轮廓的包络规则多边形(如矩形、六边形等)并代替原始图形参与排样, 如图 7.1(c)所示。

使用包络法表示排样图形, 可避开直接处理复杂的不规则图形形状, 降低了排样过程中图形处理的运算量。不过一些图形在使用包络法表示后增加的"无效图形"面积过大, 使得排样方案利用率不高。实际应用中一般将几个零件组合后进行包络, 或者使用其他的方法计算包络多边形, 例如, 文献[11]采用 Graham's Scan 算法求取排样图形的凸包作为包络轮廓。

4. 栅格法

栅格法是一种应用离散思想的方法, 将零件轮廓离散为小矩形集合, 如图 7.1(d)所示。小矩形位于零件轮廓外无效, 位于零件轮廓内有效。该方法的最大优点是将多边形之间复杂的判交计算转化为小矩形集合是否重叠的判断, 降低了运算量。但是排样计算精度受栅格大小影响, 更高的排样精度意味着更小的栅格尺寸, 这降低了算法效率, 也增大了存储空间需求。

本书采用多边形法进行不规则图形的表达, 即通过一定精度的离散操作将图形转化为一个或多个连通多边形。

7.2.2 异形件基本几何变换与计算

异形件的基本几何变换包括平移、旋转和镜像等。

1. 平移变换

平面坐标系中设任意一点 $P(x, y)$ 沿着 x、y 轴分别平移 $\mathrm{d}x$、$\mathrm{d}y$ 之后得到 $P'(x', y')$，则满足：

$$x' = x + \mathrm{d}x, \quad y' = y + \mathrm{d}y \tag{7.4}$$

使用矩阵的形式表示为

$$P' = P \cdot T = \begin{bmatrix} x' & y' & 1 \end{bmatrix} = \begin{bmatrix} x & y & 1 \end{bmatrix} \begin{bmatrix} 1 & 0 & 0 \\ 0 & 1 & 0 \\ \mathrm{d}x & \mathrm{d}y & 1 \end{bmatrix} \tag{7.5}$$

对组成连通多边形每条边的起点、终点进行如上操作，即可实现多边形的平移。

2. 旋转变换

多边形的旋转操作是指将多边形的各个顶点相对某参考点旋转一定角度后得到新的顶点构成新的多边形。任意一点(x, y)绕二维平面坐标系中的原点逆时针转动角度 θ 后得到新的坐标点 (x', y')，则有

$$\begin{cases} x' = x\cos\theta - y\sin\theta \\ y' = x\sin\theta + y\cos\theta \end{cases} \tag{7.6}$$

逆时针旋转时 $\theta > 0$，顺时针旋转时 $\theta < 0$。当旋转参考点为二维平面坐标系中的任意一点 (x_0, y_0) 时，可通过如下步骤实现多边形的旋转操作。

(1) 将参考点 (x_0, y_0) 平移至原点 $(0, 0)$，变换矩阵为

$$T_1 = \begin{bmatrix} 1 & 0 & 0 \\ 0 & 1 & 0 \\ -x_0 & -y_0 & 1 \end{bmatrix} \tag{7.7}$$

(2) 将多边形绕坐标系原点旋转角度 θ，变换矩阵为

$$T_2 = \begin{bmatrix} \cos\theta & \sin\theta & 0 \\ -\sin\theta & \cos\theta & 0 \\ 0 & 0 & 1 \end{bmatrix} \tag{7.8}$$

(3) 将参考点由坐标系原点平移回之前的位置 (x_0, y_0)，变换矩阵为

$$T_3 = \begin{bmatrix} 1 & 0 & 0 \\ 0 & 1 & 0 \\ x_0 & y_0 & 1 \end{bmatrix} \tag{7.9}$$

综上，以参考点 (x_0, y_0) 为旋转中心旋转角度 θ 的变换矩阵为

$$T = T_1 T_2 T_3 = \begin{bmatrix} 1 & 0 & 0 \\ 0 & 1 & 0 \\ -x_0 & -y_0 & 1 \end{bmatrix} \begin{bmatrix} \cos\theta & \sin\theta & 0 \\ -\sin\theta & \cos\theta & 0 \\ 0 & 0 & 1 \end{bmatrix} \begin{bmatrix} 1 & 0 & 0 \\ 0 & 1 & 0 \\ x_0 & y_0 & 1 \end{bmatrix} \tag{7.10}$$

展开后得到

$$T = \begin{bmatrix} \cos\theta & \sin\theta & 0 \\ -\sin\theta & \cos\theta & 0 \\ x_0(1-\cos\theta) + y_0\sin\theta & -x_0\sin\theta + y_0(1-\cos\theta) & 1 \end{bmatrix} \tag{7.11}$$

即

$$P' = P \cdot T = \begin{bmatrix} x' & y' & 1 \end{bmatrix} = \begin{bmatrix} x & y & 1 \end{bmatrix} \begin{bmatrix} \cos\theta & \sin\theta & 0 \\ -\sin\theta & \cos\theta & 0 \\ x_0(1-\cos\theta) + y_0\sin\theta & -x_0\sin\theta + y_0(1-\cos\theta) & 1 \end{bmatrix}$$

$$\tag{7.12}$$

对组成连通多边形每条边的起点、终点进行如上操作，即可实现多边形的旋转操作。

3. 镜像变换

设二维平面坐标系中任意一点 P 的坐标为 (x, y)，若以直线 $x = m$ 为轴进行镜像变换，得到点 $P'(x', y')$，则满足：

$$x' = 2m - x, \quad y' = y \tag{7.13}$$

使用矩阵的形式表示为

$$P' = P \cdot T_1 = \begin{bmatrix} x' & y' & 1 \end{bmatrix} = \begin{bmatrix} x & y & 1 \end{bmatrix} \begin{bmatrix} -1 & 0 & 0 \\ 0 & 1 & 0 \\ 2m & 0 & 1 \end{bmatrix} \tag{7.14}$$

若以直线 $y = m$ 为轴进行镜像变换，得到点 $P''(x'', y'')$，则满足：

$$x'' = x, \quad y'' = 2m - y \tag{7.15}$$

使用矩阵的形式表示为

$$P'' = P \cdot T_2 = \begin{bmatrix} x'' & y'' & 1 \end{bmatrix} = \begin{bmatrix} x & y & 1 \end{bmatrix} \begin{bmatrix} 1 & 0 & 0 \\ 0 & -1 & 0 \\ 0 & 2m & 1 \end{bmatrix} \tag{7.16}$$

对组成连通多边形每条边的起点、终点进行如上操作，即可实现多边形的镜像操作。

4. 面积计算

基于连通多边形表示法,本章采用矢量面积法计算多边形面积(图 7.2)。根据连通多边形的边链表得到顶点链表,其中各个顶点依次连接,即 $P = \{P_1(X_1, Y_1),$ $P_2(X_2, Y_2), \cdots, P_i(X_i, Y_i), \cdots P_n(X_n, Y_n)\}, i = 1, 2, \cdots, n\}$。根据 O'Rourke 定理,任意多边形的面积可由任意一点与多边形上依次两点连线构成的三角形矢量面积求和得出。

图 7.2 中选取原点为参考点,多边形 P 的面积计算公式为

$$S = \frac{1}{2}\left|\sum_{i=1}^{n}\begin{vmatrix} x_i & y_i \\ x_{i+1} & y_{i+1} \end{vmatrix}\right| \tag{7.17}$$

5. 方向判断

多边形方向的判断在计算机图形学和计算机科学计算可视化领域中应用广泛,同时在数控加工编程中也有大量应用。一方面,在排样领域,当一些待加工零件完成排样后,需要生

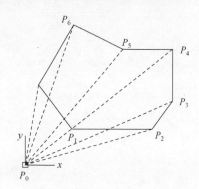

图 7.2　矢量面积法计算多边形面积

成数控加工代码(如 G 代码)用于后续的切割、裁剪等操作,此时需要对多边形进行等距处理,其中就要对多边形的方向进行判别;另一方面,表示排样零件与样板的连通多边形方向默认为逆时针方向,但不能保证一些操作产生的新连通多边形的方向仍为逆时针方向,此时也需要对其方向进行判断。

目前对多边形方向的判断算法比较多,最简单的方法是利用多边形顶点中最小坐标值顶点处相邻两条边切矢的叉乘来判断多边形的方向。该方法复杂度低,计算量小,但由于计算机内部浮点运算与保存的误差,容易对结果产生误判,这影响了算法的鲁棒性。

本章采用面积方向法保证算法的鲁棒性,计算公式如下:

$$S' = \frac{1}{2}\sum_{i=1}^{n}\begin{vmatrix} x_i & y_i \\ x_{i+1} & y_{i+1} \end{vmatrix} \tag{7.18}$$

当多边形方向为逆时针时,$S' > 0$;当多边形方向为顺时针时,$S' < 0$。该方法虽然在计算量上要大于极值点叉积法,但能够处理多边形中所有奇异点的情况,从而保证排样算法的稳定性。

7.2.3　图形判交计算

图形判交计算在排样定位算法中经常用到,其计算方法和计算效率对整个异形排样算法的效率有着重要影响。

1. 多边形干涉判断

在介绍基于多边形几何运算的判交算法之前，先介绍矩形包围盒的概念以及点与多边形的关系。对于多边形 A，将其轮廓在二维平面坐标系中 x、y 方向的最小值和最大值组成的四个顶点定义的多边形称为矩形包围盒，如图 7.3 所示。

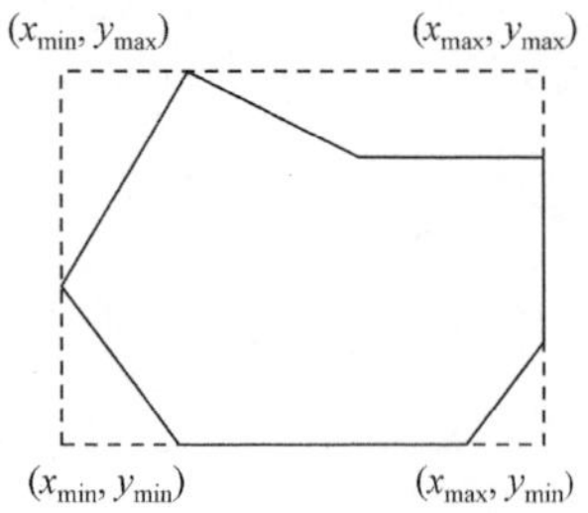

关于点与多边形的关系，对于任意一点 P 和多边形 A，其几何关系存在以下三种情况：

(1) 点 P 在多边形 A 的某条边上；

(2) 点 P 在多边形 A 的外部；

(3) 点 P 在多边形 A 的内部。

图 7.3　矩形包围盒

第一种情况其实是判断某点是否在某条线段上，对于任意一点 $P(x,y)$ 和线段 $L((x_s,y_s),(x_e,y_e))$，点 P 在线段 L 上的等价条件如下：

$$(y-y_s)(x_e-x_s)-(x-x_s)(y_e-y_s)=0 \tag{7.19}$$

$$(x-x_e)(x-x_s)\leqslant 0 \text{ 或者 } (y-y_e)(y-y_s)\leqslant 0 \tag{7.20}$$

之后需要判断某一点是否在多边形内部，常用的方法有夹角和检验法、射线交点法等。本节采用夹角和检验法[12]，如图 7.4 所示。设平面内有点 P_0 分别与多边形 $P_1P_2P_3P_4P_5$ 的边 $P_i(i=1,2,\cdots,5)$ 连接构成向量 $V_i=P_i-P_0(i=1,2,\cdots,5)$。

设 $\alpha_i=\begin{cases}\angle P_iP_0P_{i+1}, & 1\leqslant i\leqslant 4 \\ \angle P_iP_0P_1, & i=5\end{cases}$，若 $\sum\limits_{i=1}^{5}\alpha_i=0$，则点 P_0 位于多边形 $P_1P_2P_3P_4P_5$ 外部；

若 $\sum\limits_{i=1}^{5}\alpha_i=2\pi$，则点 P_0 位于多边形 $P_1P_2P_3P_4P_5$ 内部。

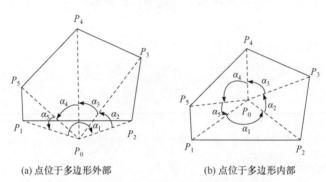

(a) 点位于多边形外部　　　　　　　(b) 点位于多边形内部

图 7.4　夹角和检验法判断点与多边形的关系

在此基础上给出两个连通多边形的判定方法，对于任意两个连通多边形 A、B，其不干涉的两种情况如下：

(1) A、B 的矩形包围盒不干涉；

(2) A、B 的矩形包围盒干涉，但是 A 的所有顶点都不在 B 的内部，且 B 的所有顶点都不在 A 的内部。

2. 零件之间的判交运算

零件之间的几何位置关系存在多种情况，如图 7.5 所示。整体可分为不干涉状态和干涉状态两种，不干涉状态包括两个零件完全分离和某零件位于另外一个零件的内轮廓中。对于任意两个零件 A、B，几何关系判断流程如下：

(1) 判断两零件的矩形包围盒是否干涉，若不干涉，则两零件处于完全分离状态，判断结束；若干涉，则继续步骤(2)。

(2) 判断第一个零件的所有顶点是否都位于第二个零件的外部，且第二个零件的所有顶点都位于第一个零件的外部。若满足要求，则两个零件完全分离，判断结束；否则跳至步骤(3)。

(3) 若两个零件都没有内轮廓，则两个零件干涉，判断结束；否则继续步骤(4)。

(4) 若两个零件中存在内轮廓，则对于存在内轮廓的零件，判断另外一个零件的外轮廓的顶点是否都在该零件的内轮廓内。若满足条件，则两个零件不干涉；否则两个零件干涉，判断结束。

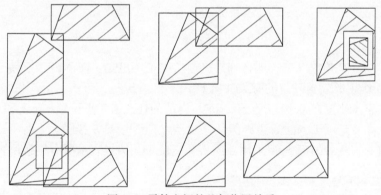

图 7.5　零件之间的几何位置关系

3. 零件与板材的判交运算

零件与板材不干涉的等价条件为：①零件的所有参考点都位于板材内部；②零件与板材内部的无效区域(若存在)不干涉。零件和板材的无效区域是否干涉的判断过程与零件之间的判交过程相同，只需把无效区域看成已排放的零件即可。

7.2.4　临界多边形

1. NFP 的概念

临界多边形(NFP)的概念最早是由 Art[13]于 1966 年提出的。NFP_{AB} 表示 A 和 B 两个多边形的 NFP，是多边形 A 和 B 按照特定的轨迹滑动的结果。开始时，第一个多边形 A 定义为固定多边形，其原点为(0, 0)；第二个多边形 B 定义为移动多边形，执行滑动的动作。给定 A、B 两个对象，把 B 放置在接触 A 的位置上，当 B 沿着 A 的边界滑动时，标记滑动参考点的轨迹则可以得到 NFP_{AB}。B 不旋转，A 和 B 一直接触，但从不重叠。这些参考点的轨迹形成一个封闭路径就是 NFP_{AB}。图 7.6 说明了这种运动的参考点轨迹形成 NFP 的过程[14]。

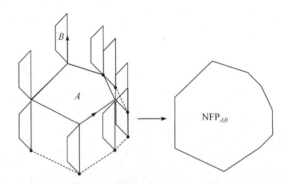

图 7.6　B 围绕 A 边界滑动的参考点轨迹形成 NFP_{AB}

如果 A、B 角色互换，那么临界多边形就是 NFP_{BA}，即 NFP_{AB} 旋转 180°。A 和 B 相互作用形成 NFP_{AB} 的有关性质如下：

(1) 若 A 放置在(0, 0)，B 位于 NFP_{AB} 内部的任意参考点位置，则 A 和 B 相交。

(2) 若 B 定位于 NFP_{AB} 边界的任意参考点，则 A 和 B 接触。

因此，NFP_{AB} 内部表示 A 和 B 所有相交位置，边界表示所有接触位置。

2. 闵可夫斯基和法求解 NFP

Milenkovic 等[15]研究了 NFP 与闵可夫斯基和之间的关系，提出了闵可夫斯基和法求解 NFP 的过程。设 A 和 B 为 n 维空间的点集，则 A 和 B 的闵可夫斯基和为

$$A \oplus B = \{a + b; a \in A, b \in B\} \tag{7.21}$$

根据上述定义，多边形 A 和 B 的 NFP 表示为 $NFP_{AB} = A \oplus -B$，其中 $-B$ 为多边形的顺时针方向。依据闵可夫斯基和法，两个凸多边形之间的 NFP 计算过程如下：

(1) 将多边形 A 的所有边矢量起点置于原点(0, 0)，同时也将 $-B$ 的所有边矢量起点置于原点。

(2) 按从小到大的顺序排列 A 边矢量、$-B$ 边矢量分别与起始矢量的夹角。

(3) 按排列后的顺序，依次累加 A、$-B$ 边矢量，即可得到 A 和 B 的 NFP。

不过，当 A、B 两个多边形中有一个多边形为凹多边形时，边矢量的排序连接方法将不再有效，将不能正确形成一个临界多边形。基于此，Ghosh[16]提出了一种基于矢量和法的斜率图的概念和算法来求解这个问题。

斜率图就是用圆周上的一个点来代表多边形的某条边，用这个点与圆心连线的矢量角度来代表对应边的角度，并用所有点的连接弧来代表原多边形的顶点，具体表示过程如图 7.7 所示。

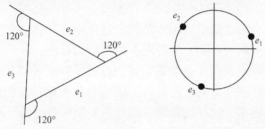

图 7.7　一个等边三角形和它的斜率图(e 点代表边，圆弧代表三角形顶点)

假如给定两个多边形 A、B，其中 A 为凹多边形，采用斜率图时凹边用新增弧线进行连接，多边形 A、B 的斜率图合成就是 NFP_{AB}。如图 7.8 所示，多边形 A 中 a_4、a_5、a_6 为凹边，连接弧有所不同，而临界多边形 NFP_{AB} 的列表是 b_1、b_4、a_7、b_3、a_1、a_2、b_2、a_3、b_1、a_4、$-b_1$、a_5、a_6。

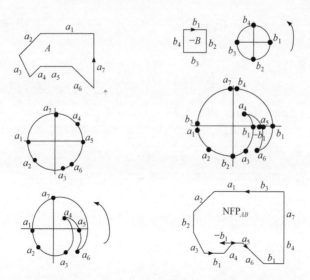

(a) 多边形A的斜率图　　　(b) 多边形B以及NFP_{AB}的斜率图

图 7.8　采用斜率图(闵可夫斯基和法区别凸多边形和非凸多边形)

不过，斜率图算法适用于只有一个凹多边形的情况。假如 A、B 都为凹多边形，则 A、B 斜率图上的凹边部位会出现多处重叠，再按照斜率图算法，则无法同时满足 A、B 的闵可夫斯基和法表达，从而不能形成 NFP。

7.3　遗传算法与禁忌搜索混合的求解算法

7.3.1　基于左下角方法的零件定位策略

1. 左下角方法求解 NFP

左下角方法已在第 2 章中详细介绍过，这里不再赘述。本节提出一种新的框架作为异形件定位策略的基础。借鉴左下角方法的思想，异形排样从板材的最左边开始，一直向右开放式延伸至结束。这个过程可以定义如下：

给定一个异形件顺序，从 1 到 j-1，异形件 j 尽可能往左侧排放，并与其他异形件没有重叠。若有多个这样的位置，则选择 y 坐标最小的异形件。

从上述定义可知，异形件 j 可以与异形件 1 到异形件 j-1 中任一个接触，也可以与板材的左边界接触。因此，设异形件 j 为移动件，异形件 1 到异形件 j-1 为固定件，则移动件 j 沿着固定件 i 移动的位置轨迹形成临界多边形 NFP_{ij}。设 (x_i, y_i) 和 (x_j, y_j) 分别为固定件 i 和移动件 j 的参考点，则有如下性质。

性质 7.1　若异形件 j 的参考点 (x_j, y_j) 在 $NFP_{ij} + (x_i, y_i)$ 的边界上，则异形件 j 与异形件 i 接触。

性质 7.2　若点 (x_j, y_j) 不位于任意固定件 k 的 NFP_{kj} 上，则点 (x_j, y_j) 是参考点的可行位置。

基于左下角算法，可以设计一个放置移动件 j 的策略，其步骤如下：

(1) 设 E 为临界多边形 NFP_{ij} 所有边的集，(x_m^*, y_m^*) 是边 m 最左边的参考点，这样，$(x_m^*, y_m^*) \notin \text{int}(NFP_{kj})$，$\forall k = 1, 2, \cdots, j-1$。

(2) 计算 E 中所有边的 (x_m^*, y_m^*) 值，找到异形件 j 的最左下角位置，即 $(x_j, y_j) = \{(x_{m\min}^*, y_{m\min}^*): x_{m\min}^* \leqslant x_m^*, \forall m \in E\}$。

(3) 若 x_m^* 值出现相同值的情况，则选择 y_m^* 值最小的异形件。

但是，上述策略忽略了板材的边界。这就要求只能对靠着板材左边缘的异形件做较小的移动，以确保这些位置上突出的异形件被移走。

2. 包含板材边界的 NFP 求解

上述左下角方法求解 NFP 策略假定移动件至少接触一块固定件，但移动件也很可能放靠在板材的左边缘。只需要在上述策略的基础上简单地把板材的左边加

入边集 E 中，NFP 的任一边就有可能产生并不完全限定在板材内的排样。例如，参考点被定义在包含矩形的左下角，当 $x_j < 0$ 或 $y_j < 0$ 时，排样就可能扩展到板材的左侧或底部。同样，如果 w_j 定义为异形件 j 外接矩形的宽度，则当 $y_j > W - w_j$ 时，排样会超出板材的顶部。如果按照 $(0, 0, M, W - w_j)$ 定义的矩形裁剪所有的边，则可以避免这种情况，其中 M 大大超过最大的排样长度。至此，异形件定位策略描述如下：

(1) 异形件 1 的参考点设为 $(0, 0)$，$j = 2$。

(2) 设 $(x_j, y_j) = (+\infty, +\infty)$。

(3) 临界多边形 NFP_{ij} 上边的集为 $E = \{e_1, e_2, \cdots, e_k\}$，$i = 1, 2, \cdots, j-1$，$k = 1, 2, \cdots, j-1$。

(4) 设 e_{k+1} 为板材边界的左边，则 $E = E \cup e_{k+1}$。

(5) 对照 $(0, 0, M, W - w_j)$ 的区域裁剪 E 中的所有边。

(6) 开始计算 (x_m^*, y_m^*)，设 $(x_j, y_j) = \{(x_{m\min}^*, y_{m\min}^*): x_{m\min}^* \leqslant x_m^*, \forall e_m \in E\}$，$m = 1, 2, \cdots, k+1$。若 x_m^* 值相等，则选择最小的 y_m^* 值。

(7) 设 $j = j+1$，若 $j \leqslant n$，则返回步骤(2)，否则停止。

3. 一种改进的临界多边形计算策略

计算排放过程中移动件的 NFP 的目的是要找到不会产生重叠的最左边的点。如果计算终点有较小的 x 坐标(或垂直边缘有较小的 y 坐标)的情况，并且在此位置找到一个可行的位置，那么问题就解决了。但是，如果由于重叠第一点不行，那么有可能在边的中间点上确定一个可行的位置。基本思路如图 7.9 所示。

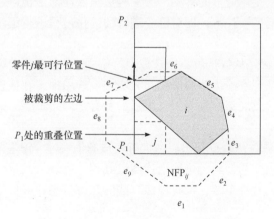

图 7.9　在被裁剪左边的 P_1P_2 上消除重叠

假设被裁剪左边缘的边为 P_1P_2，在较低的左端点 P_1 处放置异形件 j，造成了图 7.9 的重叠。由于参考点 (x_j, y_j) 位于 NFP_{ij} 内部，异形件 j 与异形件 i 重叠。为了避免这种重叠，需要把(x_j, y_j)放置在NFP_{ij}的边界P_1P_2上，并且从P_1移动到P_2。这种遍历使得NFP的边e_7经过异形件j与P_1P_2的相交点。这个相交点，可以用标准三角法计算。在这个相交点，异形件j与异形件i的重叠为0。若还有其他零件，则异形件j还会与其他异形件k重叠，$k=1, 2, \cdots, j-1$，$k \neq i$。因此，要消除当前边与NFP交点处的重叠，可以运用标准三角法寻找到e_m边离开NFP的点，而通过这个新交点，就可以核对其NFP_{kj}。

在E中任意边e_m上计算最左边可行位置(x_m^*, y_m^*)的策略，可描述如下：

(1) 设v为第一个(或最左的)终点。

(2) 更新v，用多边形上的点测验每一条$\text{NFP}_{kj}(k=1, 2, \cdots, j-1)$，直到发现$\text{NFP}_{kj}$处的重叠，或者所有NFP检验完。若没有发现重叠，则找到异形件j的可行左下角位置，否则转入步骤(3)。

(3) 运用标准三角法计算边e_m和NFP_{jk}的相交点。若没有相交点存在，则e_m边上没有可行的位置，否则设$p(x_p, y_p)$为离点v最近的点，且$v = p(x_p, y_p)$，返回步骤(2)。

7.3.2　HGATS 算法

禁忌搜索(tabu search, TS)算法是人工智能在组合优化算法中的又一成功算法，是局部邻域搜索算法的推广，自1977年由Glover[17]提出后，经过40多年的发展，至今已形成一套成熟的算法。TS算法是一种元启发式随机搜索算法，它从一个初始可行解出发，选择一系列的特定搜索方向(移动)作为试探，选择实现让特定的目标函数值变化最多的移动。为了避免陷入局部最优解，禁忌搜索中采用了一种灵活的"记忆"技术，即对已经进行的优化过程进行记录和选择，指导下一步的搜索方向。

TS算法的新解是从候选解集中选取最好解，而不是在当前解的邻域中随机产生，因此获得更好解或最优解的概率大大增加。禁忌搜索在搜索过程中可以接受劣质解，同时多起点局部搜索能力又很强，和有全局搜索能力的算法结合会提高搜索效率。

不过，TS算法对初始解和邻域结构有较强的依赖性，较差初始解大大降低了搜索质量，只有较好的初始解可能迭代到最好解。另外，其迭代过程是串行的，是把一个解移动到另一个解，没有遗传算法的并行机制，降低了搜索到全局最优解的概率。

Reeves[18]把TS算法的多样化思想引入遗传算法的交叉和变异中，使得搜索过程具有记忆性，大大提高了搜索效率。本节提出将"适者生存"法则嵌入多起点的TS算法中，形成HGATS算法，由遗传算法和对初始化及进化过程中产生的个体进行集中搜索的TS算法组成。

　　总体上来看，遗传算法用于引导算法全局搜索，一般作为"主算法"，而 TS 算法用于对有希望的区域集中搜索，一般作为"从算法"。由于遗传算法和 TS 算法的强互补性，HGATS 算法在性能上能够超越这两种算法各自搜索的效果[19]。HGATS 算法流程如图 7.10 所示。

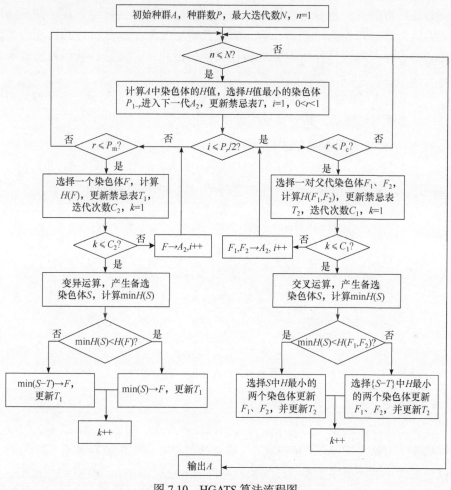

图 7.10　HGATS 算法流程图

7.3.3　HGATS 算法求解异形排样

　　HGATS 算法借鉴了 Memetic 算法的核心思想，其设计机理是遗传算法引导算法探索有希望的解并跳出局部最优，TS 算法对有希望的附近区域进行集中搜索。为了更合理地与分散搜索策略平衡，本节结合对异形排样问题的研究，提出一种强化的双层禁忌算法集中搜索机制，目的是对有希望的区域进行更充分的集中搜索。下面介绍 HGATS 算法的原理及其求解异形排样的过程。

1. 染色体的编码和解码

HGATS 算法的搜索，可以通过改变染色体的编码或运算算子产生可行解，避免陷入循环。求解异形排样问题，必须采取适当的染色体编码。染色体编码方法与运算序列编码速度相关。随机因子的重要特点就是所有通过交叉产生的后代都是可行解，大部分可行性问题通过对目标函数评估可以完成。如果任何随机关键矢量可以作为一个可行解，那么任何交叉矢量也是可行的。利用遗传算法的动态性，异形排样可以处理随机关键向量和具有良好目标函数值的解之间的关系。

一个染色体可以编码为问题的解，也可表示为随机数的矢量。每个解的染色体是由 n 个基因组成的，其中 n 是待排件数量：

$$染色体 = (基因_1, 基因_2, \cdots, 基因_{n-1}, 基因_n)$$

通过混合策略，n 个基因可以获取异形件的排样序列，每个染色体在排样过程中的解码是以升序来完成基因排序和零件排样的，具体解码过程如图 7.11 所示。

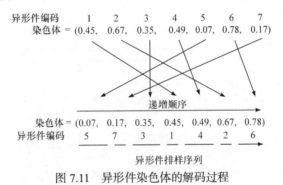

图 7.11　异形件染色体的解码过程

2. 初始解产生及适应度值计算

在异形排样过程中，一般不是很清楚种群的大小，需要考虑：若种群过大，则存储数据可能有困难；若种群太小，则良好的交叉字符串就有可能不够。所以，选择合适大小的种群很重要。产生初始种群的方法有很多，如优先调用规则、多样化插入、移动重叠法和随机法等。一般来说，产生初始种群方法对混合算法求得最终解的质量影响不大，但对运行时间有影响。因此，根据上述染色体编码方法，基因在[1, n]内随机设置，同时保证每个种群出现 m 次。重复此步骤，直到染色体数目满足种群规模大小。

禁忌搜索过程非常依赖于初始解，一个好的初始解能加快 TS 算法的收敛速度，而一个较差的初始解则会使 TS 算法在解空间中搜索不到好解[20]。在求解异形排样问题时，首先用遗传算法产生高质量的初始解，然后用 TS 算法求解。适应度函数主要是用于对禁忌搜索过程的评价,选择反映目标函数的特征参数如板材利用率,只是这个目标函数要与遗传算法的适应度值计算一致。

3. 一种强化集中搜索机制

TS 算法一般是在当前状态的邻域中择优选取候选解,但候选解的选取与禁忌长度的大小相似,若选取较少则容易导致早熟收敛,若选取过多则造成计算量较大。因此,当在部分邻域中选取候选解时,只要发现改进解,就立即停止扫描。

但是,在局部搜索过程中仅仅对染色体进行搜索可能使搜索偏离正确的方向并导致局部最优。若对搜索后产生的候选解集中的每个解进行逆转,并与原染色体一起搜索,则可能得到高质量的解[21]。基于这种机理,提出一种新策略:当 TS 算法经过设定的迭代次数却无法改进最好解时,继续使用 TS 算法搜索该最好解的逆转解。因此,设计了一种强化的双层 TS 算法集中搜索机制,既对染色体解码进行改进,又对逆转后的候选解继续改进,即对遗传算法进化过程中的染色体进行双层集中搜索。该双层集中搜索机制的框架如图 7.12 所示。

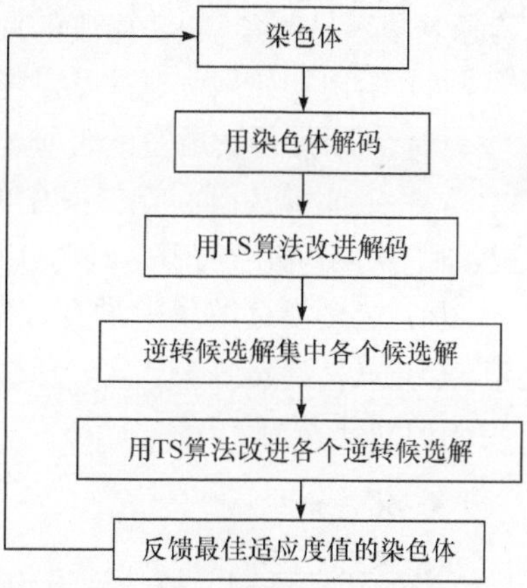

图 7.12　一种强化的双层 TS 算法集中搜索机制

4. 进化策略

1) 选择操作

在 HGATS 算法中,选择操作采用最佳个体保存方式,即把群体中适应度值高的个体不经过配对交叉而直接复制到下一代。

2) 交叉操作

交叉是把两个父代个体的部分结构加以替换重组而生成新个体的操作。在基于次序编码的排样问题中,设计交叉操作就是将父代邻域次序的优良特征继承到子代。第 2 章提出的一种 IPOX 算子能使子代很好地继承父代的优良特征,在 HGATS 算法中仍然采用 IPOX 算子。

3) 变异操作

变异操作的作用是维持群体的多样性,防止算法出现早熟收敛。在 HGATS 算法中,变异操作采用交换变异方式,即在染色体中随机选择两个不同的基因,交换两个基因的位置,从而完成变异操作。

5. 局部搜索过程

移动是从当前解产生新解的途径，从当前解可以进行的所有移动构成邻域。为了减少计算时间，每次迭代后计算 TS 算法所选择的邻域结构，只计算需要排样的开始时间和结束时间。TS 算法的移动策略是选取满足破禁水平的移动，若在搜索过程中所有移动都不满足破禁水平，则在所有可能的移动中随机选择一个移动。

禁忌表的目的是禁止搜索以前访问过的解而多搜索一些其他的解空间，避免陷入局部循环。在 HGATS 算法中，禁忌表中的储存元素是移动属性，既有移动件的次序，也有移动件在板材上的位置，本节邻域结构由相邻移动件插入操作产生。禁忌长度就是禁忌对象在禁忌表中的任期，只有任期为零时禁忌对象才能被解禁。在 HGATS 算法中应动态设置禁忌长度，一般要求禁忌长度尽量小，这样禁忌对象容易解禁。TS 算法的局部搜索过程描述如下：

(1) 给出初始解，禁忌表为空。

(2) 判断是否满足停止准则。若满足，则停止算法，输出结果；否则转入步骤(3)。

(3) 生成候选解，选择其中的最好解，判断是否满足破禁水平。若满足，则更新破禁水平和当前解，转入步骤(5)；否则转入步骤(4)。

(4) 选择候选解集中没有被禁忌的最好解作为当前解。

(5) 更新禁忌表。

(6) 返回步骤(2)。

6. 停止准则

当得到满意解，或达到设定的最大迭代步数时，HGATS 算法终止。

7.3.4　算例验证与分析

在实验中，采用左下角移动策略和局部搜索方法产生最初异形件次序。在搜索过程中，所产生的解用排样的总长度进行评价。测试运行环境：Intel Pentium®4 CPU，3GHz，RAM 1GB；Windows 7 操作系统，Visual Studio C++。本节从两个方面进行实验，一是用经典方法对经典问题进行求解，二是定义实际制造工业中产生的新问题并求解。

1. 求解经典问题

确定 HGATS 算法的一些参数，例如，种群规模为异形件个数，交叉概率 P_c=0.8，变异概率 P_m=0.01，禁忌表长度在 7～9 随机产生，其余参数与表 7.1 中所列文献的参数设置相同。实验时，文献中的每个问题运行 10 次，迭代长度 n=100。表 7.1 比较了求解各经典问题时文献中的最好解、HGATS 算法运行 20 次或 30 次的最好解，以及最好解相比的提高率，并用粗体标示出有增加的提高率。

表 7.1　运行 20 或 30 次的最好解比较

经典问题	文献出处	文献中最好解	HGATS 最好解	提高率/%
Jakobs1	文献[22]	13.2	13	**1.52**
Jakobs2	文献[22]	28.2	28	**0.71**
Blaz	文献[23]	27.3	30	−9.89
Fu	文献[24]	34	36	−5.88
Marques	文献[22]	83.6	84	−0.48
Shapes	文献[22]	63	65	−3.17
Shirts	文献[23]	63.13	62.5	1.00
Swim	文献[22]	6568	6037	**8.08**
Trousers	文献[23]	245.75	252	−2.54

实验中的经典问题有 Jakobs1、Jakobs2、Blaz、Fu、Marques、Shapes、Shirts、Swim 和 Trousers 共 9 个，HGATS 算法在 9 个经典问题中求得比文献中最好解还要优的解有 4 个。其中，Jakobs1 问题提高 1.52%，Jakobs2 问题提高 0.71%，Shirts 问题提高 1.00%，Swim 问题提高 8.08%。当然，Blaz、Fu、Marques、Shapes 和 Trousers 这 5 个问题获得较次解，但差距不大，只分别高了 2.7、2、0.4、2 和 6.5 个单位。

选择几个问题进行深入分析。例如，对于 Swim 问题，本节的解达到了 6037 单位，远远超过 Hopper 和 Turton[22]最有名的 6568 单位的解，如图 7.13 所示。对于 Shirts 问题，本节简单扩展实验迭代到 200 次，搜索时间与文献中的一致，运行了 10 次实验，最好解如图 7.14 所示。对于 Trousers 问题，本节 252 单位的解没有达到 Gomes 和 Oliveira 提出的最好解的 245.75 单位，排样效果如图 7.15 所示。总体而言，9 个经典问题采用 HGATS 算法后，产生了 4 个新的最好解。

图 7.13　HGATS 算法的解(6037
单位，提高 8.08%)

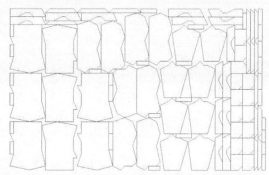

图 7.14　HGATS 算法的解(62.5 单位，提高 1.00%)

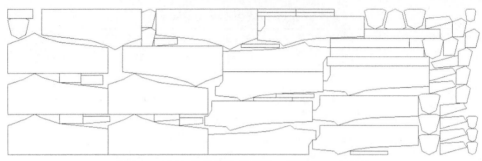

图 7.15　HGATS 的解(252 单位，提高率为–2.54%)

2. 求解实际问题

在实际的机械制造工业中，异形排样的零件多种多样，如长方形、圆形、扇形、多边形、梯形等。本节定义的新问题 Group1、Group2 是来自实际生产中的两个异形排样问题。参数配置：种群规模为异形件个数，即新问题 Group1 种群规模为 20，Group2 为 35，交叉概率 P_c=0.8，变异概率 P_m=0.01，禁忌表长度在 7～9 随机产生，每个问题运行 10 次，迭代 40 次，Group1 的板材宽度为 2000，Group2 的板材宽度为 2000。采用 HGATS 算法后的运行结果如表 7.2 所示。

表 7.2　两个新问题的最好解

问题	件数	板材宽度	最优解	HGATS 最好解	板材利用率/%
Group1	20	2000	无	1903	73.5
Group2	35	2000	无	4986	89.5

由表 7.2 可以看出，HGATS 算法对 Group1、Group2 两个新问题的求解均以高质量完成。Group1 中有 20 个零件，排样长度为 1903 单位，材料利用率达到 73.5%，排样图如图 7.16 所示；Group2 有 35 个零件，排样长度即最好解达 4986 单位，材料利用率高达 89.5%，排样图如图 7.17 所示。

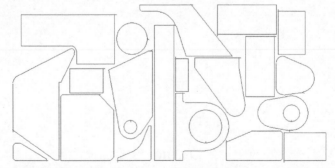

图 7.16　采用 HGATS 求解 Group1 问题(20 个零件，解为 1903 单位)

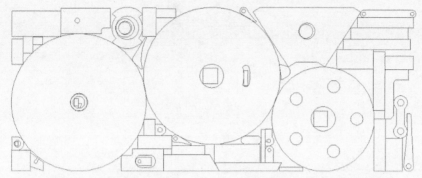

图 7.17 采用 HGATS 求解 Group2 问题(35 个零件，解为 4986 单位)

针对异形排样中存在的零件复杂形状、排样时可任意旋转等特点，本节采用了基于左下角方法的异形件定位策略，为强化禁忌搜索的集中搜索机制，将 TS 算法与遗传算法相结合。实验结果表明，基于上述思路提出的 HGATS 算法适用于求解具有不规则形状的异形排样问题，并取得了不错的优化效果。与文献中 9 个经典问题的最好解进行对比，HGATS 算法求得的结果有 4 个得到改善；应用于实际生产中自定义的 2 个新问题，HGATS 算法也取得良好的求解结果。

7.4 集束搜索与禁忌搜索混合的求解算法

本节提出一种混合搜索算法(集束搜索+禁忌搜索)来搜索要排列的零件序列(定序)，并应用一种基于改进 NFP 的零件定位方法(定位)。通过混合搜索算法获得不规则零件的排列序列，并通过定位方法对其进行解码。首先介绍一种改进的 NFP 生成器，然后介绍基于新的 NFP 生成器的零件定位原理，最后提出一种通过混合集束搜索和禁忌搜索来搜索序列的算法。

7.4.1 改进的临界多边形生成器

根据现有文献可以将产生 NFP 的方法归为如下三种：轨迹算法[25, 26]、闵可夫斯基求和算法[27, 28]、分解算法[29-31]。

固定多边形 A，将多边形 B 绕着多边形 A 的外轮廓滑动，NFP_{AB} 就是参考点(多边形 B 上)的移动轨迹，在轨迹生成过程中，两个多边形的相对方向保持不变，如图 7.18 所示。

若多边形 B 的参考点位于 NFP_{AB} 内，则 A 和 B 将重叠；若多边形 B 的参考点位于 NFP_{AB} 的边界上，则 B 将接触 A，但不重叠；若多边形 B 的参考点位于 NFP_{AB} 之外，则 A 和 B 既不重叠，也不接触。因此，可以将确定两个多边形的相对位置简化为确定一个点和一个多边形的相对位置，如图 7.19 所示。

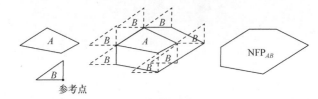

图 7.18　多边形 A 和 B 的 NFP

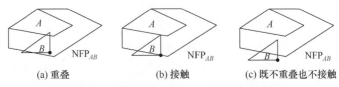

| (a) 重叠 | (b) 接触 | (c) 既不重叠也不接触 |

图 7.19　参考点与 NFP$_{AB}$ 的三种相对位置关系

本节选择轨迹算法来处理 NFP 的计算,该方法在逻辑上与 Burke 等[26]提出的算法相似,同时提出一种改进的实施方式。当多边形 B 围绕 A 移动生成路径时,其中每一步都会创建 NFP 的边缘。与 Burke 等提出的算法不同,将其分为以下三个子部分:查找潜在矢量、去除不可行矢量、计算最小距离。

1. 查找潜在矢量

如前所述,NFP 是一个多边形,其每条边不是来于 A 的边就是来于 B 的边,取决于具体情况,如图 7.20 所示。

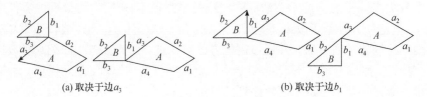

(a) 取决于边 a_3　　　　　　　　　　(b) 取决于边 b_1

图 7.20　平移矢量

两条定向边存在如下三种可能的相对位置(图 7.21):

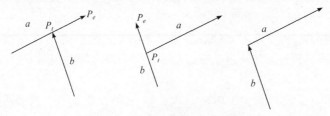

图 7.21　两条边接触的三种类型

(1) 轨迹边 b 的顶点与固定边 a 的中点重合,在这种情况下,潜在向量是 P_tP_e。

(2) 固定边 a 的顶点与轨迹边 b 的中点重合,在这种情况下,潜在向量是 P_eP_t。

（3）两条边的顶点重合，在这种情况下，潜在向量可以根据以下规则确定，即若向量 B_jB_{j+1} 与向量 A_jA_{j+1} 所成的夹角小于 $180°$，则平移向量是 A_jA_{j+1}，否则就是 $B_{j+1}B_j$（图 7.22）。

2. 去除不可行矢量

用上述方法产生的某些潜在平移矢量是不可行的，需要去除那些导致立即相交的潜在矢量。例如，在图 7.23 中，可以通过图 7.21 中的第三幅图的规则来创建两个潜在的平移向量 a_4 和 b_1，图 7.24 演示了如何去除向量 a_4（简洁起见，已省略了与边 a_4 有关的一对边，只需要测试另一个接触点的一对边）。若要沿着向量 a_4 平移多边形 B，这将导致边 a_1 和 b_1（以及 a_2 和 b_1）之间立即相交，一旦平移是不可行的，则应该去除这一矢量，因此边 a_4 不是一个可行的平移向量。

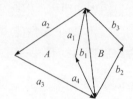

图 7.22　两条边的顶点重合

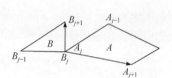

图 7.23　两个矢量相接的情况

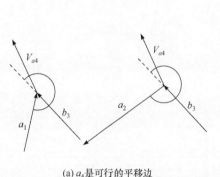

(a) a_4 是可行的平移边

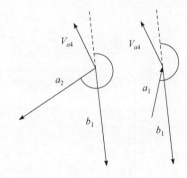

(b) a_4 是不可行的平移边

图 7.24　去除潜在矢量 a_4

3. 计算最小距离

在多边形 B 沿平移矢量平移之前，必须对平移矢量进行修剪，这意味着计算矢量的最小距离，这是必要的，因为在多边形 B 的平移过程中其他边可能会相交。例如，在图 7.25(a) 中，多边形 A 与多边形 B 相交，这是因为应用了没有修剪的整个矢量，在这种情况下，原始点与相交点的最小距离定义了最终可行矢量，如图 7.25(b) 所示。

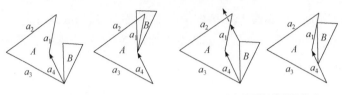

<table>
<tr><td>(a) 平移矢量没有修剪的情况</td><td>(b) 平移矢量进行修剪的情况</td></tr>
</table>

图 7.25　最终可行的平移矢量

7.4.2　零件摆放定位方法

在不限制零件摆放位置和旋转的情况下，不规则件排样问题的解空间是无限的。为了减小解空间，有一些常用的摆放原则，如 BL 和 TOPOS，BL 原则就是将一个零件摆放在左下角位置，通常应用于正交排样问题，而不适用于不规则件排样；TOPOS 原则是根据评估标准对摆放位置进行评估，从而确定零件的排列位置。

本节基于 BL 原则和最低重心原则提出一种新的摆放原则[32]，也会应用改进后的简明标准来评估最佳放置位置。如图 7.26 所示，选取两个属性(包络矩形的高 L 和包络矩形的面积 A)所构成的损失函数 Z 作为评价标准：

$$L = \frac{L_{\text{new}}}{X_{\text{new}}}, \quad A = \frac{L_{\text{new}} \times W_{\text{new}}}{X_{\text{new}} \times Y_{\text{new}}}, \quad Z = \min(L + A) \tag{7.22}$$

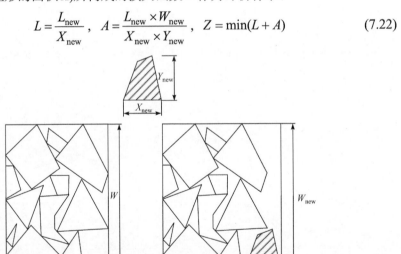

图 7.26　评价准则说明

现在给出一个零件，首先计算其重心，然后分别将重心和左下顶点作为参考点，一次生成两个 NFP(重心 NFP 和左下 NFP)。需要注意的是，当零件的旋转状态不同时，重心 NFP 和左下 NFP 都将不同，上述提到的标准会选择最低重心和最左下顶点进行评估，评估结果最好的位置被确定为放置位置。

图 7.27 给出了放置原则的示例，图中的两个实心多边形(标记为 1、2)是零件

在两个不同旋转状态下的重心 NFP，标记为 1、2 的点状多边形(一些点状边缘与容器的边缘重合)便是左下 NFP。

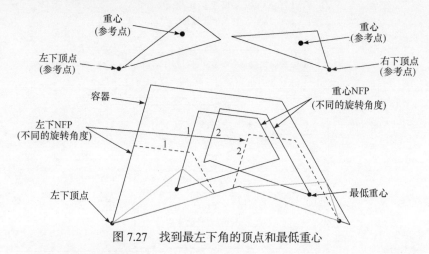

图 7.27　找到最左下角的顶点和最低重心

7.4.3　BS/TS 混合搜索算法

本节算法将禁忌搜索(TS)与集束搜索相结合来解决异形排样过程中的定序问题。

1. 禁忌搜索

禁忌搜索可以逃避局部最小值，禁忌表是一种动态且灵活的内存结构，可防止算法在接下来的某些迭代中执行最近已执行的步骤。本节的禁忌搜索机制与 Glover 等[33]所提算法相似，设置禁忌搜索的邻域大小为 5，禁忌表大小为 100，其中包含最近搜索的解决方案，而不是执行步骤。为了搜索排样序列，将禁忌搜索与集束搜索混合后使用，禁忌搜索的重点是逃避局部最小值。因此，将邻域定义为四向交换结构，其中交换了四个随机选择的零件。禁忌搜索流程如图 7.28 所示。

2. 集束搜索

集束搜索是一种既定的启发式派生分支定界法，该算法使用树搜索机制，根据评估结果，在每一级只对最有前途的节点进行分支。通常情况下，一个二级搜索有两种评估方式，即局部评估和全局评估。局部评估(也称为粗略评估)计算速度很快，但可能会导致放弃一些好的解决方案，而全局评估(也称为精确评估)通常可能会更耗时。因此，在大多数集束算法中，结合使用这两种评估方式很重要。

首先，应用局部评估方式来评估所有子节点(从每个束节点分支)并在每个级别上选择最佳的 γ 节点(滤波器宽度)。然后，使用全局评估方式来精确评估 γ 节点并保留最佳 w 节点(光束宽度)进行分支。集束搜索原理如图 7.29 所示。

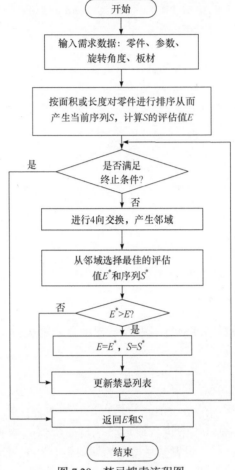

图 7.28　禁忌搜索流程图

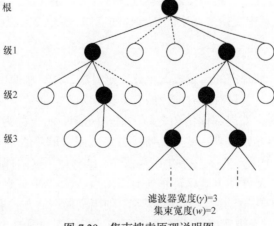

图 7.29　集束搜索原理说明图

此处，从根到最后一层的搜索树代表了所有零件的排样次序。在每一级上，每个节点及其父节点在较高级别中代表一个局部解决方案。每个束节点的每个分支意味着将一个未排样的零件添加到不完整的解决方案中，到最底层时，就形成了完整解。显然，从根到最底层，树的级数就是所有零件的数量，并且在每一级上，从其父节点分支的节点数就是其余零件类型的数目。集束搜索算法流程如图7.30所示。

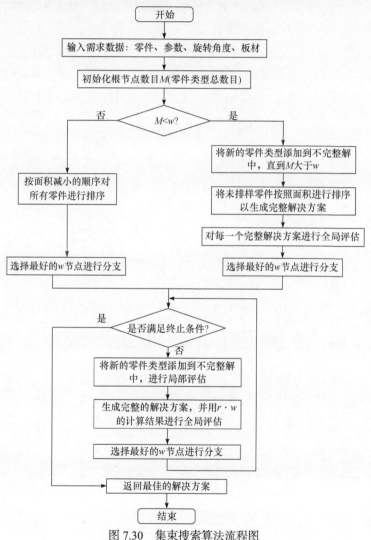

图7.30　集束搜索算法流程图

3. 混合算法

集束搜索是一种启发式算法，具有强大的全局搜索能力和确定性，但是这也可能导致删除其他好的解决方案。为了解决这个问题，可将具有强局部搜索能力的禁忌搜索算法和集束搜索算法相结合，实现一种实用有效的混合搜索算法。

　　混合搜索算法使用与上述集束搜索相同的过程，不同之处在于，当使用全局评估方式对完整解决方案进行评估时，对未排样零件进行搜索。在混合搜索算法中，已排好的零件的顺序已经通过集束搜索机制确定，仅需使用禁忌搜索来对未排样零件进行搜索，而不是简单地通过随机或按面积减小的顺序进行排序。混合搜索算法是一种两级策略，其中局部评估与在摆放原则中提出的标准相同，但是全局评估是完整解决方案的长度。BS/TS 算法流程如图 7.31 所示。

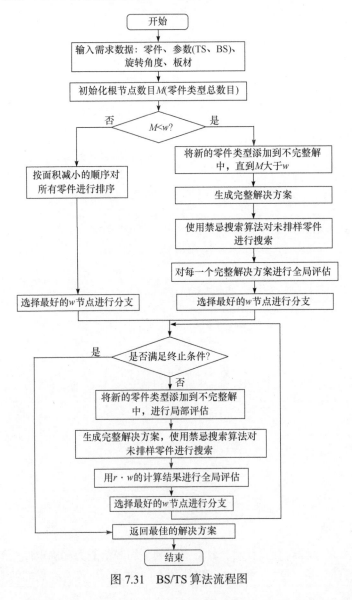

图 7.31　BS/TS 算法流程图

7.4.4　算例验证与分析

本节通过先前在文献中发布的基准问题来测试所提出的方法。作为一个完整的解决方案，使用 7.4.2 节的零件摆放定位方法，而零件的放置顺序由 BS/TS 算法确定。

采用已在其他有关文献中用作基准测试问题的数据，用于测试 BS/TS 算法的排样问题，可从 ESICUP 网站(http://www.fe.up.pt/esicup)下载数据文件，表 7.3 列出了其详细信息。

表 7.3　基准问题的详细信息

问题实例	零件种类数	零件数量	旋转约束角	板材宽度
Fu	12	12	0°、90°、180°、270°	38
Jakobs1	25	25	0°、90°、180°、270°	40
Jakobs2	25	25	0°、90°、180°、270°	70
Shapes0	4	43	0°	40
Shapes1	4	43	0°、180°	40
Shapes2	7	28	0°、180°	15
Dighe1	16	16	0°	100
Dighe2	10	10	0°	100
Albano	8	24	0°、180°	4900
Dagli	10	30	0°、180°	60
Mao	9	20	0°、90°、180°、270°	2550
Marques	8	24	0°、90°、180°、270°	104
Shirts	8	99	0°、180°	40
Swim	10	48	0°、180°	5752
Trousers	17	64	0°、90°、180°、270°	79

上述算例的测试运行环境如下：Intel Pentium® 4CPU、2.0GHz、1024MB 内存；Windows 7 操作系统，Visual Studio C++。

如上所述，混合算法的滤波器宽度 γ 的数值更大，应用全局评估的次数更多，这意味着运行算法需要更多的时间。此外，若用于确定未排样零件顺序的禁忌搜索是复杂的且成本高昂，则混合算法可能无法接受。根据初步计算实验，通过以下规则设置参数: 滤波器宽度为 $\min\{M, 5O\}$，光束宽度为 $\{10, 100\}$，禁忌搜索迭代次数为 $(N-n-1)\times 5$，其中 N 是所有零件的总数，n 是已排样零件数目，M 是零件类型的总数目，O 是允许放置的方向数。

当使用上述实例测试混合算法时，注意到许多其他研究人员通常会执行几次算法，这是由于算法中的随机机制，如随机初始解和随机移动。但是，有趣的是本节的算法仅运行一次，因此将本节的算法与其他算法的最佳结果进行比较是不公平且毫无意义的。本节旨在针对不规则件排样问题提出一种有效且实用的算法。为了保证解决方案的确定性和所耗时间的合理性，将一次运行的结果与 SAHA 的平均结果(Gomes 等[34])进行比较，如表 7.4 所示，对混合算法获得的最佳结果进行了加粗显示，对相差不到 1%的结果标注了下划线。与 SAHA 获得的平均结果相比，本节所提出的 BS/TS 算法产生了三个更好的结果(Jakobs1、Mao 和 Shirts)和五个不错的结果(Fu、Albano、Marques、Swim 和 Trousers)，这五个结果与平均结果相差都不到 1%。在所有的 15 个基准问题中，有 11 个解决方案(表 7.4 中加粗部分)的生成速度比 SAHA 算法快得多。图 7.32(a)～(h)提供了用本算法求得的其中 8 个基准问题的优化排样方案。

表 7.4　BSTS 算法结果与 SAHA 算法平均结果对比

问题	SAHA 算法平均结果			BSTS 混合算法		
	长度	效率/%	时间/s	长度	效率/%	时间/s
Fu	32.70	87.15	296	<u>32.99</u>	<u>86.36</u>	**282**
Jakobs1	12.93	75.80	332	**12.01**	**81.67**	639
Jakobs2	25.86	74.62	454	26.19	73.67	777
Shapes0	63.15	63.18	3914	64.16	62.19	**363**
Shapes1	58.17	68.59	10314	57.28	67.31	**557**
Shapes2	26.53	81.41	2257	26.92	80.23	**401**
Dighe1	122	81.97	83	124.48	80.34	185
Dighe2	119.53	83.66	22	120.90	82.71	92
Albano	10280.1	84.68	2257	<u>10330.1</u>	<u>84.27</u>	**926**
Dagli	59.41	85.36	5110	61.08	83.01	**413**
Mao	1842.70	79.99	8245	**1839.94**	**80.11**	759
Marques	79.63	86.87	7507	<u>80.06</u>	<u>86.40</u>	**591**
Shirts	63.03	85.67	10391	**62.45**	**86.46**	894
Swim	6121.39	72.27	6937	<u>6166.61</u>	<u>71.74</u>	**855**
Trousers	244.68	89.01	8588	<u>245.18</u>	<u>88.84</u>	**641**

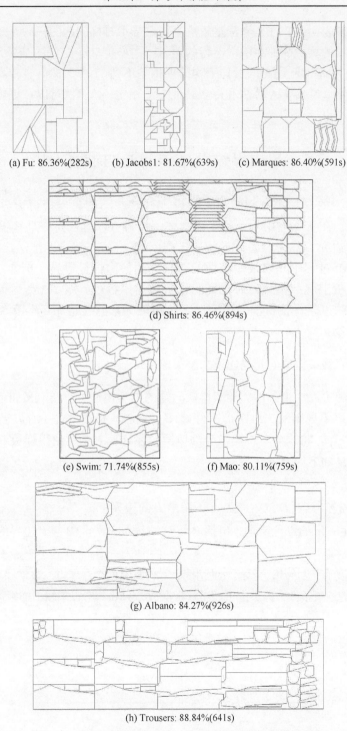

(a) Fu: 86.36%(282s)　　(b) Jacobs1: 81.67%(639s)　　(c) Marques: 86.40%(591s)

(d) Shirts: 86.46%(894s)

(e) Swim: 71.74%(855s)　　(f) Mao: 80.11%(759s)

(g) Albano: 84.27%(926s)

(h) Trousers: 88.84%(641s)

图 7.32　TS/BS 算法求得的 8 个基准问题的优化排样方案

测试结果表明，TS/BS 算法是解决不规则异形排样问题的一种有效且实用的算法。所提出的算法能够在单次运行的短时间内产生 3 个更好的结果，另外有 5 个结果与 15 个基准问题中的最佳平均结果相差不到 1%，因此具有较高的效率和确定性。此外，与 SAHA 算法和许多其他方法相比，该算法可以在更短的时间内产生大多数结果。

7.5　超边界约束排样问题的求解方法

迄今讨论的异形排样问题都是假设零件轮廓不能超出板材边界的一般异形排样问题。在实际应用中，还存在这么一类排样问题：允许某些零件有条件地超出板材边界，称为"超边界约束排样问题"(简称超边界排样)。超边界排样是指在排样过程中允许某些零件的部分轮廓超出样板边界。例如，文献[35]指出军舰甲板上舰载机布列时允许舰载机超出甲板边界线，只要其支撑轮不超出即可。该约束条件使得前人研究的定位策略无法直接应用，本节专门讨论超边界排样问题。

7.5.1　超边界约束排样问题描述及求解策略

若考虑超边界约束条件，异形排样问题的数学模型可重新定义如下。

存在一组不规则的二维图形零件 $P_1, P_2, \cdots, P_n$，每个零件中存在若干参考点 $\{D_1, D_2, \cdots, D_m\}$。将这些二维图形合理地摆放在样板 P 中，使得样板 P 的利用率最高，且满足如下约束条件：

(1) P_i、P_j 互不重叠；

(2) P_i 的参考点 $\{D_1, D_2, \cdots, D_m\}$ 不超出 P 的边界；

(3) 满足一定的工艺要求，包括 P_i 与 P_j 之间的间距、P_i 与 P 边界的间距、P_i 的旋转角度等。

图 7.33 展示了零件超边界摆放的情况，零件具有四个参考点，该零件参与排样时存在超边界的约束条件，即零件可超出样板摆放，只要参考点未超出样板边界即可。

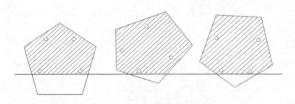

图 7.33　零件超边界摆放

为了探讨超边界约束排样问题的求解策略，下面分析超边界约束条件对排样问题的影响：

(1) 零件与板材的判交条件改变。一般情况下零件与板材的判交条件为零件不超出板材边界，此时零件与板材的判交条件改变为零件的参考点不超出板材边界。

(2) 基于零件轮廓运算的零件定位策略不再适用。超边界条件允许零件超出样板，导致零件位于样板内的轮廓存在多种状态，如图 7.33 所示。因此，以零件轮廓作为基本轮廓进行运算的定位策略，如最低重心 NFP、等间距扫描算法、移动碰撞算法等都无法直接应用，这大大增加了该类排样问题的难度。

图 7.34 为一个具有超边界约束的排样方案示意图。分析可知零件存在两种状态：部分超出样板边界和完全不超出样板边界。位于样板轮廓边附近的零件部分超出样板边界，该类零件被填充线部分填充；而在样板内部的零件处于完全不超出边界状态，该类零件被填充线完全填充。

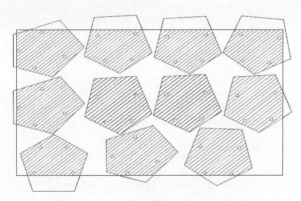

图 7.34　二维多边形超边界排样示意图

因此，该类排样问题可分为两步处理，分别是样板轮廓边附近的超边界排样问题和样板内部的普通排样问题，按处理的先后顺序分为外围收缩顺序和中心膨胀顺序。

外围收缩顺序是一种由外向内的排样顺序。零件需要紧靠样板的轮廓边，在满足其参考点不超出样板的条件下尽量将部分轮廓超出样板边界，顺次将样板的外围填满，再在样板内部排放零件直到不能摆放。

中心膨胀顺序则相反，将零件布局在样板中心位置，其他零件围绕该零件布局，只要满足零件参考点位于样板内部即可。这样零件群体就像滚雪球一样膨胀变大，直至没有零件再能被摆放。

根据上述分析，超边界排样问题的定位策略可整理如下：

(1) 在零件文件中标识零件的参考点轮廓；

(2) 在排样算法中获取零件的参考点轮廓，零件是否位于样板内的条件更新为判断零件的参考点是否位于样板内部；

(3) 使用外围收缩顺序或中心膨胀顺序作为排样算法的基本顺序。

本节以外围收缩顺序作为基本顺序提出超边界约束下的零件定位算法，该算法能够在满足超边界约束条件下实现给定排样顺序(零件次序、旋转角度)的零件在样板上的定位。之后以零件定位算法作为求解规则，提出基于粒子群优化的多约束排样算法，利用粒子群优化算法强大的搜索能力进行排样顺序的优化，排样算法的整体框架如图 7.35 所示。

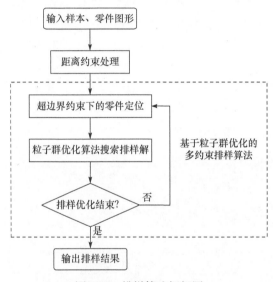

图 7.35　排样算法框架图

7.5.2　超边界约束下的零件定位算法

本节以外围收缩顺序作为基本顺序处理具有超边界约束条件的二维不规则图形排样问题。

首先，针对摆放在样板轮廓边界处、部分轮廓可超出样板边界的零件采用启发式靠边定位算法进行摆放，直至样板外轮廓边界处无法再超边界摆放零件。然后，针对完全处于样板内部的零件采用改进的多边形扫描定位算法进行摆放，最终得到满足约束条件的排样方案。

该零件定位算法同时适用于不存在超边界约束条件的二维多边形排样问题，此时算法直接执行改进的多边形扫描定位算法排样即可，算法的流程如图 7.36 所示。

下面分别对启发式靠边定位算法与改进的多边形扫描定位算法进行详细阐述。

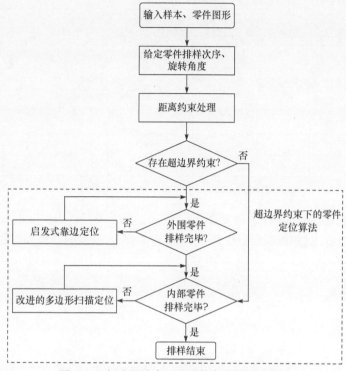

图 7.36　超边界约束下的零件定位算法流程图

1. 启发式靠边定位算法

1) BL 算法

这里简要介绍 BL 算法[36]。BL 算法的基本思想是在排样过程中零件由样板的最右上角开始向左向下移动且过程中不与其他已排零件干涉，直到零件不能再向左或者向下移动，此时称该零件处于"BL 稳定位置"。图 7.37 显示了将 BL 策略应用在矩形排样上的效果，矩形零件的排样顺序为 3、1、2、5、4。

该策略的主要缺点是当零件排样的顺序不合理时，较大的零件容易阻挡后续零件的移动而产生空白区域。该策略的算法复杂度只有 $O(N^2)$（N 为排样零件数量），因此可以与其他优化算法结合来优化零件排样顺序获得更好的排样效果。BL 策略一般适用于样板为规则多边形的情况，当样板为不规则多边形时，零件往往不能达到较优位置。

因此，这种零件局部最优的定位思想很有参考意义，本节就以该种策略作为单个零件位置局部寻优的基本思想，提出针对可超边界零件的启发式靠边定位算法。

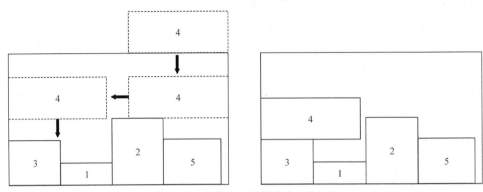

图 7.37　BL 算法在矩形排样上的应用

2) 启发式靠边定位算法的实现

为方便理解,这里以矩形板材为例。启发式靠边定位算法计算流程如图 7.38 所示。

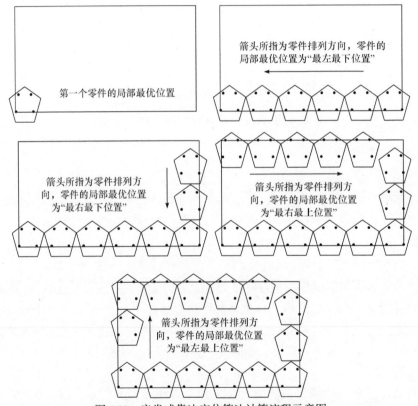

图 7.38　启发式靠边定位算法计算流程示意图

对于边 L_1,将零件的最左最下位置作为"零件局部最优"位置,沿 L_1 (与图 7.39 中相同,下同)的反方向采用该定位策略逐一放置零件至沿该方向无法放置零件为止；之后先后沿 L_2、L_3、L_4 的反方向采用类似的方式放置剩下的零件，只是它们的"零件局部最优位置"分别更新为最右最下位置、最右最上位置、最左最上位置，可完成样板上外围零件的摆放。

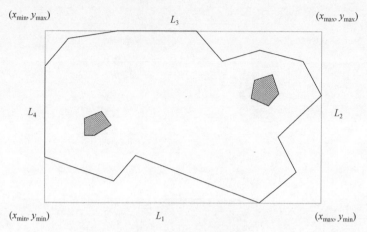

图 7.39　获取矩形包围盒

对于二维不规则样板，可超边界零件的启发式靠边定位算法具体操作步骤如下：

(1) 求取零件矩形包围盒(图 7.39)，并且标记矩形包围盒的四条边分别为 $L_1((x_{\min}, y_{\min}),(x_{\max},y_{\min}))$、$L_2((x_{\max},y_{\min}),(x_{\max},y_{\max}))$、$L_3((x_{\max},y_{\max}),(x_{\min},y_{\max}))$、$L_4((x_{\min},y_{\max}),(x_{\min},y_{\min}))$。

(2) 保存线段 $L_i(1\le i\le 4)$ 的起点坐标，若在 L_1 侧边，则设 $x=x_{\min}$，$y=y_{\min}$；若在 L_2 侧边，则设 $x=x_{\max}$，$y=y_{\min}$；若在 L_3 侧边，则设 $x=x_{\max}$，$y=y_{\max}$；若在 L_4 侧边，则设 $x=x_{\min}$，$y=y_{\max}$。

(3) 对于零件 P_i，将其旋转 α 之后得到零件图形 $P_i(\alpha)$。获取零件 $P_i(\alpha)$ 的矩形包围盒，长、宽分别为 Δx_i、Δy_i，将矩形包围盒的中心作为零件 $P_i(\alpha)$ 中心与坐标参考点。若在 L_1 侧边，则将零件 $P_i(\alpha)$ 放置在 $(x,y-0.5\Delta y_i)$ 处；若在 L_2 侧边，则将零件 $P_i(\alpha)$ 放置在 $(x+0.5\Delta x_i,y)$ 处；若在 L_3 侧边，则将零件 $P_i(\alpha)$ 放置在 $(x,y+0.5\Delta y_i)$ 处；若在 L_4 侧边，则将零件 $P_i(\alpha)$ 放置在 $(x-0.5\Delta x,y)$ 处。零件的初始定位位置如图 7.40 所示。

(4) 计算零件 $P_i(\alpha)$ 中参考点 $\{D_1,D_2,\cdots,D_m\}$ 距离样板外轮廓的垂直距离，具体计算方法为以参考点 $D_j(1\le j\le m)$ 为起点沿某方向作射线 L_j，若在 L_1 侧边，则方向为 y 正方向；若在 L_2 侧边，则方向为 x 负方向；若在 L_3 侧边，则方向为 y 负方向；若在 L_4 侧边，则方向为 x 正方向。若射线与样板外轮廓有交点，则计算 $D_j(1\le j\le m)$ 与第一个交点之间的直线距离作为参考点 $D_j(1\le j\le m)$ 的垂直距离

并继续操作；若射线与样板外轮廓无交点，则直接跳转到步骤(6)。选取参考点
$\{D_1, D_2, \cdots, D_m\}$ 的垂直距离中的最大值作为此时零件 $P_i(\alpha)$ 的垂直距离 d_i。

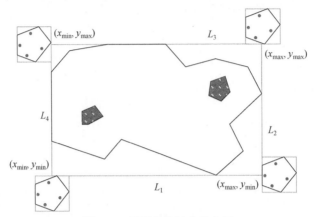

图 7.40　零件的初始定位位置

(5) 将零件 $P_i(\alpha)$ 沿某方向移动 d_i，若在 L_1 侧边，则沿 y 方向向上；若在 L_2 侧边，则沿 x 方向向左；若在 L_3 侧边，则沿 y 方向向下；若在 L_4 侧边，则沿 x 方向向右。此时可保证零件 $P_i(\alpha)$ 的参考点 $\{D_1, D_2, \cdots, D_m\}$ 位于样板内。若零件 $P_i(\alpha)$ 与样板不干涉且与已经排好的零件互不干涉，则将零件 $P_i(\alpha)$ 放置在 $\{x_i, y_i\}$ 处，完成零件 $P_i(\alpha)$ 的放置。若在 L_1 或 L_3 侧边排样，则 $x = x_i$，$i = i+1$；若在 L_2 或 L_4 侧边排样，则 $y = y_i$，$i = i+1$。以零件 $P_i(\alpha)$ 位于 L_1 边为例说明，若此时 d_2 作为零件 $P_i(\alpha)$ 的垂直距离，且零件 $P_i(\alpha)$ 向上移动该距离后与样板内部不干涉，则零件 $P_i(\alpha)$ 完成定位，如图 7.41 所示。

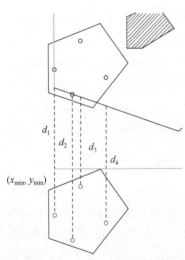

图 7.41　计算零件垂直移动距离

(6) 若在 L_1 侧边，$x = x + \Delta x$，$x > x_{\max}$，则排样完成；否则转至步骤(3)。若在 L_2 侧边，$y = y + \Delta y$，$y > y_{\max}$，则排样完成；否则转至步骤(3)。若在 L_3 侧边，$x = x - \Delta x$，$x < x_{\min}$，则排样完成；否则转至步骤(3)。若在 L_4 侧边，$y = y - \Delta y$，$y < y_{\min}$，则排样完成；否则转至步骤(3)。

依次对边 L_1、L_2、L_3、L_4 按照上述步骤操作，即可完成超边界外围区域零件的排样。零件、样板的判交运算参考 7.2 节中相关内容，实际过程中为提高零件判交的计算速度，会判定零件的内部参考点是否与其他零件或者样板无效区域

有干涉，若有干涉，则表明零件所处位置不满足判交要求而不再进行后续的计算。使用该算法完成样板边界处零件排样的效果如图 7.42 所示。

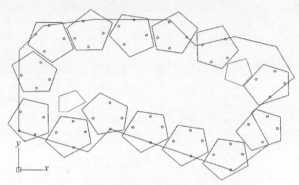

图 7.42　启发式靠边定位算法排样效果

2. 改进的多边形扫描定位算法

使用启发式定位算法完成样板外围可超边界零件的排样后，样板内区域的零件在排样时不存在轮廓超出样板的情况，属于普通二维排样问题。这里对零件采用的定位策略是以文献[37]提出的算法为基础进行改进的多边形扫描定位算法。下面先对文献[37]中的多边形扫描定位算法进行简要叙述。

1) 零件与板材的几何表示

零件的几何形状复杂度是决定零件判交和定位计算复杂度的主要因素，而在排样算法中零件的判交与定位是耗费计算时间的主要操作，因此在满足排样优化要求的前提下使用计算复杂度低的判交定位算法就显得很有必要。文献[37]中提出了一种多边形扫描定位算法来实现零件的判交与定位，比较好地解决了上述问题。

对于零件 P，将其旋转 α 之后得到零件图形 $P(\alpha)$。其在样板平面坐标系中的最大最小 x、y 坐标值分别为 x_{max}、x_{min}、y_{max}、y_{min}，使用间距为 1mm 的水平直线扫描图形 $P(\alpha)$ 并计算与图形的交点得到扫描线段。对于某一条水平直线，计算步骤如下：

(1) 计算水平直线与多边形轮廓的交点；

(2) 对得到的交点进行取舍，若交点为多边形的局部极值点，则算作 0 个或 2 个交点，其他的都算作 1 个交点；

(3) 将得到的交点按照递增顺序排序；

(4) 将交点两两配对，从第一个与第二个开始。

最终图形 $P(\alpha)$ 由一系列的水平线段组成，如图 7.43 所示。

对于含有"孔洞"的样板，增加了一个标志(DF)。对于样板有效区域内的扫描区间，DF=0；对于样板的矩形包围盒内部但在有效区域外的扫描区间，DF=1。

当把零件 $P(\alpha)$ 放置在样板上后，样板中被 $P(\alpha)$ 覆盖的扫描区间被分离，设置该区域的 DF=1。

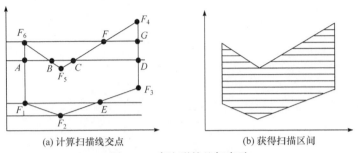

(a) 计算扫描线交点　　　　　　　　　　(b) 获得扫描区间

图 7.43　多边形的几何表示

2) 多边形扫描定位算法

对于排样次序与旋转角度已经确定的零件，采用如下步骤进行定位：

(1) 将样板矩形包围盒的左下角作为初始定位位置 $pos(x,y)$。

(2) 将零件 $P(\alpha)$ 置于 $pos(x,y)$ 处，用扫描线算法判断是否可行。若可以，则将 $P(\alpha)$ 放置在 $pos(x,y)$ 处，返回步骤(1)，处理下一个零件的排放；否则至步骤(3)。

(3) 根据扫描线算法计算得到的右移距离 Δx 更新 $pos(x,y)$，即 $pos(x,y) = pos(x,y) + \Delta x$。若在 x 方向 $P(\alpha)$ 超出样板矩形包围盒的范围，则 $y = y+1$，$x=0$，重新进行步骤(2)；若在 y 方向 $P(\alpha)$ 超出样板矩形包围盒的范围，则 $P(\alpha)$ 在样板上无法放置，否则将 $P(\alpha)$ 放置在 $pos(x,y)$ 处，转至步骤(2)。

其中，扫描线算法用于判断某零件能否放置于 $pos(x,y)$ 处，具体操作步骤如下：

(1) 初始化 $i=0$，得到定位初始位置 $pos(x,y)$。

(2) 取 $P(\alpha)$ 上的第 i 条扫描线的扫描区间，取样板上的第 $y+i$ 条扫描线的扫描区间。

(3) 对步骤(2)中得到的 $P(\alpha)$ 每一个扫描区间 $[px_1,px_2]$ 进行更新，即增加位移量 x 得到 $[px_1+x,px_2+x]$；对于步骤(2)中得到的样板的每一个扫描区间 $[sx_1,sx_2]$，若其标志 DF=1 且与 $[px_1+x,px_2+x]$ 有重叠，则可得到 $P(\alpha)$ 需要右移的距离 $\Delta x = sx_2 - (px_1+x)$，同时返回 FALSE 表明 $P(\alpha)$ 无法放置在 $pos(x,y)$ 处，算法结束。

(4) $i=i+1$，若 i 大于 $P(\alpha)$ 的扫描线条数，则表明 $P(\alpha)$ 可以放置，算法结束；否则转至步骤(2)。

图 7.44 举例说明多边形扫描定位算法的计算流程，这里需要将零件 1 放置在已经放置了零件 2 的样板上。根据多边形扫描定位算法，将零件 1 放置于样板的左下角处。调用扫描线算法发现零件 1 与已摆放零件有干涉，根据算法返回的右移值将零件 1 向右移动，再次调用扫描线算法获得新的 offset 值，…，重复该过程直至零件 1 移动至图 7.44 中右下角所示位置。

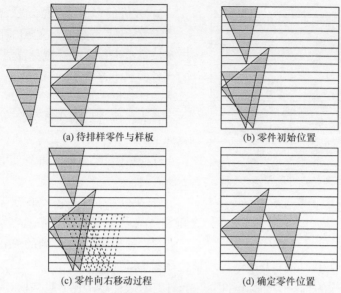

(a) 待排样零件与样板　　　　　　(b) 零件初始位置

(c) 零件向右移动过程　　　　　　(d) 确定零件位置

图 7.44　多边形扫描定位算法计算流程

现对上述算法进行优缺点分析。由于算法中使用等距扫描线进行排样对象的表示，其计算复杂度与零件的几何复杂度无关。同时该算法蕴含 BL 思想，在定位过程中已经包含了多边形的判交，计算过程简单明了，能较大程度地利用样板，获得较高的排样利用率。

不过该算法需占用一定存储空间记录扫描交点，同时扫描线的间距大小决定了该算法的定位精度，若想得到更高的定位精度，则需要减小扫描线间隔，这意味着交点的增多，在存储空间和算法的计算时间方面有更大的消耗。

另外，算法缺少完善的定位策略。当零件定位位置 $\mathrm{pos}(x,y)$ 中 y 值确定时，其横向定位过程就是重复调用扫描线算法获得 offset 值，右移零件后再调用扫描线算法验证的过程。扫描线算法只能保证零件移动后部分扫描区域与样板无干涉，得到的位置一般不是可摆放零件的可行位置，由此造成横向定位过程中反复调用扫描线算法，这必然增加了算法的执行时间。如图 7.44 所示，零件在到达最终摆放位置之前被移动了 6 次，也就是调用了 6 次扫描线算法。

更坏的一种情况是，当调用了多次扫描线算法后发现在 $\mathrm{pos}(x,y)$ 的 y 值下无法摆放零件。按照算法流程，此时需要更新 $\mathrm{pos}(x,y)$，即 $y=y+1$，$x=0$。之后再次重复调用扫描线算法进行横向定位，实际上该过程中有些定位过程是能够通过一些条件滤除的。将零件 1 放置在样板上，调用多边形扫描定位算法后零件 1 的移动轨迹示意图如图 7.45 所示。可见算法的计算量变得大了很多，且很明显一些移动操作是可以排除的。

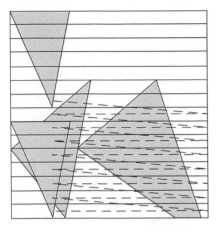

图 7.45　多边形定位移动过程

3) 改进的多边形扫描定位算法的实现

综上所述,有必要对文献[37]的多边形扫描定位算法进行改进,避免算法中没有必要的或者明显不符合实际判断的计算,以减少算法的计算量,缩短运行时间。

首先,改进扫描线算法,改进后算法流程如下:

(1) 初始化 $i = 0$,得到定位初始位置 $pos(x, y)$ 。

(2) 取 $P(\alpha)$ 上的第 i 条扫描线的扫描区间,取样板上的第 $y+i$ 条扫描线的扫描区间。

(3) 对步骤(2)中得到的 $P(\alpha)$ 的每一个扫描区间 $[px_1, px_2]$ 进行更新,即增加位移量 x 得到 $[px_1 + x, px_2 + x]$;对于步骤(2)中得到的样板的每一个扫描区间 $[sx_1, sx_2]$,若其标志 DF=1 且与 $[px_1 + x, px_2 + x]$ 有重叠,则可得到 $P(\alpha)$ 需要右移的距离 $\Delta x = sx_2 - (px_1 + x)$,将 Δx 加入数组 dx[]。 $i = i+1$,若 i 大于 $P(\alpha)$ 的扫描线条数,则转至步骤(4);否则转至步骤(3)。

(4) 检查 dx[] 中元素个数,若为 0,则返回 TRUE 表明 $P(\alpha)$ 可以放置在 $pos(x, y)$ 处;否则返回其中的最大值作为零件的 offset 值,同时返回 FALSE 表明 $P(\alpha)$ 无法放置在 $pos(x, y)$ 处,算法结束。

改进的扫描线算法可一次求出零件的横向移动距离,虽然不能保证得到的位置为可行位置,但相比改进前能大大减少算法的运算量。以图 7.46(a)为例,使用改进后的扫描线算法只需计算 1 次即可获得零件的摆放位置。

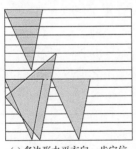
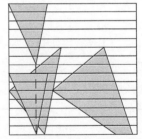

(a) 多边形水平方向一步定位　　　(b) 多边形垂直方向定位移动过程

图 7.46　改进的扫描定位算法定位计算

其次,根据扫描线最大跨度进行粗搜索。在摆放零件之前,分别求出待排零件与样板有效区域扫描区间的每条扫描线的最大跨度并保存。之后逐行比较零件与样板有效区域的扫描线最大跨度,若某 y 值下样板有效区域的扫描线最大跨度小于零件的扫描线最大跨度,则表明该 y 值下的位置无法摆放零件,直接对 y 进行加 1 操作。该操作能够有效滤除一些明显不可行的摆放位置，减小扫描线算法的循环次数。以图 7.46 为例，使用该策略后能够有效减少零件的移动次数。

改进的多边形扫描定位算法流程如图 7.47 所示。

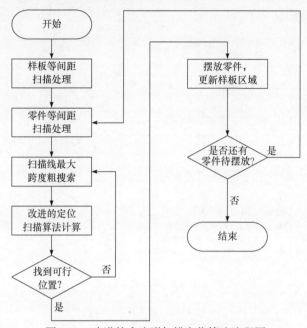

图 7.47　改进的多边形扫描定位算法流程图

7.5.3　基于粒子群优化的多约束排样算法

1. 粒子群优化算法简介

Kennedy 和 Eberhart[38]观察鸟类捕食行为而提出了粒子群优化算法，以鸟类捕食时个体间行为的互相影响作为粒子群优化算法基本的群体行为基础。粒子群优化算法概念相对简单，需要调整的参数较少，收敛速度较快。目前已经在车间调度、整数规划、旅行商问题、图像匹配等方面得到有效应用，同时在排样问题方面也有大量的研究文献并取得了一定成果[39-41]。

粒子群优化算法中的维数 D 由优化问题的参数数量决定。粒子可看成 D 维解空间中的一点，粒子 i 的位置和速度可分别表示为 $X_i = (x_{i0}, x_{i1}, \cdots, x_{iD})$ 和 $V_i = (v_{i0}, v_{i1}, \cdots, v_{iD})$，其位置与速度更新公式如式(7.23)所示：

$$\begin{cases} v_{id}(t+1) = \omega v_{id}(t) + c_1 r_1 (p_{id} - x_{id}(t)) + c_2 r_2 (p_{gd} - x_{id}(t)) \\ x_{id}(t+1) = x_{id}(t) + v_{id}(t+1) \end{cases} \tag{7.23}$$

式中，$1 \leqslant d \leqslant D$；$v_{id}(t)$、$x_{id}(t)$ 分别为 t 时刻粒子速度和位置的第 d 维分量。

分析式(7.23)可知，粒子运动速度由三个因素决定：第一个是粒子的当前速度

$v_{id}(t)$；第二个是粒子的局部搜索结果影响，即参考粒子的历史最佳位置 p_{id}；第三个是粒子群的全局搜索结果影响，即参考当代粒子群中的全局最佳位置 p_{gd}。参数中 r_1、r_2 为处于[0, 1]的随机数，c_1 和 c_2 为加速因子，ω 为惯性因子。粒子群优化算法流程如图 7.48 所示。

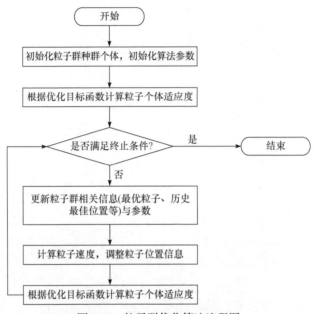

图 7.48　粒子群优化算法流程图

通过实验发现，ω 取值在[0.7, 0.9]时算法收敛的成功率较高。本节在将惯性权重 ω 取值在保证算法收敛成功率范围内的前提下，使 V_{max} 随迭代次数线性递减，即

$$V_{max} = \lambda - \phi \cdot t / T, \quad 0 \leqslant \phi \leqslant \lambda \leqslant V_{max} \tag{7.24}$$

该策略使算法在优化初期着重于全局搜索，后期缩小搜索范围着重于局部搜索，从而提高算法效率。

2. 基于粒子群优化的多约束排样算法

在确定了定位策略的情况下零件的排样顺序和旋转角度是影响排样结果的主要因素，此时可将排样问题看成在排样解空间中搜索具有较高排样利用率的零件顺序和旋转角度解。这里使用粒子群优化算法结合前面所述的零件定位算法实现零件排样方案的优化。

1) 粒子个体编码

文献[42]提出了二维平面内多边形的角度状态可由 0°～89°范围内的基本角度和 8 个不同镜像状态联合表示。因此，一个零件的角度状态可表示为 (α, flag)，

其中 $0° \leqslant \alpha \leqslant 89°$，$1 \leqslant \text{flag} \leqslant 8$。考虑到实际排样算法中的角度约束，为便于判断零件角度是否满足角度约束条件与相关计算，将零件角度定义为

$$\alpha' = \alpha + 90° \times (\text{flag} - 1) \tag{7.25}$$

则对于 n 个待排零件，排样方案可表示为 $[(i_1, \alpha_1'), (i_2, \alpha_2'), \cdots, (i_j, \alpha_j'), \cdots, (i_n, \alpha_n')]$，其中 i_j 是第 $j(1 \leqslant j \leqslant n)$ 个待排零件的排样次序，$1 \leqslant i_j \leqslant n$；$\alpha_j'$ 是第 j 个待排零件的旋转角度。粒子群优化算法中每一个粒子代表一种排样方案，使用上述方法即可完成排样方案的编码。

2) 计算粒子群个体适应度值

排样优化问题的优化目标一般是提高样板材料利用率。利用率越高，对应的排样方案越优，代表该排样方案的粒子群个体的适应度就越大。本节提出的优化算法是针对超边界约束条件排样问题，其他评价指标如样板中的排样高度、排样宽度等条件不太适用。根据实际工程应用，本节直接以样板的材料利用率(排样零件总面积/样板面积)作为个体适应度值的评价标准，即 $f(x)$=零件总面积/样板面积。排样方案利用率越高，粒子个体适应度值越大。

3) 粒子群优化算法的数据结构

为更加准确地描述粒子群优化算法的具体实现，将算法中相关的数据结构示意性定义如下。

(1) 粒子群个体：

```
struct psoParticle            //粒子结构定义
{
    struct psoPos *Pos;       //粒子当前位置
    struct psoSpeed *Speed;   //粒子当前速度
    float fitness;            //粒子当前适应度值
    struct psoPos *pBestPos;  //历史最佳位置
    float pBestFitness;       //历史最佳适应度值
}*P;
```

(2) 粒子全局最佳位置：

```
struct psoGBest               //全局最佳位置结构定义
{
    struct psoPos *Pos;       //全部粒子经历过的最佳位置
    float fitness;            //全部粒子的最佳适应度值
}
```

(3) 粒子位置信息：

```
struct psoPos                 //粒子位置结构定义
{
    int order;                //零件排样顺序
    float angle;              //零件旋转角度
}
```

(4) 粒子速度信息：

```
struct psoSpeed                     //粒子速度结构定义
{
    int v_order;                    //零件的排样顺序调整速度
    float v_angle;                  //零件的旋转角度调整速度
}
```

假设粒子群中粒子数量为 M（M 种排样方案），粒子的长度为 N（N 个待排零件）。初始化第 i 个粒子 $P[i]$ 的参数，包括 $P[i].\text{Pos}[j]$、$P[i].\text{Speed}[j]$、$P[i].\text{fitness}$、$P[i].\text{pBestPos}$、$P[i].\text{pBestFitness}$。粒子 $P[i]$ 的当前位置由 N 个待排零件的排样参数组成，即零件的排样顺序 $P[i].\text{Pos}[j].\text{order}$、旋转角度 $P[i].\text{Pos}[j].\text{angle}$。粒子的速度则由零件的排样顺序调整速度 $P[i].\text{Speed}[j].v\_\text{order}$、零件的旋转角度调整速度 $P[i].\text{Speed}[j].v\_\text{angle}$ 组成。同时定义 psoGBest 保存粒子群中的全局粒子最佳位置和最佳适应度，其中 $0 \leqslant i \leqslant M-1$，$0 \leqslant j \leqslant N-1$。

4) 粒子位置的调整计算

粒子 $P[i]$ 的速度 $P[i].\text{Speed}[j]$ 根据式(7.23)进行调整，以 $P[i].\text{Speed}[j].v\_\text{order}$、$P[i].\text{Speed}[j].v\_\text{angle}$ 为例：

$$
\begin{aligned}
P[i].\text{Speed}[j].v\_\text{order} = {} & w \times P[i].\text{Speed}[j].v\_\text{order} \\
& + c_1 \times \text{rand}_1() \times (P[i].\text{pBestPos}[j].\text{order} - P[i].\text{Pos}[j].\text{order}) \\
& + c_2 \times \text{rand}_2() \times (\text{psoGBest}.\text{Pos}[j].\text{order} - P[i].\text{Pos}[j].\text{order})
\end{aligned}
$$

$$(7.26)$$

$$
\begin{aligned}
P[i].\text{Speed}[j].v\_\text{angle} = {} & \omega \times P[i].\text{Speed}[j].v\_\text{angle} \\
& + c_1 \times \text{rand}_1() \times (P[i].\text{pBestPos}[j].\text{order} - P[i].\text{Pos}[j].\text{order}) \\
& + c_2 \times \text{rand}_2() \times (\text{psoGBest}.\text{Pos}[j].\text{angle} - P[i].\text{Pos}[j].\text{angle})
\end{aligned}
$$

$$(7.27)$$

之后按照式(7.23)调整粒子位置，注意要将调整后的位置限定在允许范围内。对于 $P[i].\text{Pos}[j].\text{angle}$，设允许范围为 $[\beta_1, \beta_2]$。若 $P[i].\text{Pos}[j].\text{angle}$ 小于 β_1，则使用位于 $[\beta_1, 0.5(\beta_1 + \beta_2)]$ 的一个随机角度代替；若 $P[i].\text{Pos}[j].\text{angle}$ 大于 β_2，则使用位于 $[0.5(\beta_1 + \beta_2), \beta_2]$ 的一个随机角度代替。$P[i].\text{Pos}[j].\text{order}$ 表示待排零件组的排样顺序，除了要求 $1 \leqslant P[i].\text{pos}[j].\text{order} \leqslant N (1 \leqslant j \leqslant N)$，$P[i].\text{Pos}[j].\text{order}$ 必须互不重复。因此，这里对 $P[i].\text{Pos}[j].\text{order}$ 的相关计算定义如下。

(1) 粒子位置 order 分量的置换组。

假设粒子 $P[i]$ 位置的 order 分量 $P[i].\text{Pos}[j].\text{order} = i_j$，组成序列 $\{i_1, i_2, \cdots, i_j, \cdots, i_N\}$，即 N 个待排零件的排入次序。那么，置换子 (i_j, i_k) 表示将序列 $\{i_1, i_2, \cdots, i_j, \cdots, i_N\}$ 中的 i_j 和 i_k 互相交换位置。以序列 $X_{\text{order}} = \{1, 4, 3, 5, 2\}$ 为例，置换子

$(i_j, i_k) = (4, 3)$，$X'_{\text{order}} = X_{\text{order}} + (i_j, i_k) = \{1, 4, 3, 5, 2\} + (4, 3) = \{1, 3, 4, 5, 2\}$。

置换组由一个或多个置换子组成，例如，置换组$((4, 3), (5, 2))$由$(4, 3)$和$(5, 2)$组成，表明先把序列中的 4 和 3 交换，再把序列中的 5 和 2 交换，$\{1, 4, 3, 5, 2\} + ((4, 3), (5, 2)) = \{1, 3, 4, 2, 5\}$。

(2) 两个粒子位置中 order 分量相减。

式(7.26)中以减法求得两个粒子位置的 order 分量间距，得到一个粒子位置 order 分量的置换组。

以粒子 $P[i]$、$P[j]$ 为例，设 $P[i].\text{Pos}[] = \{1, 2, 4, 3, 5\}$，$P[j].\text{Pos}[] = \{1, 4, 3, 2, 5\}$。逐一比较 $P[i].\text{Pos}[k]$ 和 $P[j].\text{Pos}[k]$，找到第一个 $P[i].\text{Pos}[k]$ 与 $P[j].\text{Pos}[k]$ 不相等的位置即 $k = 1$ 的位置，得到第一个置换子$(2, 4)$，同时 $P[j].\text{Pos}[] = \{1, 4, 3, 2, 5\} + (2, 4) = \{1, 2, 3, 4, 5\}$。再次比较得到 $k = 2$，得到第二个置换子$(4, 3)$，同时 $P[j].\text{Pos}[] = \{1, 2, 3, 4, 5\} + (4, 3) = \{1, 2, 4, 3, 5\}$。因此，得到 $P[i].\text{Pos}[] - P[j].\text{Pos}[] = ((2, 4), (4, 3))$。

(3) 实数与置换组相乘。

实数与置换组相乘，如置换组 D(长度为 k)与实数 a 相乘，得到的是 D 中前 $[ak]$ 个置换子组成的新置换组。若 a 大于 1，则置换组不改变。假如 $D = ((1, 3), (3, 2), (4, 5))$，若 $a = 0.7$，则运算结果为$((1, 3), (3, 2))$；若 $a > 1$，则运算结果为$((1, 3), (3, 2), (4, 5))$。

(4) 置换组与置换组相加。

置换组的相加，结果为两个置换组串联后得到新的置换组，如$((1, 3), (3, 2)) + (4, 5) = ((1, 3), (3, 2), (4, 5))$。

(5) 位置 order 分量与置换组相加。

粒子位置的 order 分量与置换组相加，结果为一组置换子依次作用于 order 分量后得到新的 order 分量，如 $P[i].\text{Pos}[] = \{1, 2, 4, 3, 5\}$、$P[i].\text{Pos}[] + ((4, 3), (2, 5)) = \{1, 5, 3, 4, 2\}$。

(6) 粒子群优化算法优化排样结果。

使用粒子群优化算法进行二维不规则图形排样结果优化的算法流程如下：

① 初始化粒子群中的粒子信息，在要求范围内随机设定 $P[i].\text{Pos}[j].\text{order}$、$P[i].\text{Pos}[j].\text{angle}$。根据 7.5.2 节提出的改进的多边形扫描定位算法计算得到其适应度 $P[i].\text{fitness}$。在要求范围内随机设定 $P[i].\text{Speed}[j]$，初始化 $P[i].\text{pBestPos}[j]$ 为 $P[i].\text{Pos}[j]$ 和 $P[i].\text{pBestfitness}$ 为 $P[i].\text{fitness}$，初始化 PsoGBest，即 PsoGBest.Pos$[j] = P[i].\text{Pos}[j]$，PsoGBest.fitness $= P[i].\text{fitness}$。初始化算法参数 $\lambda_1 = v\_\text{order}_{\max}$，$\lambda_2 = v\_\text{angle}_{\max}$，以及调节因子 ϕ_1、ϕ_2、ω、c_1、c_2，当前迭代次数 t 和最大迭代次数 T。

② 根据上文的启发式定位算法计算得到每个粒子的适应度值 $P[i].\text{fitness}$ 更

新粒子 $P[i]$ 的 $P[i].\text{pBestPos}[j]$ 和 $P[i].\text{pBestfitness}$，更新粒子群中的全局最优粒子 PsoGBest。

③ 根据式(7.26)、式(7.27)更新 $P[i].\text{Speed}[j]$。若 $P[i].\text{Speed}[j]$ 中的速度分量超出了设定速度范围，则将其调整到指定范围内，如将 $P[i].\text{Speed}[j].v\_\text{order}$ 调整至 $[-v\_\text{order}_{\max}, v\_\text{order}_{\max}]$。

④ 根据运动速度调整粒子位置。零件的排样顺序 $P[i].\text{Pos}[j].\text{order} = P[i].\text{Pos}[j].\text{order} + P[i].\text{Speed}[j].v\_\text{order}$，按照 7.4 节定义的相关计算可保证更新后的 $P[i].\text{Pos}[j].\text{order}$ 满足排样次序要求。零件的旋转角度 $P[i].\text{Pos}[j].\text{angle} = P[i].\text{Pos}[j].\text{angle} + P[i].\text{Speed}[j].v\_\text{angle}$，若零件的旋转角度范围限制为 $[\beta_1, \beta_2]$，$P[i].\text{Pos}[j].\text{angle}$ 小于 β_1，则使用位于 $[\beta_1, 0.5(\beta_1 + \beta_2)]$ 的一个随机角度代替；若 $P[i].\text{Pos}[j].\text{angle}$ 大于 β_2，则使用位于 $[0.5(\beta_1 + \beta_2), \beta_2]$ 的一个随机角度代替。

⑤ 更新算法参数。计算 $v\_\text{order1}_{1\max}$、$v\_\text{angle2}_{2\max}$，$t = t + 1$。若满足目标则算法结束，否则转至步骤②。

上述算法流程如图 7.49 所示。

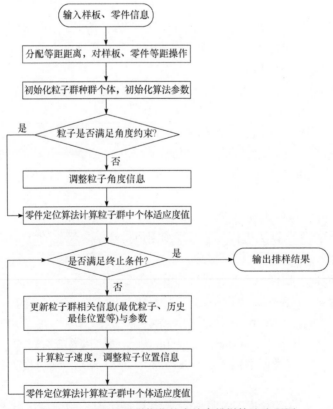

图 7.49 基于粒子群优化的多约束排样算法流程图

7.5.4　算例验证与分析

本节研究的具有超边界约束的多边形排样问题目前尚未见到相似文献，此处采用内部测试算例进行算法验证与分析。

测试零件、样板分别如图 7.50 所示，零件无数量限制，排样优化目标设定为样板的排样利用率最大化。测试运行环境：Intel(R) Core(TM) i5-3470 CPU，3.2GHz，RAM 4GB；Windows 7 操作系统，Visual Studio C++，通过读取 DXF 文件读入零件、样板信息。设置种群数量为 30，迭代次数为 50，$\omega = 0.7$，$c_1 = 1.5$，$c_2 = 1.8$，$\lambda_1 = 3$，$\phi_1 = 2$，$\lambda_2 = 50$，$\phi_2 = 40$。第 1 代种群中最优排样方案如图 7.51 所示，排样利用率为 54.93%；第 100 代种群中最优排样方案如图 7.52 所示，排样利用率为 80.71%；每一代种群的最优排样方案排样利用率变化曲线如图 7.53 所示。

通过上述算例分析可知，使用粒子群优化算法能够有效优化排样解，排样利用率随着迭代次数的增加在稳定地提高，基于粒子群优化算法的混合排样算法具有较大的整体优势。

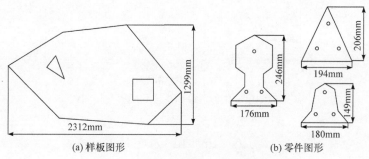

(a) 样板图形　　　　　　　　　(b) 零件图形

图 7.50　参与排样的样板与零件图形

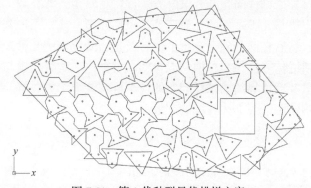

图 7.51　第 1 代种群最优排样方案

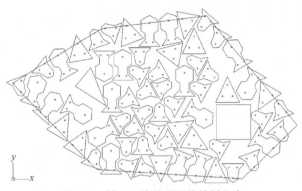

图 7.52　第 100 代种群最优排样方案

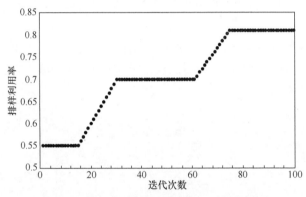

图 7.53　第 1 代种群最优排样利用率变化曲线

7.6　本 章 小 结

　　本章首先对异形排样问题及其求解方法进行了概述，并介绍了异形件几种常见的几何表达方法与几类基本的几何运算，包括几何变换、图形判交计算、临界多边形生成等。然后在此基础上介绍了作者及其团队提出的几种异形件智能排样求解算法，包括遗传算法与禁忌搜索混合的求解算法、集束搜索与禁忌搜索混合的求解算法，以及超边界约束排样问题的粒子群智能求解方法等，并通过基准算例或实际算例测试验证了上述算法的有效性。

参 考 文 献

[1] 刘月明. 二维不规则零件排样算法及系统的研究[D]. 广州: 华南理工大学, 2012.
[2] 方满. 改进包络算法及冲压件毛坯排样系统研究[D]. 武汉: 华中科技大学, 2016.
[3] Zheng W, Li B, Yang K R, et al. Triangle rectangle method for 2D irregular cutting-stock problems[J]. Applied Mechanics and Materials, 2011, (130-134): 2090-2093.

[4] Elkeran A. A new approach for sheet nesting problem using guided cuckoo search and pairwise clustering[J]. European Journal of Operational Research, 2013, 231(3): 757-769.

[5] Burke E K, Hellier R S R, Kendall G, et al. Irregular packing using the line and arc no-fit polygon[J]. Operations Research, 2010, 58(4-part-1): 948-970.

[6] Burke E, Hellier R, Kendall G, et al. A new bottom-left-fill heuristic algorithm for the two-dimensional irregular packing problem[J]. Operations Research, 2006, 54(3): 587-601.

[7] Sato A K, Martins T D C, Tsuzuki M D S G. Placement heuristics for irregular packing to create layouts with exact placements for two moveable items[J]. IFAC Proceedings Volumes, 2013, 46(7): 384-389.

[8] López-Camacho E, Ochoa G, Terashima-Marín H, et al. An effective heuristic for the two-dimensional irregular bin packing problem[J]. Annals of Operations Research, 2013, 206(1): 241-264.

[9] Sato A K, Martins T D C, Tsuzuki M D S G. A pairwise exact placement algorithm for the irregular nesting problem[J]. International Journal of Computer Integrated Manufacturing, 2016, 29(11): 1177-1189.

[10] 周玉宇. 基于 Memetic 算法的套料与切割优化方法研究[D]. 武汉: 华中科技大学, 2012.

[11] 林庆武. 皮革智能排样系统的开发[D]. 杭州: 浙江大学, 2006.

[12] 孙家广, 杨长贵. 计算机图形学[M]. 北京: 清华大学出版社, 1995.

[13] Art J R C. An approach to the two-dimensional irregular cutting stock problem[D]. Cambridge: Massachusetts Institute of Technology, 1966.

[14] Bennell J A, Dowsland K A, Dowsland W B. The irregular cutting-stock problem—A new procedure for deriving the no-fit polygon[J]. Computers & Operations Research, 2001, 28(3): 271-287.

[15] Milenkovic V, Daniels K, Li Z. Placement and compaction of non-convex polygons for clothing manufacture[C]. Proceedings of the 4th Canadian Conference on Computational Geometry, Waterloo, 1993: 236-243.

[16] Ghosh P K. A unified computational framework for Minkowski operations[J]. Computers & Graphics, 1993, 17(4): 357-378.

[17] Glover F. Heuristics for integer programming using surrogate constraints[J]. Decision Sciences, 1977, 8(1): 156-166.

[18] Reeves C. Genetic algorithms and neighborhood search[J]. In Gogarty, 1993, 128: 115-130.

[19] 吕玉龙, 沈青松, 石铁流, 等. 基于禁忌搜索和遗传算法的智能化双聚类方法[J]. 应用科学学报, 2009, 27(3): 282-287.

[20] 贺一. 禁忌搜索及其并行化研究[D]. 重庆: 西南大学, 2006.

[21] 张超勇. 基于自然启发式算法的作业车间调度问题理论与应用研究[D]. 武汉: 华中科技大学, 2006.

[22] Hopper E, Turton B C H. An empirical investigation of meta-heuristic and heuristic algorithms for a 2D packing problem[J]. European Journal of Operational Research, 2001, 128(1): 34-57.

[23] Oliveira J F, Gomes A M, Ferreira J S. TOPOS—A new constructive algorithm for nesting problems[J]. OR-Spektrum, 2000, 22(2): 263-284.

[24] Fujita K, Akagi S, Hirokawa N. Hybrid approach for optimal nesting using a genetic algorithm and a local minimization algorithm[C]. Proceeding of the 19th ASME Design Automation Conference, San Francisco, 1993: 477-484.

[25] Mahadevan A. Optimization in computer-aided pattern packing (marking, envelopes)[D]. Raleigh: North Carolina State University, 1984.

[26] Burke E K, Hellier R S R, Kendall G, et al. Complete and robust no-fit polygon generation for the irregular stock cutting problem[J]. European Journal of Operational Research, 2007, 179(1): 27-49.

[27] Bennell J A, Song X. A comprehensive and robust procedure for obtaining the nofit polygon using Minkowski sums[J]. Computers & Operations Research, 2008, 35(1): 267-281.

[28] Ghosh P K. An algebra of polygons through the notion of negative shapes[J]. CVGIP: Image Understanding, 1991, 54(1): 119-144.

[29] Li Z Y, Milenkovic V. Compaction and separation algorithms for non-convex polygons and their applications[J]. European Journal of Operational Research, 1995, 84(3): 539-561.

[30] Watson P D, Tobias A M. An efficient algorithm for the regular W_1 packing of polygons in the infinite plane[J]. Journal of the Operational Research Society, 1999, 50(10): 1054-1062.

[31] Agarwal P K, Flato E, Halperin D. Polygon decomposition for efficient construction of Minkowski sums[J]. Computational Geometry, 2002, 21(1-2): 39-61.

[32] Liu H Y, He Y J. Algorithm for 2D irregular-shaped nesting problem based on the NFP algorithm and lowest-gravity-center principle[J]. Journal of Zhejiang University(Science A), 2006, 7(4): 570-576.

[33] Glover F, Taillard E. A user's guide to tabu search[J]. Annals of Operations Research, 1993, 41(1): 1-28.

[34] Gomes A M, Oliveira J F. Solving Irregular Strip Packing problems by hybridising simulated annealing and linear programming[J]. European Journal of Operational Research, 2006, 171(3): 811-829.

[35] 张思. 舰载机自动布列方法的研究[D]. 哈尔滨: 哈尔滨工程大学, 2012.

[36] Baker B S, Coffman E G Jr, Rivest R L. Orthogonal packings in two dimensions[J]. SIAM Journal on Computing, 1980, 9(4): 846-855.

[37] 陈勇. 二维不规则形优化排样技术研究[D]. 杭州: 浙江大学, 2003.

[38] Kennedy J, Eberhart R. Particle swarm optimization[C]. Proceedings of IEEE International Conference on Neural Networks, Perth, 1995: 1942-1948.

[39] Shi Y H. Particle swarm Optimization: Developments, applications and resources[C]. Proceedings of the Congress on Evolutionary Computation, Piscataway, 2001: 81-86.

[40] 李明, 宋成芳, 周泽魁. 二维不规则零件排样问题的粒子群算法求解[J]. 江南大学学报(自然科学版), 2005, 4(3): 266-269.

[41] 黄建江, 须文波, 董洪伟. 一种不规则零件排样的新粒子群优化策略[J]. 计算机工程与应用, 2007, 43(19): 64-67, 70.

[42] Ramesh Babu A, Ramesh Babu N. A generic approach for nesting of 2-D parts in 2-D sheets using genetic and heuristic algorithms[J]. Computer-Aided Design, 2001, 33(12): 879-891.

第8章 智能排样软件开发与应用

8.1 排样软件开发与应用概况

本书作者团队历经近三十年潜心研究，在智能排样与切割优化理论研究成果的基础上，开发出面向实际生产应用的 SmartNest 智能排样与优化切割软件(以下简称 SmartNest 排样软件)。SmartNest 排样软件的核心排样算法功能主要有矩形包络法全自动优化排样、真实形状法全自动优化排样、单种零件阵列式优化排样、多板统筹自动排样与种类优化、基于设定计算时间的动态排样、不规则余料排样、多割炬排样、面向板规寻优的自动预排样及可视化人机交互排样等，其中矩形包络法全自动优化排样及真实形状法全自动优化排样算法都采用了最新的计算智能技术及相关科研成果，计算速度快、适应性强、优化效果较好。SmartNest 排样软件已成功应用于钢板下料优化、服装排料优化、皮革排料优化、广告图案文字排版优化、PCB 拼板排版优化、板式家具下料优化、舰船装载布局优化等领域。

SmartNest 排样软件分为机床版、企业版、专用版三个系列。SmartNest 机床版系列是适用于数控火焰切割、等离子切割、激光切割、水刀切割、剪板、卷材开料以及冲切复合和钻切复合等各类设备的智能排样、优化切割与 NC(数控)自动编程系列软件，可分别配套用于数控等离子切割机、水刀切割机、激光切割机、裁皮机、剪板机、卷材开料机等下料加工设备。SmartNest 企业版系列是针对金属结构件制造的智能套料与数字化下料管理软件，其功能覆盖有关金属结构件制造领域的型材、板材、卷材下料及其生产管理的各个方面，包括下料产品管理、板材及其余料库管理、下料生产过程管理、优化排料与切割编程、下料设备管理、下料终端管理等，SmartNest 企业版的扩展版还包括型材套料、卷材开料优化、结构件工艺过程管理、工时与成本管理等功能，具有较为完善的生产管控功能，并可与企业 PDM(产品数据管理)、ERP(企业资源计划)等信息系统集成，为制造企业下料生产提供完整的数字化解决方案。除上述通用版本，还针对某些特定行业开发了若干专用排样软件(即 SmartNest 专用版系列)。上述软件在研发与完善过程中参考了国内外众多同类软件，充分吸收了它们的长处，并针对中国企业的实际情况和操作习惯进行了创新性的改进和完善，采用了最新的计算智能技术及相关科研成果，功能齐备、操作简单，已在国内数十家大中型企业成功应用，深受国内企业的欢迎，用户遍布工程机械、重型机器、矿山机械、船舶机械、专用汽车、重型钢构、桥梁、金属结构、压力容器、变压器等制造领域，为客户提供多种行业、多种需求层次的数字化下料解决方案，创造了巨大的经济和社会效益。

本章主要介绍基于本书智能排样算法开发的三款典型排样软件及其应用：SmartNest 钢板切割下料软件(属于企业版系列)、SmartNest 板式家具开料软件(属于专用版系列)、SmartNest 激光切割套料编程软件(属于机床版系列)。

8.2　SmartNest 钢板切割下料软件开发与应用

SmartNest 钢板切割下料软件是一套针对金属结构件制造的智能套料与数字化下料生产管控系统，它以智能排样技术为引擎，对金属结构件制造中的钢板下料工序进行材料利用率的综合优化与管控，实现材料利用率和下料生产效率的提升。

SmartNest 钢板切割下料软件主界面如图 8.1 所示。

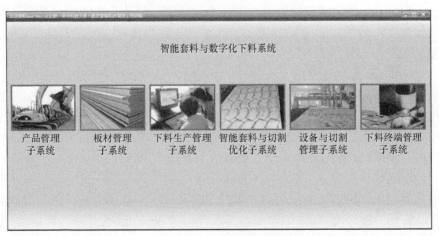

图 8.1　SmartNest 钢板切割下料软件主界面

8.2.1　软件系统功能

SmartNest 钢板切割下料软件系统的功能结构如图 8.2 所示，主要包括六大子系统：产品管理子系统、板材管理子系统、下料生产管理子系统、智能套料与切割优化子系统、设备与切割管理子系统、下料终端管理子系统。

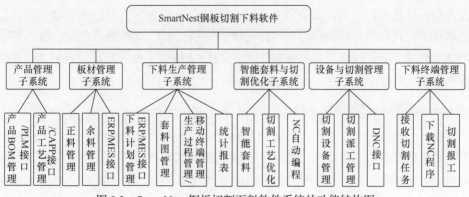

图 8.2　SmartNest 钢板切割下料软件系统的功能结构图

1. 产品管理子系统

产品管理子系统对下料产品信息进行管理,包括产品结构信息、属性、图形信息、工艺信息等。可通过 Excel 表导入或人工输入方式建立下料产品物料清单(BOM),也可通过与 PDM/PLM(PLM 指产品生命周期管理)系统接口方式获取下料产品物料信息。该子系统还对产品的下料工艺进行管理,如下料方式、加工余量、后续工序、加工工时等,也可通过与计算机辅助工艺规划(CAPP)系统接口的方式获取上述工艺信息。

2. 板材管理子系统

板材管理子系统对切割下料生产的原材料(包括正料和余料)进行管理,其功能包括:对各种板材按各类属性(如材质、板厚等)进行分类管理、对各类板材的形态(如余料图形)和使用状态进行监控与维护、板材出入库及台账管理、板材库与 ERP/MES(MES 指制造执行系统)系统的接口集成等。此外,该子系统与套料模块具有接口,为套料模块提供可套料板材信息,同时接收套料模块产生的余料信息。

3. 下料生产管理子系统

下料生产管理子系统对下料生产全过程进行管理,包括下料计划的生成或导入、套料图的管理与维护(包括套料任务分配、套料结果审核、材料利用率统计等)、下料生产指令的下达及其生产过程状态的监控等。该子系统还具有与 ERP/MES系统的接口功能,可以接收 ERP 或 MES 的生产计划(包括下料零件种类、数量、交期等),将生产执行情况向 ERP 或 MES 进行反馈(如零件下料结果及产生余料情况等)。该子系统支持移动终端应用。

4. 智能套料与切割优化子系统

智能套料与切割优化子系统是整套系统的核心和引擎,其主要功能就是根据各种套料任务进行相应的套料优化计算，生成优化套料图，并在此基础上进行切割路径工艺优化(包括切割起点、切割引线、切割方向、切割顺序优化，以及共边切割、桥接连割等特殊切割轨迹的生成)，自动生成用于各类切割设备的 NC 程序代码。

5. 设备与切割管理子系统

设备与切割管理子系统一方面对下料设备的工艺能力(如工作台幅、割炬数量、不同材质板厚的切割速度与切割质量指标等)及其实时状态(开机运行、待机、停机检修等)进行管理，另一方面对下料切割任务进行派工(甘特图形式)与完成状态监控(如未派工、已派工、切割中、已完成等)。该子系统还提供与切割设备分布式数控(DNC)系统的接口功能。

6. 下料终端管理子系统

下料终端管理子系统提供面向切割操作工的下料终端管理功能，包括接收切割任务、动态下载 NC 程序、切割报工等。该子系统支持移动终端应用。

8.2.2　软件系统架构

SmartNest 钢板切割下料软件采用如图 8.3 所示的客户端/服务器(C/S)系统架构。中心数据库管理系统(DBMS)作为整个软件系统的服务器，集中存储和管理有关下料生产的结构化数据，包括零件信息、板材信息、套料图、NC 程序、生产状态信息、设备数据等，为客户端程序的分布式运行提供统一的数据支持。客户端则由下料产品管理、套料与生产管理、智能套料与数控编程、板材管理、设备与切割管理、切割机等组成，它们通过中心数据库服务器进行数据共享与交互。

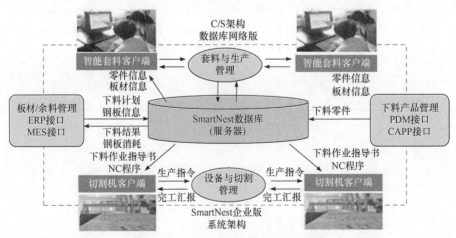

图 8.3　SmartNest 软件的 C/S 系统架构

SmartNest 钢板切割下料软件的运行流程大致如下：

(1) 套料与生产管理客户端创建下料生产计划，或通过 ERP、MES 接口导入下料生产计划；

(2) 根据下料生产计划，套料与生产管理客户端向智能套料客户端分配套料任务；

(3) 各智能套料客户端根据下达的套料任务，通过数据库服务器获取相应的下料零件信息和板材原材料信息，调用智能套料引擎完成智能套料，同时进行切割路径优化，生成套料切割图，并将套料结果提交给套料与生产管理客户端；

(4) 套料与生产管理客户端对各智能套料客户端提交的套料图进行审核，审核合格后下达至设备与切割管理客户端进行切割任务调度；

(5) 设备与切割管理客户端根据调度结果，将切割任务(套料切割图)及其 NC 程序发送到相应的切割机客户端；

(6) 各切割机客户端具体执行分配到的切割任务，并将切割状态以报工方式反馈至设备与切割管理客户端。

SmartNest 钢板切割下料软件的网络部署方案如图 8.4 所示。

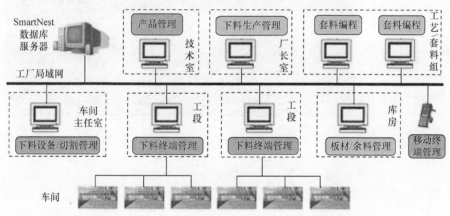

图 8.4　SmartNest 钢板切割下料软件的网络部署方案

8.2.3　智能套料与切割优化子系统

智能套料与切割优化子系统的功能结构和主界面分别如图 8.5 和图 8.6 所示。该子系统包含智能套料、切割优化、NC 编程及参数设置等模块。该子系统既可以作为 SmartNest 的套料切割子系统，也可以作为独立的套料软件运行。该子系统作为独立的套料切割编程软件，在金属切割行业特别是在中小制造企业获得了广泛应用。

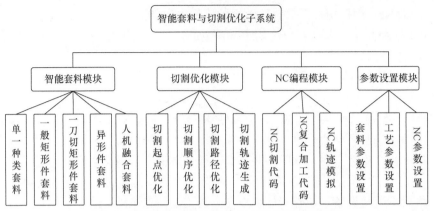

图 8.5 智能套料与切割优化子系统的功能结构图

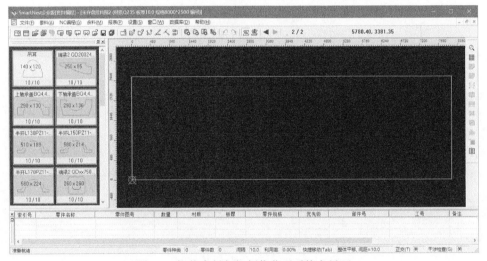

图 8.6 智能套料与切割优化子系统主界面

1. 智能套料模块

智能套料模块针对不同的套料需求,提供单一种类套料、一般矩形件套料、一刀切矩形件套料、异形件套料、人机融合套料等多种智能套料功能,而且结合不同的套料参数设置,还可提供不定尺板材预套料及板规寻优、异形余料上套料(含瑕疵避让)、批量套料、多割炬套料、可复制式套料、设定计算时间的多方案反复寻优套料、多进程多任务套料等多种考虑实际生产需求的套料模式与智能算法。

其中,人机融合套料模式支持自动套料与人机交互之间的互操作,实现机器智能与人工经验的有机融合。

2. 切割优化模块

切割优化模块提供切割起点优化、切割顺序优化、切割路径优化、切割轨迹生成等多种切割优化功能。其中，切割起点优化是指设定套料图中每个零件轮廓的切割起点及其引入引出切割线；切割顺序优化是指设定每个零件及其轮廓的切割顺序；切割路径优化是指对包含每个零件的切割起点、轮廓切割方向、切割顺序及空行程在内的完整切割路径进行优化；切割轨迹生成则是在切割路径优化的基础上，根据设定的工艺参数生成完整的切割轨迹，包括共边切割、桥接连割、微连接等特殊切割轨迹的自动生成。

3. NC 编程模块

NC 编程模块提供自动生成数控切割 NC 代码、自动生成复合加工机 NC 代码、NC 代码加工模拟等功能。该模块通过对机床数控程序 G/M 代码格式的灵活配置和后置处理以适应不同型号的数控切割机和数控切割-冲孔或数控切割-钻孔复合加工机床，并可对 NC 代码进行校核与加工模拟。

下面介绍 SmartNest 钢板切割下料软件在工程机械制造行业的典型应用案例。

8.2.4　应用案例

国内某大型工程机械企业是全球建设机械制造商 50 强、中国制造业 500 强，其产品覆盖推土机、道路机械、混凝土机械、装载机、挖掘机等十多类主机产品及工程机械配套件。该企业下属的材料成型事业部为其各类主机产品配套生产结构件配件。该事业部自 2011 年开始全面应用 SmartNest 智能下料软件进行数控切割下料优化与结构件生产过程管控，成为国内技术领先、成效显著的数字化下料与金属结构件制造工厂。下面将对 SmartNest 智能下料软件在金属切割行业的典型应用案例进行介绍。

1. 应用背景介绍

该材料成型事业部分为商务部、管理部、技术部、制造部和保障部五大部门。其中，商务部主要负责物资采购与市场营销；管理部负责公司的运营管控和成本控制等；技术部负责产品设计、制造工艺与质量控制等；制造部负责制造管理，包括生产计划与调度和对切割下料、金属加工与成型等工段的生产过程管理；保障部主要负责设备管理和物品管理，为高效、安全生产提供保障。

材料成型事业部的生产工艺流程大致如图 8.7 所示。商务部接收生产订单后，由技术部对订单产品进行图纸评审并进行制造工艺设计，同时由管理部对该订单进行成本预测并将计算结果反馈给商务部用于订单评估和报价；公司将接受的生产订单下达给制造部，由制造部根据实际情况来制订生产计划、安排各工段的生产(包括下料、加工、成型)；在生产过程中由保障部负责设备维护管理和板材等物品供应，以保障生产过程的正常进行；同时由技术部对产品及其制造过程进行质量管理，以保证生产出合格的产品。在上述工艺流程中，钢板下料生产的效率与材料的优化利用率对最终产品的成本有着重要的影响。该事业部负责为整个企业集团所有的主机产品生产金属结构件，每年消耗钢板达 10 万 t 以上，采用 40 余台各类数控切割机进行切割下料。在引入 SmartNest 钢板切割下料软件之前，该事业部主要用国外某软件进行排料编程，由于该软件功能有限，智能化程度低，基本还是靠人工拼样排料，不仅效率低，而且材料利用率不高(只有 71%左右)，直接导致主机产品成本的增加，影响了产品的市场竞争力。

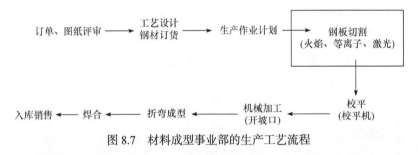

图 8.7　材料成型事业部的生产工艺流程

在上述背景下，迫切采用智能优化套排料技术，在材料成型事业部内对整个企业的金属结构件进行集中下料，利用智能套料技术进行多种类下料零件混合套排以大大提高钢材利用率，从而降低原材料成本；同时，还需采用切割优化技术来进一步提高生产效率，并降低切割生产成本。此外，还需要通过对金属结构件生产全过程的精细化管控，从技术和管理的双重环节来实现材料综合利用率和整体生产效率的提升。

2. 基于 SmartNest 企业版架构的解决方案

本案例企业针对其实际状况与需求，采用 SmartNest 企业版架构，引入 SmartNest 钢板切割下料软件及其扩展版本(图 8.8)，形成"从智能套料与切割优化技术的应用和数字化生产过程管控(PMC)的实施双重环节来解决其材料利用率问题，同时改善整个金属结构件生产系统的效率与成本"的智能套料与数字化制造解决方案——SmartNest-Ex。该方案在 SmartNest 钢板切割下料软件的基础上，增加了订单管理、计划管理、统计查询、质量管理、成本管理、库存管理等功能模块或子系统。此外，将下料生产管理子系统分解和扩展成套料管理(分解)和车间管理(扩展)两个子系统；将设备与切割管理子系统扩展成包含非切割设备(加工、成型、焊合等工序设备)的整个设备管理子系统，并对切割设备引入 DNC

联网与监控子系统；将下料终端管理子系统扩展成包含非下料终端的 MES 终端系统。

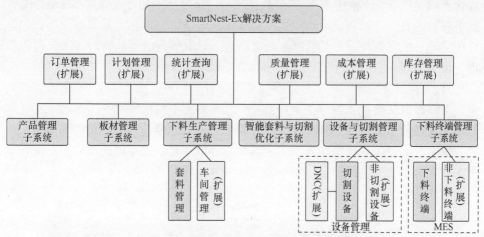

图 8.8 基于 SmartNest 企业版架构的智能下料扩展解决方案(SmartNest-Ex)

SmartNest-Ex 解决方案的系统架构与软件部署方案如图 8.9 所示。该方案在具体实施中分成如下三个层面来进行。

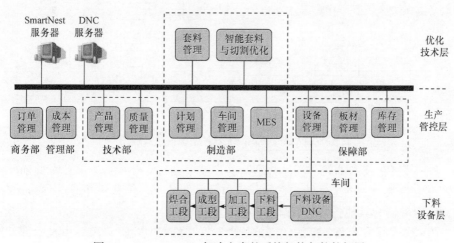

图 8.9 SmartNest-Ex 解决方案的系统架构与软件部署

1) 优化技术层

优化技术层用于解决套料与切割优化问题。采用 SmartNest 智能套料与切割优化技术进行集中混合套料和切割 NC 编程，提高工作效率，优化材料利用，提高材料利用率。该层面包含套料管理、智能套料与切割优化两大功能模块或子系统。

2) 生产管控层

生产管控层解决生产管控流程问题。构建涵盖切割下料、机械加工、成型与焊合工段全工艺流程的生产管控信息化平台(PMC)及工艺过程管理(MES)终端，对下料资源及生产过程进行统一管控，提高整个事业部的生产效率。该层面包含订单管理、成本管理、产品管理、质量管理、计划管理、车间管理、工艺过程管理、设备管理、板材管理、库存管理等功能模块或子系统。

3) 下料设备层

下料设备层解决下料设备运行监控问题。搭建下料设备 DNC 系统，实时获取车间现场信息，实现 ERP/PMC/DNC 集成，实现下料生产过程的设备监控。

基于SmartNest-Ex解决方案的金属结构件数字化制造系统的总体信息流程如图 8.10 所示，大致如下。

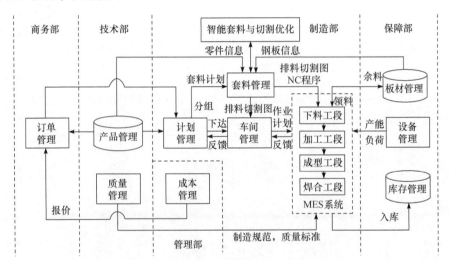

图 8.10　SmartNest-Ex 软件系统信息流程图

(1) 部署在技术部的"产品管理"客户端事先建立和维护本事业部此前已经生产过的各类产品的金属结构件物料清单及其制造工艺信息，并通过 SmartNest 数据库服务器为其他各个客户端所共享。

(2) 通过部署在商务部的"订单管理"客户端接收生产订单，由技术部"产品管理"客户端对订单内容进行评审(并对新的产品类型进行物料清单构建及制造工艺设计)，同时由部署在管理部的"成本管理"客户端对该订单进行成本预测，并将预测结果反馈给商务部"订单管理"客户端用于订单评估和报价。

(3) 商务部将通过订单评估的生产订单下达给部署在制造部的"计划管理"客户端，由其根据车间生产任务的实际情况来对订单进行生产排程，制订出车间每个工段(包括下料、加工、成型等)的生产计划。

(4) 制造部将各工段的生产计划下达给"车间管理"客户端进行各工段作业计划的安排与执行。对于下料生产计划，还必须通过"套料管理"客户端进行套料任务管理与分派，并由部署在制造部的"套料管理"客户端与"智能套料"客户端(即智能套料与切割优化子系统)互动，通过智能套料与切割优化，完成套料任务，生成一系列套料切割图和 NC 程序，并将其以下料作业指导书的形式下发到下料工段 MES 终端以辅助下料生产计划的执行。

(5) 车间作业计划的执行过程管理由部署在车间各工段的 MES 终端系统来完成。在此过程中，由部署在保障部的"设备管理"客户端进行设备维护管理(对于下料切割设备则，由 DNC 系统来负责监控和管理)。工序及产品质量则由部署在技术部的"质量管理"客户端来负责管控。

(6) 部署在保障部的"库存管理"客户端负责最终成品的入库管理。

3. 应用效果与套料实例

SmartNest 钢板切割下料软件(扩展版)自 2012 年 4 月在本案例企业正式上线以来已得到全面应用，将该企业的材料成型事业部打造成名副其实的数字化车间(工厂)，产生了较大的经济效益和社会效益。

截至 2018 年 12 月，该企业的综合材料利用率从 71%提升到 76.8%，提高了将近 6 个百分点。除此之外，排料效率提高了 50%，切割效率提高 20%，切割成本降低 10%，设备产能提高 10%，制造周期缩短 15%。图 8.11 为该企业应用实景。

图 8.11　案例企业应用实景

以下是该企业生产应用中的两组实例数据。

1) 实例一

某套料任务 TaskNest_1324 包含 5 种异形下料零件，其详细信息如图 8.12 所示。智能套料结果汇总如表 8.1 及图 8.13～图 8.15 所示，材料利用率达 89.7%。

套料任务：TaskNest_1324	钢板规格：50mm×2500mm×10000mm (材质：Q235A)			完成日期：2013-07-16
零件图号	1324013510100112	1324013520200113	1324013510100116	1324013540200117	1324013510100118
零件图形	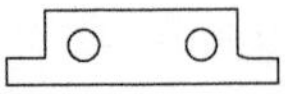	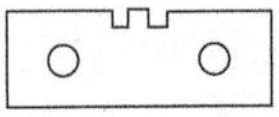	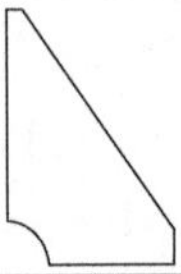	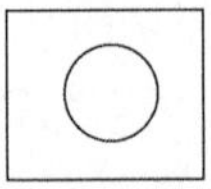	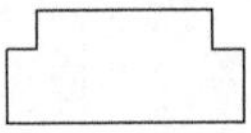
零件规格	1844mm×500mm	1430mm×500mm	200mm×300mm	330mm×280mm	2000mm×900mm
计划数量	21	24	65	35	20

图 8.12　实例一套料任务

表 8.1　实例一智能套料结果汇总表

序号	零件图号	零件名称	需要数量	排料数量	质量/kg	面积/m²	周长/m	零件规格	零件图形	零件分布状况
1	1324013510100118	切割零件	20	20	645.69	1.65	5.76	2000mm×900mm	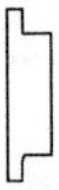	1#(11);2#(9)
2	1324013510100112	切割零件	21	21	264.66	0.67	5.96	1844mm×500mm		1#(6);2#(9);3#(21)
3	1324013540200117	切割零件	35	35	28.38	0.07	1.72	280mm×330mm	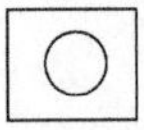	1#(2);2#(12);3#(21)
4	1324013510100116	切割零件	65	65	13.59	0.03	0.85	200mm×300mm		1#(26);2#(29);3#(10)
5	1324013520200113	切割零件	24	24	252.93	0.64	5.38	1430mm×500mm		3#(24)
合计	所需板材总数=3	板材总利用率=89.7%	165	165	26418.69	67.31	485.28			

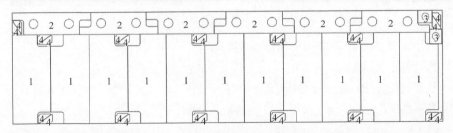

图 8.13　实例一智能套料图(1#：50mm×2500mm×10000mm，数量 1，利用率 92.7%)

图 8.14　实例一智能套料图(2#：50mm×2500mm×10000mm，数量 1，利用率 91.0%)

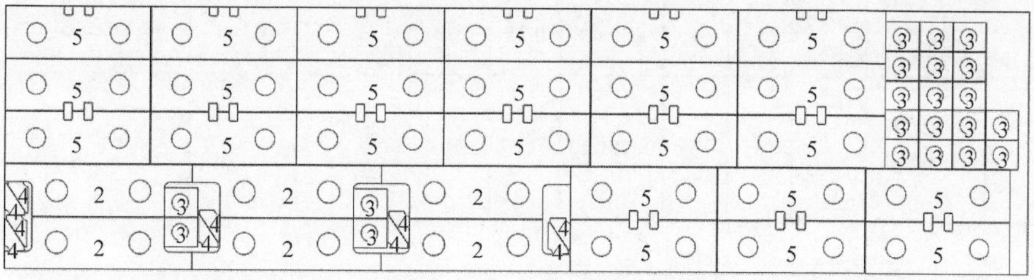

图 8.15　实例一智能套料图(3#：50mm×2500mm×10000mm，数量 1，利用率 85.5%)

2) 实例二

某套料任务 TaskNest_1012，包含 6 种异形下料零件，其详细信息如图 8.16 所示。智能套料结果如表 8.2 及图 8.17~图 8.19 所示，材料利用率达 87.0%。

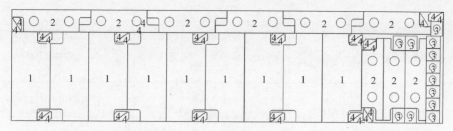

套料任务：TaskNest_1012　钢板规格：50mm×2200mm×9000mm (材质：Q235A)　　完成日期：2017-07-20						
零件图号	1012030410301103	121111730400108	1224063510200112	12K60116310110215	1112062030300126	1211111120400308
零件图形	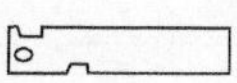	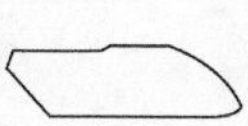	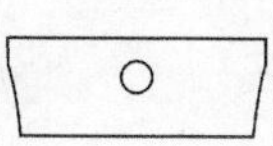	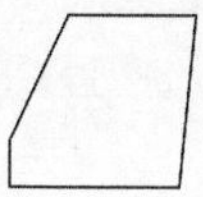	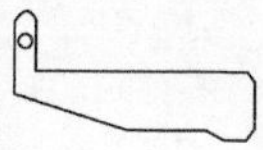	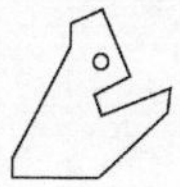
零件规格	1850mm×375mm	636mm×190mm	1570mm×600mm	92mm×83mm	1650mm×873mm	791mm×673mm
计划数量	21	33	32	37	8	6

图 8.16　实例二智能套料任务

表 8.2　实例二智能套料结果汇总表

序号	零件图号	零件名称	需要数量	排料数量	质量/kg	面积/m²	周长/m	零件规格	零件图形	零件分布状况
1	10120304 10301103	切割零件	21	21	259.08	0.66	5.07	1850mm× 375mm		1#(3);2#(4);3#(14)
2	12111173 0400108	切割零件	33	33	35.09	0.09	1.42	636mm× 190mm		1#(7);3#(26)
3	12240635 10200112	切割零件	32	32	344.38	0.88	4.81	1570mm× 600mm	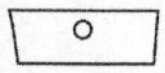	1#(10);2#(17);3#(5)

序号	零件图号	零件名称	需要数量	排料数量	质量/kg	面积/m²	周长/m	零件规格	零件图形	零件分布状况
4	12K60116 310110215	切割零件	37	37	2.54	0.01	0.32	83mm× 92mm		1#(10);2#(17);3#(10)
5	11120620 30300126	切割零件	8	8	246.04	0.63	4.96	1650mm× 873mm		1#(8)
6	12111111 20400308	切割零件	6	6	100.01	0.25	2.94	791mm× 673mm		1#(1);2#(2);3#(3)
合计	所需板材总数=3	板材总利用率=87%	165	165	20281.22	51.67	376.33			

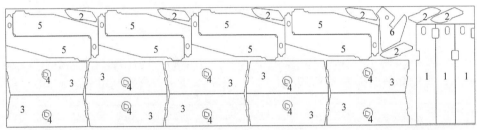

图 8.17　实例二智能套料图(1#：50mm×2200mm×9000mm，数量 1，利用率 84.4%)

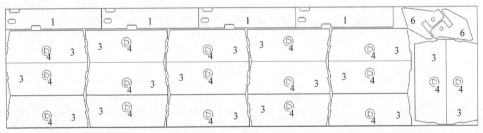

图 8.18　实例二智能套料图(2#：50mm×2200mm×9000mm，数量 1，利用率 91.8%)

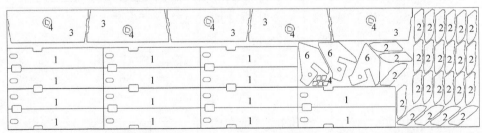

图 8.19　实例二智能套料图(3#：50mm×2200mm×9000mm，数量 1，利用率 84.8%)

8.3　SmartNest 板式家具开料软件开发与应用

8.3.1　板式家具开料工艺与设备

我国是家具生产与消费大国，其中板式家具是经表面装饰的人造板材加五金件连接而成的新式现代家具，不仅价格实惠、外观时尚，还具有生产速度快、拆卸与安装方便、便于运输等特点，因此在家具市场中占有很大比例。板式家具的整个制造过程主要为：首先是开料，即将一定尺寸规格的矩形板材以数控铣或锯切等方式切成不同规格的零部件，然后进行修边和打孔等工序，最后由用木质圆棒、金属及高分子原材料制成的连接件接合成数种家具基本单元体，由这些基本单元件组合成家具整体。板式家具主要的基材有刨花板、细木工板和纤维板等板材，其材料成本在整套家具中占有较大比重，因此提高板材开料时的出材率对降低板式家具的生产成本、提高产品竞争力具有重要意义。

板式家具常用的开料设备有数控铣刀开料机和电子裁板锯等，如图 8.20 所示。前者适用于任意形状零件的开料，具有自动化程度高、开料精度高、适应性强等优点，但设备相对比较复杂，运行与维护成本较高；后者则只用于矩形零件通裁通剪开料(俗称一刀切开料)，具有设备结构简单、运行和维护成本低等优点，但开料效率较低，同时由于一刀切工艺约束，开料出材率相对较低。上述两类开料设备各有优劣，因此在生产实际中均有应用。

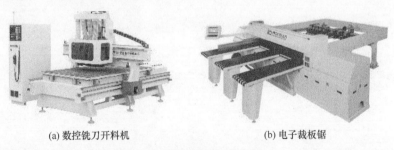

(a) 数控铣刀开料机　　　　　　　　　　　(b) 电子裁板锯

图 8.20　常见的两类开料设备

8.3.2　SmartNest 板式家具开料软件开发

SmartNest 板式家具开料软件是针对板式家具开料特点进行裁剪和定制的 SmartNest 排样软件专用版本，是 SmartNest 排样软件在板式家具开料行业中的应用。该软件支持矩形开料(开料锯床)和异形开料(数控铣刀开料机)。

SmartNest 板式家具开料软件包含五个功能模块：套料任务管理模块、零件管理模块、板材管理模块、套料优化模块、结果显示与输出模块。其功能及信息流程如图 8.21 所示，其中虚线箭头表示各模块之间的信息流向。以下对各功能进行简单介绍。

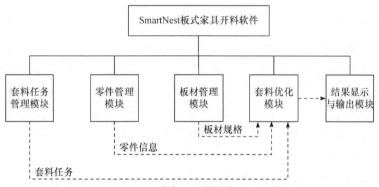

图 8.21　SmartNest 板式家具开料软件功能及信息流程图

1. 套料任务管理模块

套料任务管理模块将客户开料生产订单导入并转化成标准格式的套料任务，并对套料任务的具体内容及其执行情况进行管理与维护。

图 8.22 是套料任务管理界面。界面左侧是"套料计划-套料任务-套料图"三级树形结构图，其中每个套料计划(对应客户生产订单)包含若干个套料任务(每个

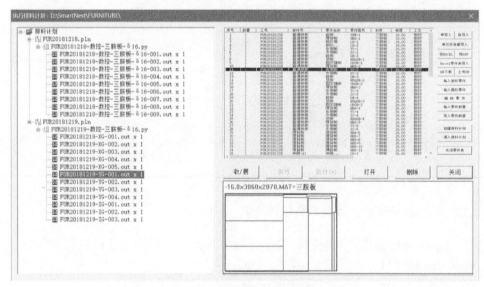

图 8.22　套料任务管理界面

套料任务中的零件具有相同的材质和厚度),每个套料任务形成多张套料图。界面的右上部是对应当前某个套料任务的内容,即零件清单。零件清单可导入、编辑和修改。界面右下部是已经生成的套料图预览。

2. 零件管理模块

零件管理模块对客户开料零件信息进行集中数据库管理与维护以满足重复型生产企业的需求,以及对开料零件状态进行动态管理。该模块为套料优化提供零件基础信息。

图 8.23 是零件管理界面。界面左上部对零件进行分类管理(如按材质、板厚、所属订单等),右部是对应某个分类的所属零件清单,包括零件图形及状态(如是否已套料、是否已开料等),左下部显示的是对应某个分类的零件统计情况。

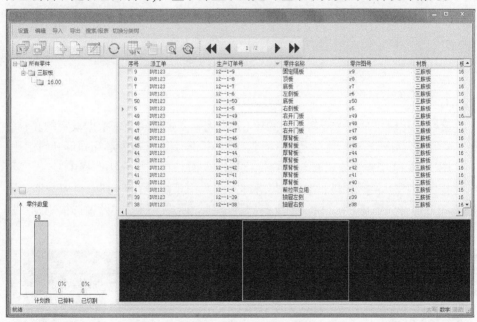

图 8.23　零件管理界面

3. 板材管理模块

板材管理模块对原材料板材信息进行集中数据库管理,包括台账管理与状态维护。该模块为套料优化提供候选板材信息。

图 8.24 是板材管理界面。界面左侧是板材分类搜索界面,右侧是板材台账及其状态信息,以及板材图形显示及操作历史记录与统计。

图 8.24　板材管理界面

4. 套料优化模块

套料优化模块是整个开料软件的核心和引擎,其主要功能是根据设定的套料参数,对当前套料任务进行优化运算,得到套料图。该引擎支持矩形和异形开料优化。

图 8.25 是套料参数设置与套料优化运行界面。在套料算法选择中,"真实形状排样法"用于异形开料,"矩形包络排样法"用于矩形开料(其中"通裁通剪"用于一刀切开料锯床)。该模块还支持"预套料"模式,通过"设置选板规则"提

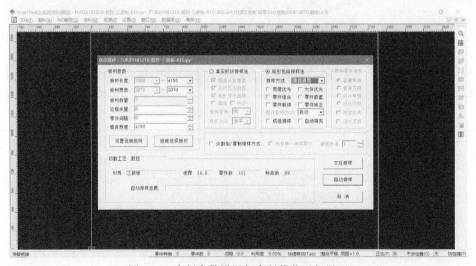

图 8.25　套料参数设置与套料优化运行界面

供多板材规格自动选优功能(8.3.3 节有实例介绍)。

5. 结果显示与输出模块

结果显示与功能模块通过多窗口方式显示优化套料图，并可打印输出多种汇总报表。

图 8.26 是套料结果显示与输出界面。界面下部以多窗口方式显示套料图，上部显示对应当前某个套料图的所属零件列表信息。

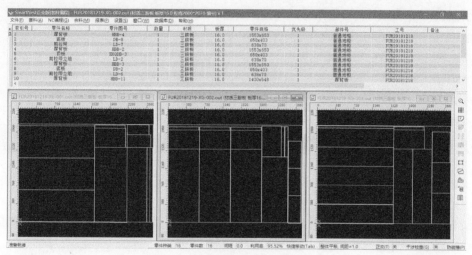

图 8.26　套料结果显示与输出界面

8.3.3　应用案例

某板式家具生产企业有一开料生产订单如表 8.3 所示，订单号 20181119。该订单中包含规格各异的矩形零件 79 件，材质为三胺板，厚度 16mm，采用锯床开料，需满足一刀切工艺。现有三种规格的三胺板可供选择(单位：mm)：2800×2070、3060×2070、4150×2070，求优化开料方案及其板材规格(三选一)。该企业规定长度大于 800mm(含)的板材余料当作有效余料，可以二次利用，小于 800mm 的余料则被当作废料。

表 8.3　某企业开料生产订单(20181119)

柜名	板件名称	类别	编号	数量	长/mm	宽/mm	厚/mm
普通地柜	底板	板件	DB	1	638.1	59.05	16
普通地柜	厚背板	板件	HBB	1	549.6	638.1	16
普通地柜	前拉带	板件	LD	1	638	70.1	16
普通地柜	前拉带立组	板件	LD	1	638	70.1	16

续表

柜名	板件名称	类别	编号	数量	长/mm	宽/mm	厚/mm
普通地柜	右侧板	板件	YC	1	550.1	403.05	16
普通地柜	左侧板	板件	ZC	1	550.1	403.05	16
普通地柜	底板	板件	DB	1	650.1	402.55	16
普通地柜	顶板	板件	HXQDB	1	650.1	402.55	16
普通地柜	固定隔板	板件	GDGB	1	650.1	386.05	16
普通地柜	厚背板	板件	HBB	1	1553.1	650.1	16
普通地柜	右侧板	板件	YC	1	1586.1	403.05	16
普通地柜	左侧板	板件	ZC	1	1586.1	403.05	16
普通地柜	底板	板件	DB	1	650.1	402.55	16
普通地柜	顶板	板件	HXQDB	1	650.1	402.55	16
普通地柜	固定隔板	板件	GDGB	1	650.1	386.05	16
普通地柜	厚背板	板件	HBB	1	1553.1	650.1	16
普通地柜	右侧板	板件	YC	1	1586.1	403.05	16
普通地柜	左侧板	板件	ZC	1	1586.1	403.05	16
普通地柜	底板	板件	DB	1	650.1	402.55	16
普通地柜	顶板	板件	HXQDB	1	650.1	402.55	16
普通地柜	固定隔板	板件	GDGB	1	650.1	386.05	16
普通地柜	厚背板	板件	HBB	1	1553.1	650.1	16
普通地柜	右侧板	板件	YC	1	1586.1	403.05	16
普通地柜	左侧板	板件	ZC	1	1586.1	403.05	16
普通地柜	顶板	板件	HXQDB	1	440.1	205.05	16
普通地柜	厚背板	板件	HBB	1	100.1	408.1	16
普通地柜	右侧板	板件	YC	1	404.1	205.05	16
普通地柜	左侧板	板件	ZC	1	404.1	205.05	16
厚背板	厚背板	板件	HBB	1	1400.1	60.1	16
厚背板	厚背板	板件	HBB	1	1586.1	60.1	16
厚背板	厚背板	板件	HBB	1	1586.1	42.1	16
厚背板	厚背板	板件	HBB	1	1586.1	42.1	16
厚背板	厚背板	板件	HBB	1	1586.1	60.1	16
厚背板	厚背板	板件	HBB	1	1400.1	548.1	16
抽屉(A)	抽屉厚底板	板件	CD	1	579.1	448.1	16

续表

柜名	板件名称	类别	编号	数量	长/mm	宽/mm	厚/mm
抽屉(A)	抽屉后档	板件	CHD	1	270.1	579.1	16
抽屉(A)	抽屉前档	板件	CTQ	1	270.1	579.1	16
抽屉(A)	抽屉右侧	板件	CTYC	1	270.1	480.1	16
抽屉(A)	抽屉左侧	板件	CTZC	1	270.1	480.1	16
厚背板	厚背板	板件	HBB	1	1400.1	60.1	16
右开门板	右开门板	板件	YKM	1	1584	679	16
右开门板	右开门板	板件	YKM	1	1584	679	16
右开门板	右开门板	板件	YKM	1	1584	679	16
普通地柜	底板	板件	DB	1	638.1	59.05	16
普通地柜	前拉带	板件	LD	1	638	70.1	16
普通地柜	前拉带立组	板件	LD	1	638	70.1	16
普通地柜	右侧板	板件	YC	1	550.1	403.05	16
普通地柜	左侧板	板件	ZC	1	550.1	403.05	16
右开门板	右开门板	板件	YKM	1	1584	679	16
抽屉(A)	抽屉厚底板	板件	CD	1	579.1	448.1	16
抽屉(A)	抽屉后档	板件	CHD	1	270.1	579.1	16
抽屉(A)	抽屉前档	板件	CTQ	1	270.1	579.1	16
抽屉(A)	抽屉右侧	板件	CTYC	1	270.1	480.1	16
抽屉(A)	抽屉左侧	板件	CTZC	1	270.1	480.1	16
普通地柜	底板	板件	DB	1	638.1	59.05	16
普通地柜	前拉带	板件	LD	1	638	70.1	16
普通地柜	前拉带立组	板件	LD	1	638	70.1	16
普通地柜	右侧板	板件	YC	1	550.1	403.05	16
普通地柜	左侧板	板件	ZC	1	550.1	403.05	16
抽屉(A)	抽屉厚底板	板件	CD	1	579.1	448.1	16
抽屉(A)	抽屉后档	板件	CHD	1	270.1	579.1	16
抽屉(A)	抽屉前档	板件	CTQ	1	270.1	579.1	16
抽屉(A)	抽屉右侧	板件	CTYC	1	270.1	480.1	16
抽屉(A)	抽屉左侧	板件	CTZC	1	270.1	480.1	16
普通地柜	底板	板件	DB	1	638.1	59.05	16

续表

柜名	板件名称	类别	编号	数量	长/mm	宽/mm	厚/mm
普通地柜	前拉带	板件	LD	1	638	70.1	16
普通地柜	前拉带立组	板件	LD	1	638	70.1	16
普通地柜	右侧板	板件	YC	1	550.1	403.05	16
普通地柜	左侧板	板件	ZC	1	550.1	403.05	16
抽屉(A)	抽屉厚底板	板件	CD	1	579.1	448.1	16
抽屉(A)	抽屉后档	板件	CHD	1	270.1	579.1	16
抽屉(A)	抽屉前档	板件	CTQ	1	270.1	579.1	16
抽屉(A)	抽屉右侧	板件	CTYC	1	270.1	480.1	16
抽屉(A)	抽屉左侧	板件	CTZC	1	270.1	480.1	16
普通地柜	底板	板件	DB	1	650.1	402.55	16
普通地柜	顶板	板件	HXQDB	1	650.1	402.55	16
普通地柜	固定隔板	板件	GDGB	1	650.1	386.05	16
普通地柜	右侧板	板件	YC	1	1586.1	403.05	16
普通地柜	左侧板	板件	ZC	1	1586.1	403.05	16

　　本案例采用 SmartNest 板式家具开料软件进行优化。通过套料任务管理模块导入客户开料订单，创建套料任务 FUR20181219。通过选择规则输入三种指定的候选板材规格，运行 SmartNest 优化套料引擎，分别得到对应的三种套料方案。

　　方案一：板材规格 2800mm×2070mm，自动套料结果显示如图 8.27 所示，共需使用 5 张板材，其中第 5 张有效余料长度为 2215mm，板材利用率为 94.52%。

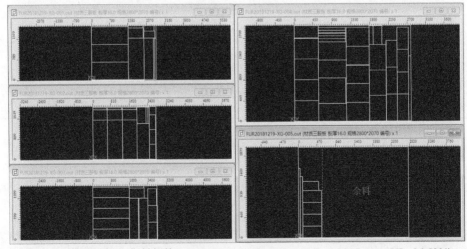

图 8.27　套料方案一(板材规格 2800mm×2070mm，$N=5$，$L_{余}=2215$mm，UR=94.52%)

方案二：板材规格 3060mm×2070mm，自动套料结果显示如图 8.28 所示，共需使用 4 张板材，余料长度为 642mm，为无效余料(废料)，板材利用率为 91.01%。

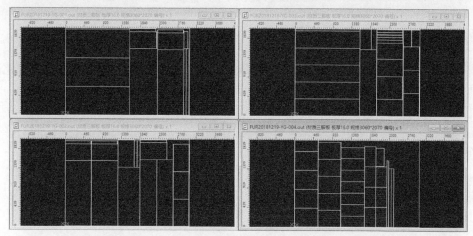

图 8.28　套料方案二(板材规格 3060mm×2070mm，N=4，UR=91.01%)

方案三：板材规格 4150mm×2070mm，自动套料结果显示如图 8.29 所示，共需使用 3 张板材，其中第 3 张有效余料长度为 889mm，板材利用率为 96.36%。

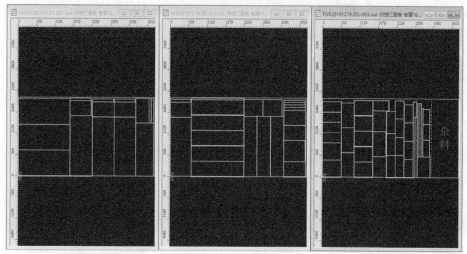

图 8.29　套料方案三(板材规格 4150mm×2070mm，N=3，$L_{余}$ =889mm，UR=96.36%)

根据预先设定的板材优选规则(材料利用率优先)，系统自动选择第三种方案。

需要说明的是，本软件虽然针对板式家具开料行业设计开发，但具有一定的通用性，也可用于玻璃切割开料、纸板切割开料、金属剪板开料等领域，而且也有相关的成功应用案例。

8.4　SmartNest 激光切割套料编程软件开发与应用

8.4.1　激光切割原理与设备

　　激光切割是利用激光束聚焦形成的高功率密度光斑，将材料快速加热至汽化温度、蒸发形成小孔洞后，再使光束与材料相对移动，从而获得较窄的连续切缝。激光切割技术以其切割效率高、加工品质好、几乎可用于任何材料的切割等诸多优势而被广泛应用于金属和非金属材料的切割加工中，可大大减少加工时间，降低加工成本，提高工件质量。

　　激光切割机作为一种先进的板材加工设备(见图 8.30 中的示例)，经过国内外近 30 年的不断技术更新和工艺发展，正被广大板材加工企业所熟悉和接受，并以其高性价比优势将逐步取代数控火焰、等离子切割机，以及数控冲床、剪床等传统板材加工手段。

图 8.30　正在切割钣金的激光切割机

　　根据激光发生器的不同，目前市面上激光切割机大致可分为三类：CO_2 激光切割机、YAG 固体激光切割机、光纤激光切割机等。无论哪种类型的激光切割机，在实际应用中都需要依赖套料与切割优化软件的配合与支持才能充分发挥其作用。套料与切割优化软件的作用主要如下：一是通过套料优化技术提高板材利用率，降低原材料成本；二是通过切割优化技术来优化激光切割工艺，进一步提高切割效率、改善切割质量、降低制造成本；三是通过 NC 自动编程技术来减少生产准备时间，提高设备应用的自动化程度与设备使用效率。本节主要介绍基于 SmartNest 智能排样技术的激光切割套料工艺软件的开发与应用。

8.4.2　SmartNest 激光切割套料编程软件开发

在本书前几章介绍的智能排样与切割优化技术的基础上，结合激光切割工艺特点，作者团队开发了 SmartNest 激光切割自动套料、切割工艺优化与 NC 自动编程软件(简称 SmartNest 激光切割套料编程软件)。图 8.31 是该软件的主界面，由功能菜单区、图形表区、主图形区、工艺层设置区、提示信息区、对象属性表区等部分组成。

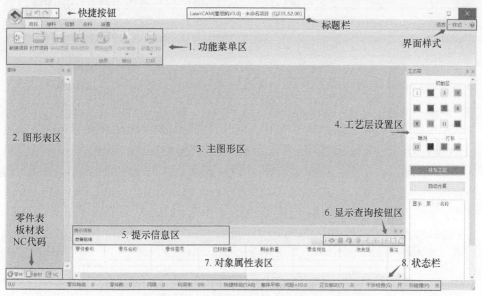

图 8.31　SmartNest 激光切割套料编程软件主界面

SmartNest 激光切割套料编程软件包含图形处理、智能套料、激光工艺优化、NC 与报告输出等四大功能模块，如图 8.32 所示。

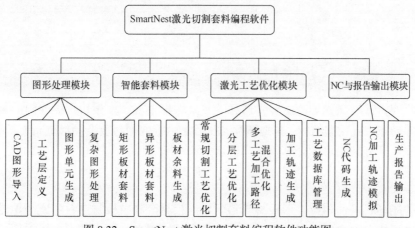

图 8.32　SmartNest 激光切割套料编程软件功能图

1. 图形处理模块

图形处理模块包含 CAD 图形导入、工艺层定义、图形单元生成、复杂图形处理等功能。CAD 图形导入功能是指将 DXF/DWG 格式的 CAD 图形(零件图、加工图形、外部套料图或者板材图形等)导入本软件，形成待套料的零件图、无零件概念的加工图形、可直接使用的套料图或者异形板材图形等 "图形单元"。本软件支持对无零件概念的加工图形进行套料编程处理，如一条用于激光切割的线段、一个用于激光划线的非封闭图案等。加工图形在套料时是用其最大外接矩形来处理的。对于外部导入的套料图，既可以作为一个不可分割的整体来处理，也可以自动拆解成单个的零件(前提是逻辑上可行)。此外，由于本软件支持在异形板材余料上的套料，该模块也提供 CAD 余料图形的导入功能(必须是封闭图形)。

在激光加工中，一般存在 "切割"、"划线"、"打标" 等多种工艺类型。在实际加工中可能需要同时采取上述多种加工工艺，就需要把零件的几何图形与加工工艺进行关联，即告诉软件系统哪些图形是切割，哪些图形是划线，哪些图形是打标。工艺层定义是根据设定的工艺标识(如图形颜色、层名等)，对导入图形根据其实际工艺类型进行工艺层定义，例如，根据不同的图形颜色将图形中的不同部分定义成不同的工艺分层等。图 8.33 为工艺层定义图形界面，其中图 8.33(a)为按图层进行工艺层定义，图 8.33(b)为按图形颜色进行工艺层定义。SmartNest 激光切割套料工艺软件支持多达 16 个工艺分层，包括 8 个切割层、4 个划线层和 4 个打标层。

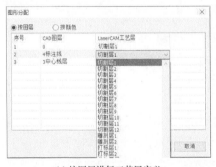

(a) 按图层进行工艺层定义　　　　　　(b) 按图形颜色进行工艺层定义

图 8.33　工艺层定义界面

此外，针对激光切割中经常遇到的复杂图形情况，本模块提供专门的复杂图形处理功能，从数据结构、数据储存、图形显示等方面对复杂图形进行专门处理，大大改善了复杂图形的计算效率与显示效果。

2. 智能套料模块

智能套料模块包含矩形板材套料、异形板材套料及板材余料生成等功能。该模块除智能套料功能，还可根据设定的余料规则将套料图中的剩余板材部分自动生成余料并加以保存，下次套料时可以二次利用。

图 8.34 为智能套料示例。智能套料界面左边窗口显示的套料图为矩形板材套料图，右边窗口显示的为异形板材套料图。

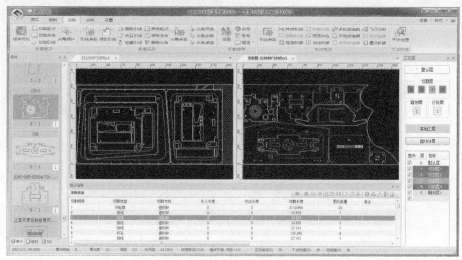

图 8.34　智能套料图形界面

3. 激光工艺优化模块

激光工艺优化模块包含常规切割工艺优化、分层工艺优化、多工艺加工路径混合优化、加工轨迹生成及工艺数据库管理等功能。

常规切割工艺优化是指类似数控火焰、等离子切割中存在的切割起点、切割引线、切割方向、切割顺序、切割路径等切割工艺方面的优化。除此之外，由于激光切割具有较高的加工精度，往往用于一次切割加工成型，因此激光切割中，零件图形一般采用精细化分层工艺参数来确保零件的切割质量。例如，同一个零件中，内孔的切割速度和工艺参数与外轮廓不同，小孔的切割速度和工艺参数与大孔不同等。在工艺优化时，可将小孔、大孔、外轮廓分别设置为不同的工艺层，通过不同的分层工艺设定来满足各类不同特征的工艺要求，这就是分层工艺优化功能。

零件图形中不同的工艺类型也是通过工艺层来描述的，分层工艺参数可以预先设定并存储在工艺数据中(图 8.35)。多工艺加工路径混合优化是指对套料图中存在的多种工艺类型的图形进行混合路径规划。根据预先设定，既可以以零件为单位在零件范围内进行多工艺混合路径规划，也可以打破零件约束，在整版套料图上进行混合路径规划。在多工艺加工路径混合优化的基础上，最后生成相应的多工艺混合加工轨迹。

此外，还具有激光切割加工工艺参数数据库管理功能，将针对不同材料不同特征的工艺参数进行储存、维护和管理，为自动工艺优化提供基础数据支持。

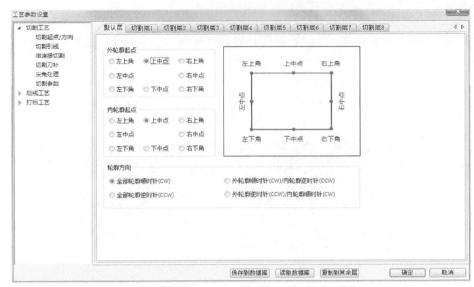

图 8.35　分层工艺参数设置界面

4. NC 与报告输出模块

该模块包含 NC 代码自动生成、NC 加工轨迹模拟和套料切割报告输出等功能。图 8.36 是 NC 加工轨迹模拟示例。

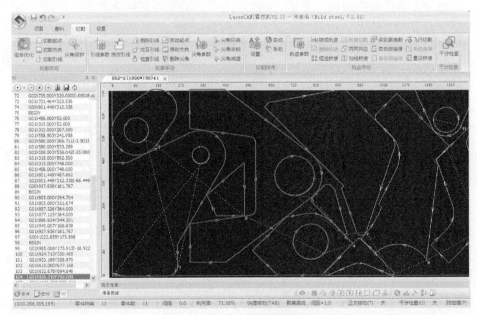

图 8.36　NC 加工轨迹模拟示例

8.4.3 应用案例

某企业专业生产汽车发动机尾气后处理系统。现有一激光切割加工任务 1205(图 8.37),需切割加工不锈钢钣金零件共 53 件,材质牌号为 0Cr25Ni20,厚度为 1mm,所用原材料板材规格为 2440mm×1220mm,另有若干余料可用。该企业应用 SmartNest 激光切割套料编程软件对该零件进行套料切割优化与 NC 自动编程,最终输出 NC 代码文件和生产报告单。

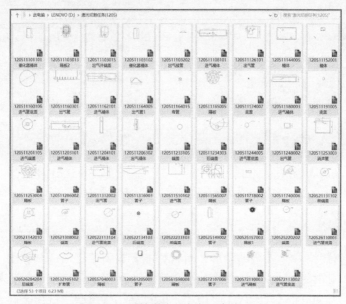

图 8.37 原始激光切割加工任务 1205

针对上述案例的应用步骤如下。

1. 新建项目

在 SmartNest 软件中创建项目名称 1205,输入有关项目信息,如项目号、材料名称、板材厚度、密度、本项目操作人员、任务开工时间、交期,以及项目其他备注信息等。

2. 导入图形

通过 SmartNest 软件的图形处理模块,导入切割任务单 1205 中的 53 个钣金 CAD 零件,自动形成零件图形单元,在软件界面中形成切割零件表,如图 8.38(a) 所示。

图形导入过程中自动进行有效图形识别、错误校正和工艺层定义。因本案例图形中只有切割工艺，此处将所有图形均定义为默认的切割工艺层。应用类似方法导入板材信息，形成候选板材表，如图 8.38(b)所示。

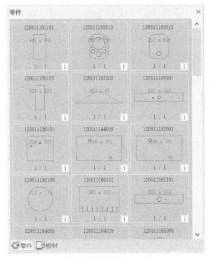

(a) 切割零件表(部分显示)　　　　　　　(b) 候选板材表

图 8.38　本案例切割零件表与候选板材表

3. 智能套料

输入板材规格并导入余料图形，运行智能套料引擎，形成套料图。本案例共生成 3 张套料图(图 8.39)，其中第 1 张和第 2 张使用的是标准板材，材料利用率分别为 86.37%和 83.65%。第 3 张由于不够排满一张整版，选用余料，材料利用率为 60.33%。

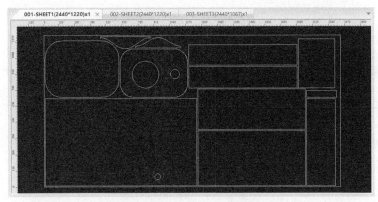

(a) 套料图一(2440mm×1220mm, 利用率86.37%)

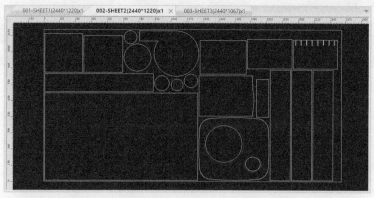

(b) 套料图二(2440mm×1220mm, 利用率83.65%)

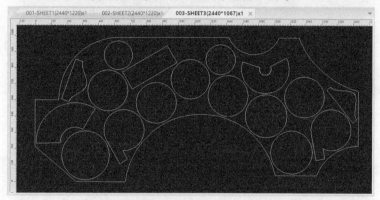

(c) 套料图三(余料2440mm×1067mm, 利用率60.33%)

图 8.39　智能套料结果

4. 工艺优化

针对每张套料图，根据零件切割工艺要求进行切割工艺层定义，分别设定每个层的工艺参数，并进行切割工艺优化。以套料图三为例，将零件内孔定义为切割层 1，外轮廓为默认切割层 0。根据设定的工艺层参数进行激光切割工艺优化，形成切割轨迹图。本案例中，切割层 0(外轮廓)的切割速度为 10000mm/min，切割层 1(内孔)的切割速度为 5000mm/min。通过工艺优化后形成防碰撞切割路径，同时空行程比优化前缩短 30%左右。图 8.40 为套料图三的优化路径全貌，图 8.41 为右边部分的局部放大图。

5. NC 编程与加工模拟

针对每张套料切割图，自动生成指定激光切割机的数控切割 NC 代码，并可进行加工过程模拟，如图 8.42 所示。确认无误后，输出 NC 代码文件供激光切割机使用。

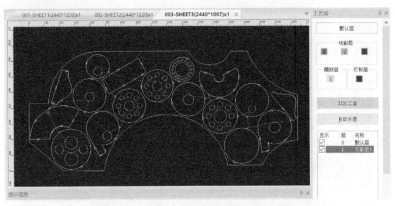

图 8.40　套料图三优化切割轨迹图(全貌)

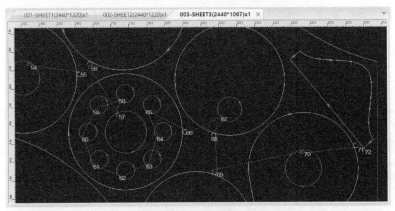

图 8.41　套料图三优化切割轨迹图(局部)

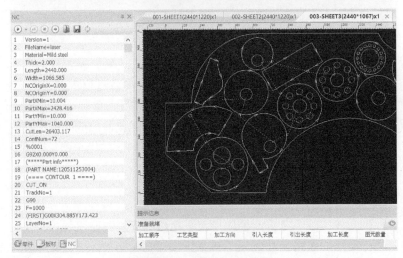

图 8.42　NC 编程与加工模拟

6. 输出报告单

输出整个项目 1205 的生产报告单,用以指导车间工人生产,同时供存档备查。本案例生产报告单包含 1205 项目所属全部套料切割图及其零件明细、所用板材信息、工艺参数信息,以及每个零件及整张板材的切割信息等,共 7 页。图 8.43 显示了该报告的首页。

生产报告汇总表

第1/7页

项目文件名	板材信息	编号	材质	厚度(mm)	规格(mm)	数量	质量(kg)	利用率	总时间(min)
		标准板材	0Cr25Ni20	1.0	2440×1220	1张	23.37	86.4%	4.85
激光自动排.smt	切割工艺	切割长度(mm) 时间(min)	划线长度(mm) 时间(min)	空程长度(mm) 时间(min)	穿孔数量(个) 时间(min)	切割速度 (mm/min)	划线速度 (mm/min)	快移速度 (mm/min)	穿孔速度 (mm/次)
		27924.15/2.79	0.00/0.00	18875.20/1.26	40/0.80	10000	5000	15000	0.020

| 设计: | 校核: | 审核: | 批准: |

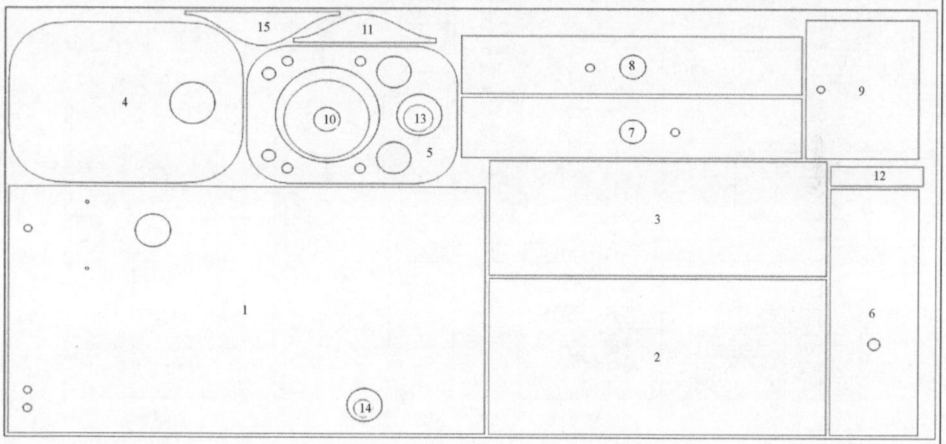

图 8.43 项目 1205 输出的生产报告单(第 1 页)

8.5 本章小结

本章介绍了基于智能排样算法所开发的三款 SmartNest 排样软件及其应用实例:第一个是用于金属结构件制造的 SmartNest 钢板切割下料软件,并介绍了该软件在某工程机械制造企业结构件生产中的典型应用;第二个是用于家具制造的 SmartNest 板式家具开料软件,并介绍了一个实际应用案例;第三个是用于激光平板切割加工的 SmartNest 激光切割套料编程软件,并通过实例详细介绍了其应用过程。

附录 1   MHS 算法排样结果(共 14 张)

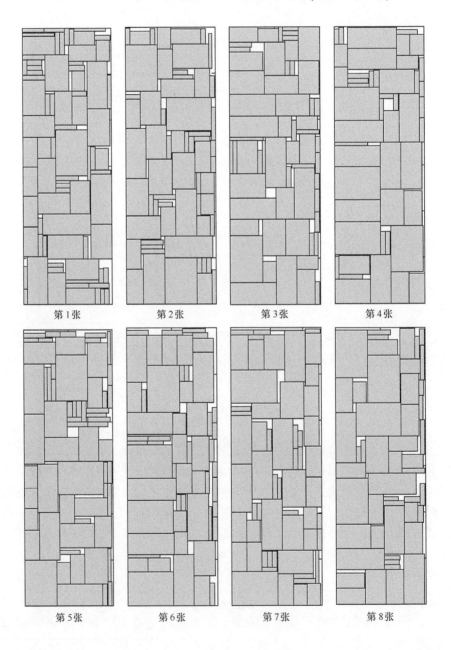

第1张   第2张   第3张   第4张

第5张   第6张   第7张   第8张

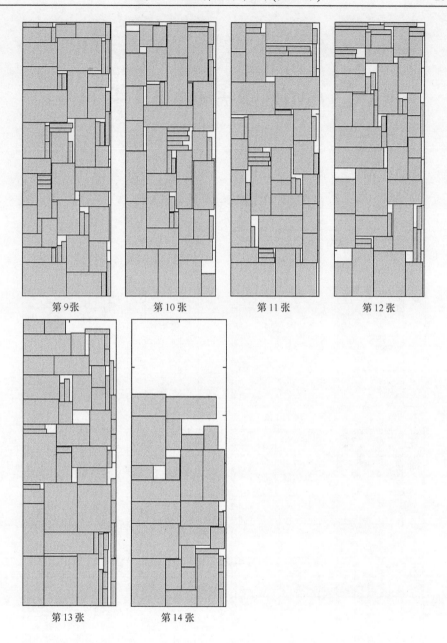

第 9 张　　　　　第 10 张　　　　　第 11 张　　　　　第 12 张

第 13 张　　　　　第 14 张

附录 2 CMHS 算法排样结果(共 14 张)

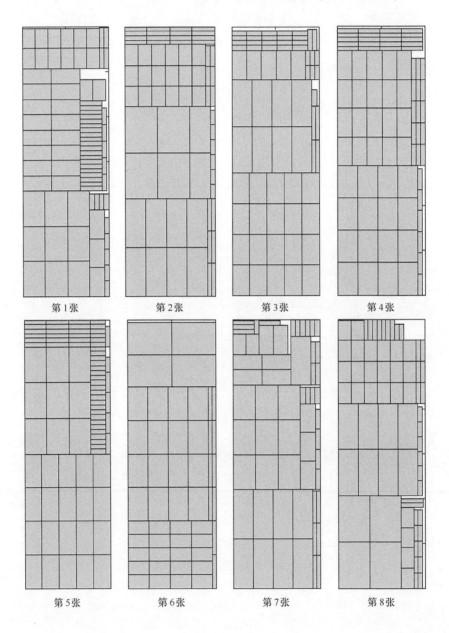

第1张 第2张 第3张 第4张

第5张 第6张 第7张 第8张

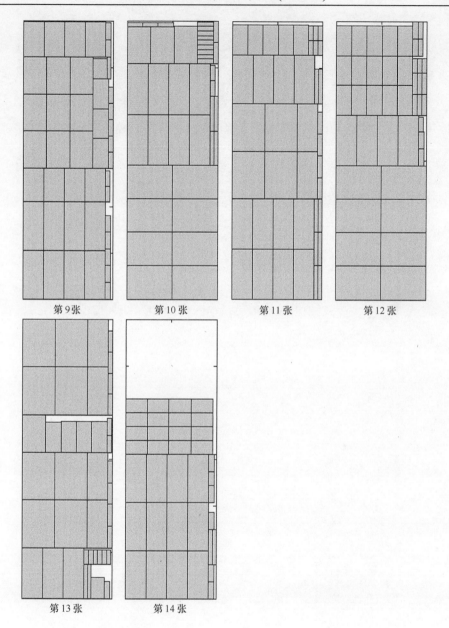

第 9 张　　　　第 10 张　　　　第 11 张　　　　第 12 张

第 13 张　　　　第 14 张